# 水利水电测绘与工程管理

张逸仙　杨正春　李良琦◎著

兵器工业出版社

# 内容简介

本书为水利水电测绘与工程管理相关工作的认知以及介绍。全书共分 13 章，包括绪论，水利工程的基本认知，工程地质的基本认知，水准测绘、角度和距离测量，数字化测图，GPS 系统及其应用，渠道及线路测绘，河道测绘，水工建筑物的放样及变形观测，小区域控制测绘，水库的控制运用与库岸管理，土石坝的维护与管理，工程地质测绘。

本书可作为水利水电工程用书或相关从业者以及研究者使用。

## 图书在版编目（ＣＩＰ）数据

水利水电测绘与工程管理 / 张逸仙, 杨正春, 李良琦著. -- 北京 ： 兵器工业出版社, 2019.12
　ISBN 978-7-5181-0565-6

　Ⅰ．①水… Ⅱ．①张… ②杨… ③李… Ⅲ．①水利工程测量②水利水电工程－工程管理 Ⅳ．①TV221②TV

　中国版本图书馆 CIP 数据核字(2019)第 265638 号

出版发行：兵器工业出版社　　　　　　　　责任编辑：何嘉琳
发行电话：010-68962596，68962591　　　封面设计：博健文化
邮　　编：100089　　　　　　　　　　　　责任校对：郭　芳
社　　址：北京市海淀区车道沟 10 号　　　责任印制：王京华
经　　销：各地新华书店　　　　　　　　　开　　本：787×1092　1/16
印　　刷：天津雅泽印刷有限公司　　　　　印　　张：16.75
版　　次：2020 年 7 月第 1 版第 1 次印刷　字　　数：360 千字
　　　　　　　　　　　　　　　　　　　　　定　　价：52.00 元

# 前　　言

　　水是重要的自然资源,水利是国民经济的重要基础设施,是实现经济、社会、环境可持续发展的物质基础。新中国成立以来,党和国家高度重视水利建设,兴建了大量的水利基础设施,发挥了十分显著的效益。在新的历史时期,兴修水利,造福民众,提出新的治水思路,即强化政府职能,加强水利资源的统一管理,促进可持续发展;加强水利基础设施建设,使水利与国民经济协调发展;积极推进水利产业化,实现水利良性运行。

　　在水资源开发和水利工程建设过程中,水利水电工程测绘作为一项重要的技术手段,承担着艰巨的任务,为各类工程提供多方面所需的基本资料,并保证建设计划的顺利实施和效益的充分发挥。

　　水利水电测绘是一门古老的专业技术,有着悠久的历史。从大禹治水,都江堰工程,到现代水利的"超长隧洞""数字建模",测绘工作成果始终作为一项不可缺少的重要基础性技术资料,为工程建设提供有力的保障。随着人类社会的进步、经济的发展和科技水平的提高,测绘技术的理论、方法及其科学内涵也随之不断地发生变化。尤其是在当代,由于空间技术、勘探技术、计算机技术、通信技术和地理信息技术的发展,致使水利水电测绘的理论基础、工程技术体系、研究领域和科学目标正在适应新形势的需要,而发生深刻的变化。

　　随着生产力的发展,人类改造客观世界的力度越来越大,水利水电工程建设也毫不例外地越来越复杂,需要解决的勘探难题越来越多,要求达到的测绘精度也越来越高。在工程建设中遇到的工程地质问题主要包括软土地基问题、膨胀土问题、湿陷性黄土问题、饱和砂土震动液化问题、边坡稳定问题、渠道渗漏问题、施工中地下水涌问题、地下水侵蚀性问题等。工程测绘随着3S技术的飞速发展,在信息采集、数据处理和成果应用等方面也正步入数字化、网络化、智能化、实时化和可视化的新阶段。

　　水利工程的运用、操作、维修和保护工作,是水利工程管理的重要组成部分,水利工程建成后,必须通过有效的管理,才能实现预期的效果和验证原来规划、设计的正确性;工程管理的基本任务是保持工程建筑物和设备的完整、安全,使其处于良好的技术状况;正确运用水利工程设备,以控制、调节、分配、使用水资源,充分发挥其防洪灌溉、供水、排水、发电、航运、环境保护等效益。做好水利工程的施工与管理是发挥工程功能的鸟之两翼、车之双轮。

本书在编著的过程中,参考了大量的文献资料,在此向参考文献的作者表示崇高的敬意。由于作者水平有限,书中难免存在疏漏和不足之处,敬请读者批评指正。

作　者
2019 年 9 月

# 目　　录

# 第一章 绪 论

## 第一节　水利水电工程测量的任务

测量学是研究地球形状和大小以及确定地面点位置的科学。

### 一、传统测量学的分支学科

根据研究范围和对象的不同,传统的测量学已经形成以下几个分支学科:

普通测量学——研究地球表面较小区域内测绘工作的基本理论、技术、方法和应用的学科。是测量学的基础,主要研究图根控制网的建立,地形图测绘及一般工程施工测量,因此,普通测量学的核心内容是地形图的测绘和应用。

大地测量学——研究在广大区域建立国家大地控制网,测定地球形状、大小和地球重力场的理论、技术与方法的学科。由于空间科学技术的发展,常规的大地测量已发展到人造卫星大地测量,测量对象也由地球表面扩展到空间星球,由静态发展到动态。

摄影测量学——利用摄影或遥感的手段获取物体的影像和辐射能的各种图像,经过对图像的处理、量测和研究,以确定物体的形状、大小和位置,并判断其性质的学科。

工程测量学——研究工程建设在勘测、设计、施工和管理阶段所进行测量工作的理论、方法和技术的学科。工程测量学的应用领域非常广阔。

地图制图学——利用测量获得的资料,研究地图及其制作的理论、工艺和应用的学科。其任务是编制与生产不同比例尺的地图。

### 二、水利水电工程测量的内容和任务

水利水电工程测量是为水利水电工程建设提供服务的专业性测量,属于普通测量学和工程测量学的范畴。主要有三方面的任务:

测绘——使用常规或现代测量仪器和工具,测绘水利水电工程建设项目区域的地形图,供规划设计使用。

测设——将图上已规划设计的工程建筑物或构筑物的位置准确地测设到实地上,为工程施工提供依据,亦称为施工放样。

变形观测——在工程施工过程中及工程建成运行管理中,对其进行技术性监测和稳定性监测,以确保工程质量和安全运行。

本书涉及的普通测量学内容,是非测绘专业学生的共修内容,水利水电工程测量部分是本专业学生的必修内容。由于测绘科学具有超前服务性、现时服务性及事后服务性的特点,决定了从事水利水电工程类工作的专业人员,在工程勘测、规划设计、施工组织和工程管理中,应具有坚实的测绘知识和熟练的测绘技能,以便更好地为本专业服务。

需要说明的是,在测量实施中,测绘手段可以采用常规的测绘方法,也可以利用现代测绘技术与成果,这就需根据所在单位现有的技术条件、工程的大小与性质、场地的自然条件及施工的难易程度等因素确定。如,库区淹没线的确定可以根据传统的纸质地形图上的等高线勾绘,也可利用地理信息系统(Geogrophtc Information System,GIS)提供的分析功能确定;水位动态监测可以用传统的航空摄影方法,也可用遥感的方法。简言之,既要考虑技术和实践上的可行性,又要考虑经济上的合理性。

### 三、现代测绘科学技术的发展及其在水利工程中的应用

随着国民经济的发展和科学技术的进步,尤其是计算机科学与信息科学的迅猛发展,电子计算机、微电子技术、激光技术、遥感技术和空间技术的发展和应用,为测量学提供了新的手段和方法,推动着测量学理论和测绘技术不断发展与更新。测量仪器的小型化、自动化和智能化,促使测量工作正朝着数据的自动获取、自动记录和自动处理的方向发展。

先进的光电测距仪、电子经纬仪、电子水准仪、电子全站仪在测量中已经得到了广泛的应用,为测量工作的现代化创造了良好的条件;全球定位系统(GPS)的应用与发展,为测量提供了高速度、高精度、高效率的定位技术;电子全站仪与电子计算机、数据绘图仪组成的数字化测图系统迅猛发展,已成为数字化时代不可缺少的地理信息系统(GIS)的重要组成部分。

"3S"技术是RS(Remote Sensing)、GIS和GPS技术的统称,是目前对地观测系统中空间信息获取、管理、分析和应用中的核心支撑技术。它广泛应用于各种空间资源和环境问题的决策支持,目前正发展为一门较为成熟的技术在国土资源统计、水资源管理、灾害评估、自然环境监测以及城建规划等领域得到迅速应用。

水利信息化建设涉及海量的数据,而其中约70%与空间地理位置有关。组织和存储这些数据是普通的关系型数据库系统难以办到的,而GIS不仅可以存储、管理各类水利信息,还能提供可视化查询、网络发布与决策辅助支持等功能。目前,网络GIS、组件式GIS、三维四维GIS、VR-GIS等技术的发展使GIS为水利行业服务的领域越来越广泛和实用。此外,这些与空间位置有关的水利信息的存在也为GPS技术的应用提供了广阔的需求。随着3S技术与网络计算机等高新技术以及水利行业本身传统技术的更紧密结合,必将进一步促进

水利信息化的快速发展,从而提高我国水利建设的管理水平和工作效率。

在 20 世纪 90 年代后,RS 技术的快速发展和日趋成熟,已成为水利信息采集的重要手段,被广泛应用于水旱灾害监测与评估、水资源动态监测与评价、生态环境监测、土壤侵蚀监测与评价以及水利工程建设与管理等水利业务,并取得显著的社会经济效益。随着遥感信息获取技术的不断快速发展,各类不同时空分辨率的遥感影像的获取越来越容易,应用将会越来越广泛,遥感信息必将成为现代水利的日常信息源。

目前,水利信息化建设一刻也离不开 3S 技术的支持。GIS 技术已经成为水利信息存储、管理和分析的强有力的工具和平台,而 GPS 技术也成为获取定位信息的必不可少的手段。包括水情、雨情、灾情、水量、水质、水环境、水工程等信息在内的各种水利信息的获取需要一个庞大的信息监测网络的支持,由于 RS 技术相对于传统信息获取手段具有宏观、快速、动态、经济等特点,而被越来越广泛地应用。

# 第二节　地面点位的确定与表示

测量工作的基本任务就是测定地面点的位置,而地面点的位置是用三维坐标来表示的。用以确定地面点位的坐标系有以下几种:

## 一、测量坐标系

### (一)地理坐标系

地理坐标系属球面坐标系,依据采用的投影面不同,又分为天文地理坐标系和大地地理坐标系。

1.天文地理坐标系

天文地理坐标系又称天文坐标,用天文经度 $\lambda$ 和天文纬度 $\varphi$ 表示地面点投影在大地水准面上的位置,如图 1-1 所示。

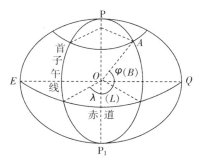

图 1-1　地理坐标系

确定球面坐标($\lambda$,$\varphi$)所依据的基准线为铅垂线,基准面为大地水准面。$PP_1$为地球的自转轴,$P$为北极,$P_1$为南极。地面上任一点$A$的铅垂线与地轴$PP_1$所组成的平面称为该点的子午面。子午面与球面的交线称为子午线,也称经线。$A$点的经度$\lambda$是$A$点的子午面与首子午面所组成的二面角。它自首子午面向东量度,称为东经,向西量度,称为西经。其值各为0°~180°。垂直于地轴的平面与球面的交线称为纬线;垂直于地轴并通过地球中心$O$的平面为赤道面;赤道面与球面的交线为赤道。$A$点的纬度$\varphi$是过$A$点的铅垂线与赤道平面之间的交角,其计算方法从赤道面向北量度,称为北纬,向南量度,称为南炜。其值为0°~90°。

天文地理坐标可以在地面上用天文测量的方法测定。

2.大地地理坐标系

大地地理坐标系表示地面点投影在地球参考椭球面上的位置,用大地经度$L$和大地纬度$B$表示(图1-1),其坐标原点并不与地球质心相重合。这种原点位于地球质心附近的坐标系,又称参心大地坐标系。确定球面坐标$(L,B)$所依据的基准线为椭球面的法线,基准面为旋转椭球面,$A$点的大地经度是$A$点的大地子午面与子午面所夹的二面角,$A$点的大地纬度$B$是过$A$点的椭球面法线与赤道面的交角。大地经纬度是根据一个起始的大地点(称为大地原点,该点的大地经纬度与天文经纬度相一致)的大地坐标系,按大地测量所得的数据推算而得。

我国以位于陕西省泾阳县永乐镇的大地原点为大地坐标的起算点,由此建立的坐标系称为"1980年国家大地坐标系"。

(二)地心坐标系

地心坐标系属空间三维直角坐标系,用于卫星大地测量。由于人造地球卫星围绕地球运动,地心坐标系的原点与地球质心重合,如图1-2所示。$Z$轴指向北极且与地球自转轴相重合,$X$、$Y$轴在地球赤道平面内,首子午面与赤道面的交线为$X$轴,$Y$轴垂直于$XOZ$平面。地面点$A$的空间位置用三维直角坐标$X_A$、$Y_A$、$Z_A$来表示。WGS—84世界大地坐标系是地心坐标系的一种,应用于GPS卫星位置测量,并可将该坐标系换算为大地坐标系或其他坐标系。

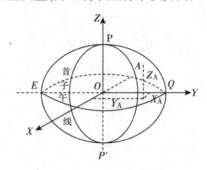

图1-2　地心坐标系

（三）平面直角坐标系

（1）投影变形的概念。

大地坐标只能用来表示地面点在地球体上的位置，不能直接用来测图。在规划、设计和施工中均使用平面图纸反映地面形态，而且在平面上进行数据运算比在球面上要方便得多。由于椭球体面是一闭合曲面，要将曲面展开为平面必然产生长度、面积和角度变形。

正形投影有两个基本条件：一是保角性；二是长度比的固定性。所谓保角性，是指角度投影后大小不变，这就保证了微分图形投影后的相似性。

（2）高斯投影的概念。

高斯—克吕格投影简称高斯投影，是正形投影的一种。除了满足正形投影的两个基本条件外，高斯投影还必须满足本身的特定条件，即：中央子午线投影后为一直线，且长度不变。设想有一个椭圆柱面横套在地球的外面，并与某一子午线相切，椭圆柱的中心轴通过椭球中心，与椭圆柱面相切的子午线称为中央子午线或轴子午线。然后将椭球面上中央子午线附近有限范围的点线按正形投影条件向椭圆柱面上投影，之后将椭圆柱面通过极点的母线切开，展为平面，于是不可展曲面上的图形就转换成可展曲面（椭圆柱面）上的图形。

高斯投影的规律是：

①投影后中央子午线成为一直线，且长度不变，其他子午线投影后均为曲线，对称地凹向中央子午线。②投影后的赤道为一直线，且与中央子午线正交，平行的纬圈投影后为曲线，以赤道为对称轴凸向赤道。③经纬线投影后仍保持相互正交的关系，即投影后无角度变形。

（3）高斯投影分带。

高斯投影中，除中央子午线投影后为直线，且长度不变外，其他长度均产生变形，且离中央子午线愈远，变形愈大。

当长度变形大到一定限度后，就会影响测图、施工的精度，为此必须对长度变形加以控制。控制的方法就是将投影区域限制在靠近中央子午线两侧的有限范围内，这种确定投影带宽度的工作，叫作投影分带。

投影带宽度是以相邻两子午面间的经度差 $l$ 来划分的，有 6°带和 3°带两种。6°带是自英国格林尼治子午面起，自西向东每隔 6°将椭球划分为 60 个度带，编号为 1~60，各带的中央子午线的经度 $L_0$ 依次为 3°、9°、15°…、357°。我国疆域内有 11 个 6°带，自西向东编号为 13~23，各带的中央子午线的经度自 75°至 135°。3°带是自 1.5°开始以经差 3°划分，编号为 1~120，各带的中央子午线的经度 $L_0$ 依次为 3°、6°、9°…、360°。在我国范围内，3°带的编号自西向东为 25~45，共 21 个。不难看出，3°带的中央子午线经度一半与 6°带中央子午线经度相同,另一半是 6°带分带子午线的经度,如图 1-3 所示。

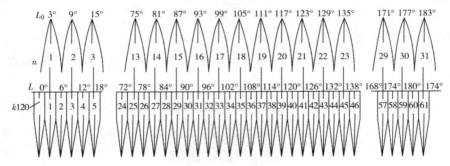

图 1-3　分带投影

可知北京某地位于 6°带第 20 带。

根据我国测图精度的要求,用 6°分带投影后,其边缘部分的变形能满足 1:25000 或更小比例尺的精度,而 1:10000 以上的大比例尺测图,必须用 3°分带法。

## 二、测量离程系

地面点到大地水准面的铅垂距离定义为点的绝对高程,简称为高程或标高、海拔,记为 $H$,如图 1-4 所示,$A$ 点的高程为 $H_A$。当基准面是一般水准面时,点的高程叫相对高程或假定高程。可见,建立高程系的核心问题是如何确定高程基准面。

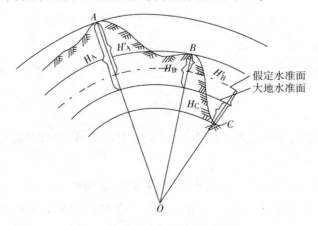

图 1-4　高程示意图

(一)1956 年黄海高程系和 1985 年国家高程基准

1949 前,我国采用的高程基准面十分混乱。新中国成立后,国家测绘局统一了高程基准面,以设在山东省青岛市的国家验潮站 1950 年到 1956 年的验潮资料,推算的黄海平均海水面作为我国高程起算面,并以其高程为零推求出青岛国家水准原点的高程为 72.289m。这个高程系统称为"1956 年黄海平均海水面高程系统",简称"1956 年黄海高程系"。全国各地高程控制点的高程均依此引测而得,所有测绘成果,如,地形图、控制点高程等都注有该高程系字样。

20 世纪 80 年代初,国家又根据 1953 年到 1979 年青岛验潮站观测资料,推算出新的黄海平均海水面零位置,并以此为起算面,测得青岛国家水准原点的高程为 72.2604m,称为"1985 年国家高程基准"。

### (二)假定高程

全国各地的地面点的高程,都是在统一高程系统下建立的,即以青岛国家水准原点的黄海高程为起算数据,在全国布设各种精度等级的高程网,主要以水准测量方法求得各点高程。在局部地区,也可建立假定高程系统,所求点的高程均为相对高程。

# 第三节　测量工作概述

## 一、测量的基本问题

普通测量学的任务之一就是将地球表面的地形测绘成图,而地形是错综复杂的,在测量时可将其分为地物和地貌两大类,地物就是地表上人工的或天然的固定性物体,如,居民地、道路、水系、独立地物等。地貌是指地球表面各种起伏的形态,如,高山峻岭、丘陵盆地等。

地面上的地物和地貌是千差万别的,可以根据点、线、面的几何关系,视地物的轮廓线由直线和曲线组成,曲线又可视为许多短直线段所组成。图 1-5 所示为一栋房子的平面图形,它由表示房屋轮廓的一些折线所组成。测量时只要确定出房屋的 4 个转折点 1、2、3、4 在图上的位置,把相邻点连接起来,房屋在图上的位置就确定了。

图 1-6 所示为一山坡地形,其地形变化可在地性线上用坡度变换点 1、2、3、4 各点所组成的线段表示。因为相邻点内的坡度是一致的,因此,只要把 1、2、3、4 各点的高程和平面位置确定后,地形变化的情况也就基本反映出来了。

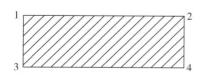

图 1-5　地物特征点

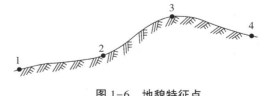

图 1-6　地貌特征点

上述两例中的 1、2、3、4 点,分别称为地物特征点和地貌特征点。

综上所述,不难看出:地物和地貌的形状总是由自身的特征点构成的,只要在实地测绘出这些特征点的位置,它们的形状和大小就能在图上得到正确反映。因此,测量的基本问题就是测定地面点的平面位置和高程。

## 二、测量的基本工作

为了确定地面点的位置,如图1-7所示,设A、B为地面上的两点,投影到水平面上的位置分别为a、b。若A点的位置已知,要确定B点的位置,除丈量出A、B的水平距离之外,还需知道A、B的方向。图上a、b的方向可用过a点的指北方向与ab的水平夹角α表示,α角称为方位角。有了$D_{AB}$和α,B点在图上的位置b就可确定。如果还需确定c点在图上的位置,需丈量BC的水平距离$D_{BC}$与B点上相邻两边的水平角β。因此为了确定地面点的平面位置,必须测定水平距离和水平角。

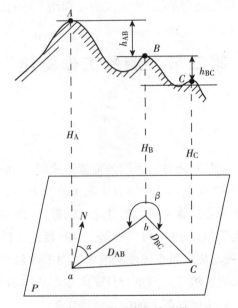

**图1-7 地面电位的确定**

在图中还可以看出,A、B、C三点不是等高的,要完全确定它们在三维空间内的位置,还需要测量高差$h_{AB}$和$h_{BC}$,根据已知点A的高程,推算$H_B$、$H_C$。

由此可见,距离、角度和高程是确定地面点位置的三个基本几何要素;距离测量、角度测量与高程测量是测量的基本工作;测量、计算及绘图是测量工作的基本技能。

## 三、测量的基本原则

为了防止误差积累,确保测量精度,首先在整个测区内选择一些密度较小\分布合理且具有控制意义的点,如图1-8a中的A、B、C、D、E、F点,构成一个几何图形,按要求精度测定出距离、两方向水平角和高差,通过解析计算,最终求得这些点的X、Y及H值,此项工作称为控制测量。

当精确求出这些控制点的平面位置和高程后,将各点展绘到图上。以这些控制点为测站,测绘周围的地形,直至测完整个测区,该部分工作称为碎部测量,如图 1-8b 所示。

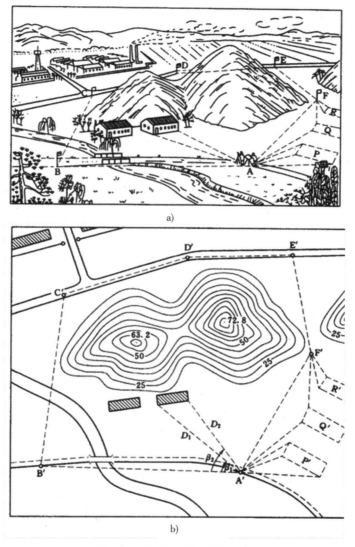

图 1-8 控制测量与碎部测量

a)实地图;b)实测图

总之,在测量的布局上,是"由整体到局部",在测量次序上,是"先控制后碎部",在测量精度上,是"从高级到低级",这就是测量工作应遵循的基本原则。同时要注意做到步步有检核。

测量工作有外业与内业之分。在野外利用测量仪器和工具,在测区内进行实地勘查、选点、测定地面点间的距离、测量角度和高程,称为外业;在室内将外业测量的数据进行处理、计算和绘图,称为内业。

## 二、几种常见的图

图有多种形式,一般按其投影性质和表示的内容,将图分为平面图、地形图、地图、影像地图和断面图等。

### (一)平面图

将地球表面的地物正射投影到水平面上,按一定比例缩小绘制的图形称为平面图。其特点是平面图形与实际地物的位置成相似关系。平面图一般只表示地物,不表示地貌。

### (二)地形图

地形图是按一定的比例尺,表示地物、地貌平面位置和高程的正射投影图,是普通地图的一种。地貌一般用等高线表示,能反映地面的实际高度、起伏特征,具有一定的立体感。地物用图式符号加注记表示,具有存储和传输地物、地貌的类别、数量、形态等信息的空间分布、联系和变化的功能。地形图是经过实地测绘或根据遥感图像并配合有关调查资料编制而成的,是编制其他地图的基础。

### (三)地图

按一定的法则,将地球表面的自然和社会现象缩小,经过制图综合,用地图符号展现在平面上,以反映地表现象的地理分布、相互联系、相互制约关系的图称为地图。它具有严格的数学基础、统一的符号系统和文字注记。按表示内容分为普通地图、专题地图;按比例尺分为大、中、小比例尺地图;按表示方法、制作材料、使用情况分,有挂图、立体地图、桌图、影像地图、地球仪等。广义的地图包括剖面图、三维空间图(如,地理模型、地球仪等)和其他星球图。随着计算机技术和数字化技术的发展,还包括数字地图、电子地图等。

### (四)影像地图

地形图是通过对地形做正射投影获取的,航测相片则是由投影线交于一点的中心投影所获取的影像。由于地面的起伏和航空摄影时不能把投影轴线处于绝对垂直位置,致使初始的航摄相片,存在由地面起伏引起的投影误差和相片倾斜造成的像点位移。所以,各点的比例尺不一致,把初始的相片进行倾斜纠正和投影差纠正,相片各点比例尺就均一了。把这种经过纠正的相片拼接起来,再绘上图廓线和千米网格制成的图就成为相片平面图。

相片平面图在平面位置上可以像地形图一样使用,但相片上没有注记和等高线,阅读和量算不太方便。因此,在相片平面图上加绘了等高线、注记和某些地物、地貌符号,得到一种新的地形图,称为影像地图。其特点是:信息丰富,成图速度快,现势性强,便于读图和分析,既有航摄相片的内容,又有地形图的特点,因此得到日益广泛的应用。

（五）断面图

断面就是铅垂面切入地面的截面。过地面上某一方向的铅垂面与地表面的交线称为该方向的断面线,为了了解地面某一方向起伏情况,就要绘出该方向的断面线,这种图形称为断面图。断面图分为纵断面图和横断面图,常用在线路工程中,如,渠、路、管线等。

# 第四节　测量误差基本知识

## 一、测量误差概述

测量的基本工作是距离测量、角度测量和高程测量。由测量实践证明,无论采用的仪器多么精密,观测方法多么严谨,若对某一观测量进行多次观测时就会发现,各观测值之间总存在着差异,这说明观测值含有观测误差。

所谓观测误差,即观测值间的互差及观测值与理论值间的差值。例如,一段距离经几次丈量,其观测值总不相等;观测一平面三角形的三个内角,其观测值之和不等于180°等现象。由此可知,观测结果总会受到仪器误差、人的感官能力限制和外界环境(如,温度、湿度、风力、大气折光等)的影响,这三方面的客观条件统称观测条件。因为任何测量工作都离不开观测条件,所以观测误差的产生是不可避免的。按观测误差对观测结果影响性质的不同,可将观测误差分为系统误差和偶然误差两类。

（一）系统误差

在相同的观测条件下,对某一观测量进行一系列观测,若误差在数值大小和符号上均相同,或按一定的规律变化,这种误差称为系统误差。例如,某 30m 钢尺与标准尺相比较短 5mm,用该尺丈量 300m 的距离就会产生 5cm 误差,量距越长,则误差积累越大。故系统误差具有积累性,但又有一定规律,因而可以通过检校仪器和工具,并在观测方法上设法加以消除和减弱。

（二）偶然误差

在相同的观测条件下,对某一观测量做一系列观测,若误差在数值大小和符号上都表现出偶然性,即从单个误差看,该列误差的大小和符号没有任何规律性,但就大量误差的总体而言,具有一定的统计规律,这种误差称为偶然误差。例如,对点误差、瞄准误差及估读误差等,还有外界条件的不断变化,均使该类误差具有偶然性。但在相同的观测条件下重复多次观测测量后,发现偶然误差具有一定的统计规律性,即:

①在一定的观测条件下,偶然误差的绝对值不会超过一定的界限。②绝对值小的误差比绝对值大的误差出现的概率大。③绝对值相等的正误差与负误差出现的机会均等。④当观测次数无限增多时,偶然误差的算术平均值趋向于零,即

$$\lim_{n \to \infty} \frac{[\Delta]}{n} = 0$$

基于上述特性,偶然误差不可避免地存在,而且不能用简单的计算改正加以消除,只能根据偶然误差特性来改进观测方法,并合理地处理观测数据,以减少观测误差的影响。

## 二、粗差与多余观测

粗差是超限值的观测误差,由于测量人员的粗心大意,在观测、记录或计算时由于瞄错、读错、记错、算错等失误引起,此类误差也称错误,测量结果只能剔除或返工重测。

在实际测量工作中,除了检核观测值有无错误外,还必须进行多余观测以提高成果的质量。对一未知量进行一次观测为必要观测,$n-1$ 次观测即为多余观测。

# 第二章
# 水利工程的基本认知

## 第一节　水利工程及工程建设的必要性

### 一、全面建设小康社会的需要

全面建设小康社会,最根本的是坚持以经济建设为中心,不断提高人民的生活水平。黄土高原地区是我国贫困人口集中、经济基础薄弱的地区,该地区人民群众能否脱贫致富,将直接影响我国全面建设小康社会总目标的如期实现。而加快黄土高原地区堤坝建设,对促进地方经济发展和群众脱贫致富,全面建设小康社会具有重要的现实意义。堤坝将泥沙就地拦截,形成坝地,使荒沟变成了高产、稳产的基本农田。

### 二、促进西部大开发的需要

黄土高原地区有煤炭、石油、天然气等30多种矿产,资源丰富,是我国西部地区十大矿产集中区之一,开发潜力巨大。该区是我国重要的能源和原材料基地,在我国经济社会发展中具有重要地位。该地区严重的水土流失和极其脆弱的生态环境与其在我国经济社会发展中的重要作用极不相称,这就要求在开发建设的同时,必须同步进行水土保持生态建设。堤坝建设是水土保持生态建设的重要措施,也是资源开发和经济建设的基础工程,加快堤坝建设,可以快速控制水土流失,提高水资源利用率,通过促进退耕还林、还草及封禁保护,加快生态自我修复,实现生态环境的良性循环,改善生产、生活和交通条件,为西部开发创造良好的建设环境,对于国家实施西部大开发的战略具有重要的促进作用。

河以上山丘区资源丰富,有大量的矿产资源,如,金、银、铁、铜、大理石及其他矿产资源等,由于缺电,这些矿产资源不能得到合理的开发和深加工。同时,山丘区的加工业及其他产业发展也受到限制,严重制约着山区农村经济的发展。工程建成以后,由于电力资源丰富,可以促进农村经济的发展,该水电站是山区水利和山区经济的重要组成部分,是贫困山区经济发展的重要支柱,地方财政收入的重要来源,农民增收的根本途径,对精神文明建设以及对乡镇工、副业的发展和农村电气化将发挥重要作用。

### 三、改善生态环境的需要

巩固退耕还林、还草成果的关键是当地群众要有长远稳定的基本生活保证。堤坝建设形成了旱涝保收、稳产、高产的基本农田和饲料基地,使农民由过去的广种薄收改为少种高产多收,促进了农村产业结构调整,为发展经济创造了条件,解除了群众的后顾之忧,与国家退耕政策相配合,就能够保证现有坡耕地"退得下、稳得住、不反弹",为植被恢复创造条件,实现山川秀美。

### 四、实现防洪安全的需要

泥沙主要来源于高原。修建于沟道中的堤坝,从源头上封堵了向下游输送泥沙的通道,在泥沙的汇集和通道处形成了一道人工屏障。它不但能够拦蓄坡面汇入沟道内的泥沙,而且能够固定沟床,抬高侵蚀基准面,稳定沟坡,制止沟岸扩张、沟底下切和沟头前进,减轻沟道侵蚀。

### 五、水利枢纽的需要

水利枢纽按承担任务的不同,可分为防洪枢纽、灌溉枢纽、水力发电枢纽和航运枢纽等。多数水利枢纽承担多项任务,称为综合性水利枢纽。影响水利枢纽功能的主要因素是选定合理的位置和最优的布置方案。水利枢纽工程的位置一般通过河流流域规划或地区水利规划确定。具体位置需充分考虑地形、地质条件,使各个水工建筑物都能布置在安全可靠的地基上,并能满足建筑物的尺度和布置要求,以及施工的必需条件。水利枢纽工程的布置,一般通过可行性研究和初步设计确定。枢纽布置必须使各个不同功能的建筑物在位置上各得其所,在运用中相互协调,充分有效地完成所承担的任务;各个水工建筑物单独使用或联合使用时水流条件良好,上下游的水流和冲淤变化不影响或少影响枢纽的正常运行,总之技术上要安全可靠;在满足基本要求的前提下,要力求建筑物布置紧凑,一个建筑物能发挥多种作用,减少工程量和工程占地,以减小投资;同时要充分考虑管理运行的要求和施工便利,工期短。一个大型水利枢纽工程的总体布置是一项复杂的系统工程,需要按系统工程的分析研究方法进行论证确定。我们在此以长江三峡为例。长江三峡水利枢纽工程,简称三峡工程,是中国长江中上游段建设的大型水利工程项目。分布在中国重庆市到湖北省宜昌市的长江干流上,大坝位于三峡西陵峡内的宜昌市夷陵区三斗坪,并和其下游不远的葛洲坝水电站形成梯级调度电站。它是世界上规模最大的水电站,也是中国有史以来建设的最大型的工程项目,而由它所引发的移民、环境等诸多问题,使它从开始筹建的那一刻起,便始终与巨大的争议相伴。但应该说它是效益更多的,具体的有如下几个:

(一)防洪

三峡大坝建成后,将形成巨大的水库,滞蓄洪水,使下游荆江大堤的防洪能力,由防御十年一遇的洪水,提高到抵御百年一遇的大洪水,防洪库容在 $73\sim220$ 亿 $m^3$。

(二)发电

三峡水电站是世界最大的水电站,总装机容量 1820 万 kW。这个水电站每年的发电量,相当于 4000 万 t 标准煤完全燃烧所发出的能量。装机容量(26+6)×70 万(1820 万+420 万)kW,年发电 1000 亿度。主要供应华中、华东、华南、重庆等地区。

(三)航运

三峡工程位于长江上游与中游的交界处,地理位置得天独厚,对上可以渠化三斗坪至重庆河段,对下可以增加葛洲坝水利枢纽以下长江中游航道枯水季节流量,能够较为充分地改善重庆至武汉的通航条件,满足长江上中游航运事业远景发展的需要。通航能力可以从现在的每年 1000 万 t 提高到 5000 万 t,长江三峡水利枢纽工程在养殖、旅游、保护生态、净化环境、开发性移民、南水北调、供水灌溉等方面均有巨大效益。除此之外还有水产养殖、供水、灌溉和旅游等综合利用效率等。

总之,建设水利工程是国家实施可持续发展战略的重要体现,将为水电发展提供新的动力。小水电作为清洁可再生绿色能源,越来越广泛地得到全社会的肯定。发展小水电既可减少有限的矿物燃料消耗,减少二氧化碳的排放,减少环境污染,还可以解决农民的烧柴和农村能源问题,有利于促进农村能源结构的调整,有利于促进退耕还林、封山绿化、植树造林和改善生态环境,有利于人口、环境的协调发展,有利于水资源和水能资源的可持续利用,促进当地经济的可持续发展。

# 第二节 水利工程的分类

按目的或服务对象可分为防止洪水灾害的防洪工程;防止旱、涝、渍灾为农业生产服务的农田水利工程,或称灌溉和排水工程;将水能转化为电能的水力发电工程;改善和创建航运条件的航道和港口工程;为工业和生活用水服务,并处理和排除污水、雨水的城镇供水和排水工程;防止水土流失和水质污染,维护生态平衡的水土保持工程和环境水利工程;保护和增进渔业生产的渔业水利工程;围海造田,满足工农业生产或交通运输需要的海涂围垦工程等。一项水利工程同时为防洪、灌溉、发电、航运等多种目标服务的,称为综合利用水利工程。

## 一、防洪工程

防洪工程是防止旱、涝、渍灾为农业生产服务的农田水利工程,或称灌溉和排水工程;将水能转化为电能的水力发电工程。

## 二、引水工程

引水工程指水库和塘坝(不包括专为引水、提水工程修建的调节水库),按大、中、小型水库和塘坝分别统计。

## 三、提水工程

提水工程是指利用扬水泵站从河道、湖泊等地表水体提水的工程(不包括从蓄水、引水工程中提水的工程),按大、中、小型规模分别统计。调水工程,是指水资源一级区或独立流域之间的跨流域调水工程,蓄、引、提工程中均不包括调水工程的配套工程。地下水源工程,是指利用地下水的水井工程,按浅层地下水和深层承压水分别统计。

## 四、地下水源工程

指利用地下水的水井工程,按浅层地下水和深层承压水分别统计。地下水利用研究地下水资源的开发和利用,使之更好地为国民经济各部门(如,城市给水、工矿企业用水、农业用水等)服务。农业上的地下水利用,就是合理开发与有效地利用地下水进行灌溉或排灌结合改良土壤以及农牧业给水。必须根据地区的水文地质条件、水文气象条件和用水条件,进行全面规划。在对地下水资源进行评价和摸清可开采量的基础上,制定开发计划与工程措施。在地下水利用规划中要遵循以下原则：

充分利用地面水，合理开发地下水，做到地下水和地面水统筹安排；应根据各含水层的补水能力，确定各层水井数目和开采量，做到分层取水，浅、中、深结合，合理布局；必须与旱涝碱咸的治理结合，统一规划，做到既保障灌溉，又降低地下水位、防碱防渍；既开采了地下水，又腾空了地下库容；使汛期能存蓄降雨和地面径流，并为治涝治碱创造条件。在利用地下水的过程中，还须加强管理，避免盲目开采而引起不良后果（指与当地降水、地表水体有直接补排关系的潜水和与潜水有紧密水力联系的弱承压水）。其他水源工程包括：集雨工程、污水处理再利用和海水利用等供水工程。

# 第三节　工程任务及规模

建设项目的任务，是指项目建成后需要达到的目标，而建设范围是指建设规模。这是整个水利工程任务中的最核心的一个环节，有关专业人员要从工程中的每一个过程当中对于科技和效益两个大方面实施强有力的审核和校评，同时也要在良好方法的前提下，准确地进行工程任务中严格的费用预期计划，这是整个水利工程当中各阶段预期费用掌控任务总的经济投入的重要性根据。在投资决策阶段，挑选工程任务实施得最佳、最准确的建设水准以及挑选最佳的工艺配备装置，进行完整性、准确性、公正的评估。

## 一、工程特征水位的初步选择

初选灌区开发方式，确定灌区范围，选定灌溉方式。拟定设计水平年，选定设计保证率。确定供水范围、供水对象，选定供水工程总体规划。说明规划阶段确定的梯级衔接水位，结合调查的水库淹没数据和制约条件以及工程地质条件，通过技术经济比较，基本选定水库正常蓄水位，初选其他主要特征水位。

## 二、地区社会经济发展状况、工程开发任务

收集工程影响地区的社会经济现状和水利发展规划资料。收集水利工程资料，主要包括现有、在建和拟建的各类水利工程的地区分布、供灌能力以及待建工程的投资、年运行费等。确定本工程的主要水文及水能参数和成果；收集近年来社会经济情况，人口、土地、矿产、水资源等资料，工农业、交通运输业的现状及发展规划，主要国民经济指标，水资源和能源的开发和供应状况等资料。阐述经济发展和城镇供水及灌溉对水库的要求，论述本工程的开发任务。

## 三、主要任务

确定工程等别及主要建筑物级别、相应的洪水标准和地震设防烈度;初选坝址;初拟工程枢纽布置和主要建筑物的形式和主要尺寸,对复杂的技术问题进行重点研究,分项提出工程量。根据相关规划,结合本工程的特点,分析各综合利用部门对工程的要求,初定其开发任务以灌溉、供水为主,兼有防洪、发电、改善水环境等功能。

### (一)供水范围

根据相关规划,协调区域水资源配置,结合上阶段分析成果,进一步论证工程供水范围。经查勘综合分析。

### (二)设计水平年和设计保证率

根据区域经济发展规划,结合工程的特点,拟定以××年为基准年,工程设计水平年为××年。根据本区水资源条件和各综合利用部门特点,初拟设计保证率:灌溉 $P = 80\%$、供水 $P = 90\%$。

### (三)需水预测

根据工程供水范围内区域社会经济发展规划及各行业发展规划,分部门预测灌溉需水,生活需水,二、三产业需水,生态环境需水及其他需水。水库坝址需下泄的生态环境用水量由环评专业提供,本专业重点研究灌溉需水、生活需水、工业需水、牲畜用水。

1.灌溉需水

①了解分析灌区的土地利用规划、种植业发展规划,拟定灌区田土比例和种植制度,土壤理化参数;②以××站为代表站,参考规划及××灌溉用水定额编制评价报告,分别拟定水稻、玉米、小麦、油菜、红苕、烤烟和水果等主要农作物的生育期参数,旱作以旬为时段,进行单项作物的灌溉制度设计,并计算灌区综合灌溉定额;③提出灌区 $P = 50\%$、$P = 80\%$、$P = 90\%$、$P = 95\%$典型年灌溉用水旬过程线,并制作 $P = 80\%$灌水率过程线或图;④根据灌溉定额和结合灌区规划预测分片的灌溉需水。

2.生活需水

调查了解灌区城镇和农村人口的用水情况,包括用水指标、取水水源等,分析预测设计水平年需水利工程供水的人口和指标,预测分片的生活需水量。根据灌区调查,初拟城镇人口生活用水指标(不含公共设施的用水)为160L/(人·d),农村人口生活用水指标为80L/(人·d)。

**3.工业需水**

调查了解灌区工业的发展及用水情况,包括增加值、增加值年递增率、用水指标、取水水源,分析预测设计水平年工业增加值、用水指标、预测分片的工业需水量和需水利工程供水量。

**4.牲畜需水**

调查了解灌区牲畜发展及用水情况,包括牲畜数量、用水指标、取水水源,分析预测设计水平牲畜数量、用水指标、预测分片的牲畜需水量和需水利工程供水量。根据灌区调查,初拟牲畜用水指标为大牲畜40L/(头·d),小牲畜20 L/(头·d)。

**(四)对发电用水**

通过是否预留专门库容以及是否发电与灌溉供水结合应进行研究。

**1.是否预留发电库容的方案**

方案Ⅰ:不预留专门库容,水库对电站用水不做调节,水库规模由灌区综合供水和生态环境用水确定。

方案Ⅱ:考虑到水库来水丰沛,汛期余水较多,水库按枯水年(或中水年)基本达到完全年调节控制。

**2.是否发电与灌区供水结合的方案**

方案Ⅰ:发电与灌区供水结合,电站布置在渠首,多利用灌区综合用水发电。

方案Ⅱ:发电与灌区供水不结合,电站布置在坝后,仅利用环境用水和水库汛期余水发电,但可多利用水头。

**(五)供水预测**

调查了解灌区现有水利工程的数量、分布、供水能力及运行情况,收集有关的水利规划资料,分析预测灌区各类水工程的数量和可供水量。

**1.引水堰和提灌站**

根据其灌溉和供水户的需水量、引水能力和取水坝址的来水量分析计算。

**2.山坪塘和石河堰**

采用兴利库容乘以供水系数法估算供水量。采用典型调查方法,参照邻近及类似地区的成果分析确定其供水系数,结合水文提供的各年径流频率求逐年的供水量,主要用于削减灌区用水峰量。

**3.小水库**

根据其集水面积、兴利库容、水文提供的径流深以及供水区需水预测成果,采用长系列进行调节计算,得出逐年的供水量。

（六）供水区水量平衡分析

1.渠系总布置

与水工专业共同研究渠系总布置方案,落实干支斗渠的长度,衬砌形式,绘制灌区渠系直线示意图。并根据灌区的地形条件进行典型区选择和典型区田间灌排渠系布置,以此为据,计算干支斗渠以下的田间灌溉水利用系数。

2.分片区水量平衡

根据灌区分片,首先根据需水预测、灌区水资源分析成果和调查的自备水源供水情况,分析预测现状和设计水平年自备水源的供水量,在求得灌区需水利工程供水量后,据灌区供需水预测成果,进行现状和设计水平年供需平衡分析。

3.灌溉水利用系数分析及需桐梓水库的供水量计算

在分片水量平衡的基础上,根据灌区渠系布置及分渠系设计灌水率,采用考斯加可夫公式,从下往上进行逐级推算渠道净流量、毛流量和水量,求得各级渠道的渠道水利用系数及干渠渠首需桐梓水库的供水量。

（七）水库径流调节

根据水库天然来水量及需××水库的供水量,进行水库调节计算,经方案比较,选择水库兴利容积及相应特征水位。

（八）防洪规划

防洪保护范围及防护标准,根据××河流域场镇分布特点,分析确定××水库防洪保护范围。分析防洪保护对象防洪要求,确定其防护标准。防洪总体布置方案,根据××河流域自然地理条件、防洪现状,结合防洪保护对象防洪要求选择。

# 第四节　工程占地及移民安置

## 一、水利工程占地

随着我国经济的发展,水利工程也在逐步发展壮大。水利工程是一项重大的长期的工程,是关乎几代人生存发展的重要工程。发展水利对于我国这样一个水利大国非常必要,同时,兴水利、促进水利和人民和谐共存是建设水利工程的目标,而高质量的水利工程是发挥水利作用的重要保证。有效的、高质量的水利工程对于农业经济发展也有着举足轻重的作用。我国水利情况较为复杂,水利相关建设难度较大,国家的经济发展和人民群众的自身生活与水利设施关系密切。在水利工程的投资工作上,我国在管理上还存在着不少问题,在征地拆迁和移民安置的问题上工作还有所不足。水利工程的建设对于我国的治理水灾、农业经济发展等各方面都有着重要以及深远的意义。在现阶段,随着我国经济的快速发展,水利项目不断增多,整体行业的规模不断增大,作为项目管理团队,在管理工作上也遇到了很大的挑战,做好水利项目的管理工作,严格控制水利工程中的投资资金,做好征地移民安置工作,对于打造安全稳定的高质量水利工程,保证我国的经济稳定发展,维持社会和谐和稳定,保证人民生命财产安全有着重要的意义。征地移民是水利工程建设管理中的重要一环,要利用完善的监管工作对征地移民工作进行管理,对工程单位的经济效益提供保障,同时也保证拆迁地区居民的自身权益。

在征地移民的工作进行前,要进行良好的规划工作,做好合理科学的安置计划。在水利工程征地的选择上,大多数是农村地区的土地,所以,农民对于征地工作的影响非常重要,也是对整体工程进行和实施中较为重要的不安因素。在制定安置计划时,要在法律、法规的基础上,合理地对征地移民工作进行分析,做好前期规划工作,保证后续工作的顺利开展。

(一)征、占地拆迁及移民设计的原则

设计原则:征、占地拆迁及移民设计原则是尽量少征用土地面积,少拆迁房屋,少迁移人口,深入实地调查,要顾全堤防整险加固工程建设和人民群众两方面的根本利益。

(二)减少拆迁移民的措施

堤身加高培厚、填筑内外平台、堤基渗控处理等,是堤防整险加固工程造成移民拆迁的主要原因。经过技术及经济合理性分析研究及优化设计,在不影响干堤防洪能力的情况下,本项目采取以下措施减少拆迁移民:在人口集中的地区,在加高培厚进行整治时,进行多方案比较,选取最优的方案,以减少堤身加高培厚造成的工程占地和拆迁移民。例如,加培方式和堤线选择方面,采用了外帮和内帮的方案比较,逐段优化堤线并以外帮为主的方案。堤基渗控措施一般方式为"以压为主,压导结合",根据堤段具体地质条件,堤基如有浅砂层,可采取垂直截渗措施,以减少防渗铺盖和堤后压重占地而导致的移民。在拆迁和征地较集中的地区,根据工程实施情况,尽可能采用分步实施的原则,既可以减少一次性投资过大,又可以减少给地方带来的压力,更重要的是,减少由于大量集中拆迁移民,而导致拆迁移民产生反感情绪以及不良的社会影响。

（三）征、占地范围

根据堤防工程设计,如长江支流干堤整险加固工程将加高培厚原堤身断面,填筑内外平台,险工险段增加防渗铺盖和压浸平台,填筑堤内外 100～200m 范围内的渊塘,涵闸泵站重建或改造等,这些工程措施将占压一定数量的土地和拆迁工程范围内的房屋及搬迁部分居民。同时,施工料场和施工场地、道路,需要临时占用部分土地。

（四）实物指标调查方法

实物指标的调查方法,是按照实物指标调查的内容制定调查表格,提出调查要求,由各区堤防管理部门负责调查、填表。在此基础上进行汇总统计和分析,重点抽样调查,实地核对。主要包括居民户调查、企事业单位拆迁调查、占地调查。另外,对工程占压的道路、输变电设施、电信设施、广播电视设施、公用设施及其他专用设施分堤段进行调查登记。根据各区调查登记的成果,组织专业技术人员对征地拆迁量较大的堤段进行了重点抽样调查、核对。

## 二、移民安置

移民安置是指对非自愿水利水电工程移民的居住、生活和生产的全面规划与实施,以达到移民前的水平,并保证他们在新的生产、生活环境下的可持续发展。具体包括移民的去向安排,移民居住和生活设施、交通、水电、医疗、学校等公共设施的建设或安排,土地征集和生产条件的建立,社区的组织和管理等,是为移民重建新的社会、经济、文化系统的全部活动,是一项多行业、综合性、极其复杂的系统工程。移民安置是水利水电工程建设的重要组成部分,安置效果的好坏直接关系到工程建设的进展、效益的发挥乃至社会的安定。

（一）移民安置环境容量

移民安置环境容量是在一定区域一定时期内,在保证自然生态向良性循环演变,并保证一定生活水平和环境质量的条件下,按照拟定的规划目标和安置标准,通过对该区域自然资源的综合开发利用后,该区域经济所能供养和吸收的移民人口数量。某区域的环境容量与其资源数量成正比,如某村民小组的耕地越多,则该组容量越大;容量与资源的开发利用水平、产出水平成正比,如同样面积的耕地,种植大棚蔬菜的容量比种植水稻的容量要大;容量与安置标准成反比,安置标准越高,容量越小。第二产业安置移民环境容量计算只考虑结合地方资源优势,利用移民生产安置资金新建的第二产业项目,按项目拟配置的生产工人数量确定接纳移民劳动力的数量。

**（二）生产安置人口**

生产安置人口指因水利水电工程建设征收或影响主要生产资料（土地），需要重新安排生产出路的农业人口。计算公式：生产安置人口＝涉淹村、组受淹没影响的主要生产资料÷该村、组征地前人平均主要生产资料（不同质量或种类的生产资料可以换算成一种主要生产资料）。也可以这样理解：一个以土地为主要收入来源的村庄，受水库淹没影响后，其生产安置人口占村庄总人口的比重与水库淹没影响的土地占该村庄土地总量的比重是一致的。生产安置人口在规划阶段，是一个量化分析的尺度，不容易落实到具体的人。

**（三）搬迁安置人口**

搬迁安置人口指由于水利水电工程建设征地而导致必须拆迁的房屋内所居住的人口，含农业人口和非农业人口。搬迁安置人口＝居住在建设征地范围内人口＋居住在坍岸、滑坡、孤岛、浸没等影响处理区需搬迁人口＋库边地段因建设征地影响失去生产生活条件需搬迁安置人口（如水库淹没后某部分人的基础设施恢复难度太大而需要搬迁的人口）＋淹地不淹房需搬迁人口（生产安置随迁人口）。搬迁安置人口可以根据住房的对应关系落实到人。生产安置人口和搬迁安置人口是安置任务指标，不是淹没影响实物指标。

**（四）水库库底清理**

在水库蓄水前，为保证水库水质和水库运行安全，必须对淹没范围内涉及的房屋及附属建筑物、地面附着物（林木）、坟墓、各类垃圾和可能产生污染的固体废弃物采取拆除、砍伐、清理等处理措施，这些工作称为水库库底清理。库底清理分为一般清理和特殊清理。一般清理又分为卫生清理、建（构）筑物清理（残留高度不得超过地面 0.5m）、林木清理（残留树桩不得高出地面 0.3m）三类。特殊清理，是指为开发水域各项事业而需要进行的清理（如水上运动场内的一切障碍物应清除，水井、地窖、人防及井巷工程的进出口等，应进行封堵、填塞和覆盖），特殊清理费用由相关单位自理。

### 三、移民安置的原则

根据国家和地方有关法律、条例、法规，参照其他工程移民经验，制定以下移民安置原则：
①节约土地是我国的基本国策。安置规划应根据我国人多地少的实际情况，尽量考虑少占压土地，少迁移人口。②移民安置规划要与安置地的国土整治、国民经济和社会发展相协调，要把安置工作与地区建设、资源开发、经济发展及环境保护、水土保持相结合，因地制宜地制定恢复与发展移民生产的措施，为移民自身发展创造良好条件。③贯彻开发性移民

方针,坚持国家扶持、政策优惠、各方支援、自力更生的原则,正确处理国家、集体、个人之间的关系。通过采取前期补偿、补助与后期生产扶持的办法,妥善安置移民的生产、生活,逐步使移民生活达到或者超过原有水平。④移民安置规划方案要充分反映移民的意愿,要得到广大移民理解和认可。⑤各项补偿要以核实并经移民签字认可的实物调查指标为基础,合理确定补偿标准,不留投资缺口。⑥农村人口安置应尽可能以土地为依托。⑦集中安置要结合集镇规划和城市规划进行。⑧迁建项目的建设规模和标准,以恢复原规模、原标准(等级)、原功能为原则。结合地区发展,扩大规模,提高标准以及远景规划所需的投资,需由当地政府和有关部门自行解决。

## 四、移民安置基本政策

水利建设征地主要对农村影响较大,农村移民是水利工程建设征地实施中容易引发出不安定因素的群体。因此,妥善安置征地搬迁的移民,除了做好有关政策工作的同时,还需要做好实施安置的前期调查规划工作。

(一)实行开发性移民工作方针

改消极补偿为积极创业,变救济生活为扶持生产,把移民安置与经济社会发展、资源开发利用、生态环境保护相结合,使移民在搬迁后获得可持续发展的生产资料和能力,使其生产、生活条件能得到不断改善提高,实现移民长远生计有保障。开发性移民的理论基础是系统工程论,它从系统的、开发的观点指导移民安置工作。1965 年,长江水利委员会林一山主任提出了"移民工程"的概念,指出要做移民安置规划和分配移民资金,通过开发荒山为移民创造基本的生产条件。1985 年处理丹江口移民遗留问题时实施。1986 年 7 月国务院在转发发《水利电力部关于抓紧处理水库移民问题的报告》的文件中明确提出"移民工程",1991年"移民工程"写入国家移民条例。开发性移民工作方针应该把握以下几个关键:一是科学编制移民安置规划;二是使移民获得一定的生产资料而不是简单发放土地补偿补助费用;三是培训移民使其具有从配置的生产资料上获得收入的能力;四是实际工作中要注意区分哪些属移民补偿费用,哪些属发展费用,不能把发展部分的费用放在移民补偿的账上。

(二)前期补偿补助,后期扶持政策

有别于政治移民、赔偿移民的政策,基于当前我国经济发展水平提出,并随经济发展不断调整前期补偿水平和后期扶持力度。

## 五、移民安置基本程序及主要工作内容

水利水电工程移民问题的有效解决有利于改善广大移民的生活质量,保障库区移民的生存和发展。本书主要对水利水电工程移民的几种安置方式进行了详细探讨,主要有农业安置、非农业安置、兼业安置以及自谋出路四种安置方式,以期为广大水利水电工程进行移民安置提供价值性的参考。

### (一)前期工作阶段

中央审批的水利水电工程项目,移民安置规划设计按水利行业标准《水利水电工程建设征地移民安置规划设计规范》分四阶段编制,设计文件审核审批按水利部水规计项目建议书。编制征地移民安置规划设计篇章或专题报告,由水利部审查,国家发改委审批。

### (二)可行性研究

编制移民安置规划大纲、征地移民安置规划设计专题报告或篇章。移民安置规划大纲由省级人民政府和水利部联合审批,移民安置规划由水利部审查,国家发改委审批。

### (三)初步设计阶段

编制征地移民安置规划设计专题报告。由水利部审批,国家发改委核定投资概算。

### (四)技施设计阶段

编制征地移民安置规划设计工作报告。专项工程施工图设计文件可依据地方规定履行审批手续。中央审批的水电工程项目移民安置规划设计按电力行业标准《水电工程建设征地移民安置规划设计规范》分三阶段编制,按国家发改委相关规定实行核准制:

1.预可行性研究报告

编制建设征地移民安置初步规划报告,设计深度要求同水利项目建议书阶段。由水电水利规划设计总院技术审查。

2.可行性研究报告

编制移民安置规划报告,设计深度要求同水利行业初步设计阶段。由国家发改委核准。

3.移民安置实施阶段

编制移民安置验收综合设计报告,设计深度同水利行业实施设计阶段。专项工程施工图设计可依据地方规定履行审批手续。

## 六、移民生产安置规划

因各方面因素,水利水电工程建设征地造成了较多的遗留问题,甚至现在有的在建的水利水电工程,由于征地补偿方案缺乏科学性,补偿概算不足等因素,造成了一定的社会不安定因素,诱发了一些地区性的社会、经济不和谐的现象和问题。这一问题已引起业内人士的广泛关注。它既关系到征地移民的切身利益,也关系到地方经济发展的一次契机。移民安置方式对移民文化有着重大影响。

水利建设征地主要对农村影响较大,农村移民是水利工程建设征地实施中容易引发出不安定因素的群体。因此,妥善安置征地搬迁的移民,除了做好有关政策工作的同时,还需要做好实施安置的前期调查规划工作。

(一)策略

①农村移民生产安置应贯彻开发性移民方针,以大农业安置为主,通过改造中、低产田,发展种植业,推广农业科学技术,提高劳动生产率,使每个移民都有恢复原有生活水平的物质基础。②对有条件的地方,应积极发展村办企业和第三产业安置移民。③对耕地分享达不到预定收入目标的地方,可向农业人口提供非农业就业机会。

(二)生产安置对象和任务

生产安置对象为因工程征地而失去土地的人口。

(三)安置目标

移民生产安置的目标是达到或超过原有的生活水平。由于工程的影响,征地区农民人均占有耕地将有不同程度的减少,如维持现有的生产条件,将会影响农民的收入,因此,要达到上述安置目标,必须采取生产扶持措施。考虑到征地区人均拥有耕地少,除了可采取以提高劳动生产率和单位面积产出率为途径的种植业生产措施外,还需大力开展养殖业和村办企业、第三产业,确保农民生活达到或超过原有的水平。

(四)安置标准

种植业安置。在农业生产条件较好、农作物产量高的地区,采取以推广农业科学技术、优化种植结构、扩大高效经济作物种植比例、提高农产品商品率、发展生态农业为主要途径的生产安置方式。有关资料表明,采取上述模式,农产品亩产值将有效提高,亩纯收入可增加400~500元。在农业生产条件有待改善的地区,采取以土地改良和加强农田水利建设,提高单位面积产量为主要途径的生产安置方式。根据地方实际情况测算,农业生产条件改善以后,中、低产田每亩可增加粮食产量150～170kg、棉花产量25kg,可增加农业纯收入300～400元。通过以上分析,项目区每安置一名农业人口,并使年纯收入达到2750元的目标,至少要对10亩(1亩=666.6m²)左右耕地进行农业生产模式的改造或农业生产条件的改善。为使征地区农民收入更有保障地达到预定目标,安置规划拟采用每改造或改善10～15亩耕地安置一名农业人口。对于少数人多地少的地区,因可供改造的耕地有限,将根据地方特色,调整种植结构,优先发展大棚蔬菜、林果花卉等经济作物,实现高投入、高产出,使移民生活保持原有水平或有所提高。

养殖业安置。因土地资源有限,通过种植业仍不能安置的农业人口,结合地区特色,发展养殖业。每村安置人数不超过20人,启动资金按2万元/人的标准控制。

二、三产业安置。在采取上述方式仍不能安置的农业人口,通过发展村办企业和第三产业进行安置。启动资金按3万元/人的标准控制。

# 第三章
# 工程地质的基本认知

## 第一节　矿物与岩石

### 一、概述

地质学是关于地球的物质组成、内部构造、外部特征、各层圈之间的相互作用和演变历史的知识体系。根据研究对象及内容的不同,可细分为矿物学、岩石学、地貌学、地层学、水文学、矿床地质学、工程地质学、灾害地质学等。其中研究矿石、岩石的科学称为矿物岩石学,即研究地壳物质组成及其特征的科学,它研究矿物岩石的成分、结构、构造、产状、分类命名等。最初矿物岩石学是一门学科,随着研究的深入和认识的提高,岩石学逐渐从矿物学中分离出来而成为一门独立的学科,之后又相继形成了岩浆岩石学、变质岩石学和沉积岩石学三个分支学科。

矿物学、岩石学以及三大类岩石学之间既有着密切的依存关系,又有独立的研究内容。矿物岩石学不仅是地史学的基础,也是水文地质、工程地质、环境地质、石油地质、煤田地质、地球物理勘探等学科的基础。

岩石是指地球上部(地壳和上地幔)由各种地质作用形成的,由一种或几种矿物组成的,具有稳定外形的固态集合体。矿物是矿石和岩石的基本组成单位,是地壳中的一种或多种化学元素在各种地质作用下形成的天然单质或化合物。

### 二、矿物与造岩矿物

(一)矿物的基本概念

矿物是地质作用形成的天然单质或化合物,它可以由一种单质元素组成,如,自然铜

（Cu）、金刚石（C）等；绝大多数由几种元素的化合物组成。

矿物具有比较固定的化学成分和物理化学性质，如，石英由 $SiO_2$ 组成，方解石由 $CaCO_3$ 组成。

矿物绝大多数呈固态出现，仅少数以液态（如自然汞等）和气态（如，天然气、水蒸气等）产出。

矿物多数为无机矿物，有机矿物很少。它的存在与一定的自然条件相关，当外界条件改变至一定程度时，原有矿物就会产生变化，生成新的矿物，因此，一种矿物只是表示组成这种矿物的元素在一定地质作用过程中，到一定阶段的产物。

综上所述，矿物是由地质作用形成的具有一定物理性质与化学成分的自然单质或化合物。在已发现的 3000 种矿物中，组成岩石的 30 多种主要矿物称为造岩矿物。

（二）矿物的形态

矿物的形态是指矿物单晶体、规则连生晶体和集合体的外形特征。

1.矿物的单体形态

矿物的单体形态指矿物单晶体的形态。矿物晶体在一定外界条件下，一定成分的同种矿物，总是有它特定的矿物形态，晶体的这种性质，就是晶体的结晶习性。结晶习性不同于晶形，晶形是指晶体笼统的外貌特征。

根据晶体在空间的发育程度不同，矿物的单体形态可分为如下三类：

①一向延长形晶体生长沿一个方向发育，呈现柱状、纤维状、针状、放射状等，如石英、角闪石、石棉等。②二向延长形晶体生长时在两个方向上发育，呈现板状、片状、鳞片状等，如，云母、绿泥石、重晶石等。③三向等长形晶体生长时在三度空间上发育程度基本相等，呈现等轴状、粒状、球状等，如，石榴子石、黄铁矿、橄榄石等。

有些矿物在不同条件下（如，温度、空间条件等）可以具有不同的结晶习性。如方解石在高温条件下（200℃以上）晶体呈现板状或片状，在低温条件下形成的晶体则呈现为一向延长形的柱状晶体；石英晶体在晶洞中（足够的自由空间）可呈现为柱状晶体，在其他情况下则形成不规则粒状个体。

2.矿物的连生体形态

矿物的连生体形态指矿物单体有几何规则的连生方式。

（1）平行连生。

平行连生指同种晶体的个体彼此平行地连生在一起，连生着的两个晶体相对应的晶面和晶棱都相互平行。平行连生从外形来看是多晶体的连生，但它们内部的格子构造都是平行而连续的，从这点来看它与单晶没什么差异。

（2）双晶。

双晶也称为孪晶,是两个或两个以上的同种晶体按一定的对称规律形成的规则连生。相邻的两个个体相应的面、棱、角并非完全平行,但它们可以借助对称操作(反映、旋转或反伸)使两个个体彼此重合或平行。

(3)浮生与交生。

浮生是不同物质的晶体沿一定方向的规则连生,或同种物质的晶体以不同的网面相结合而形成规则的连生。交生是两种不同物质的晶体彼此间以一定的结晶学取向关系交互连生,或一种晶体嵌生于另一种晶体之中的现象。

3.矿物的集合体形态

矿物的集合体形态指矿物单体的集合方式。根据集合体中矿物晶体的大小,可以分为三类:显晶集合体、隐晶集合体和胶态集合体。

(1)显晶集合体。

所谓显晶集合体是指用肉眼可以辨别矿物单体的集合体类型,对于这类集合体,可以采用矿物单体的习性和集合方式描述和命名。如果矿物单体形成特殊形态的集合体,则根据它的集合方式进行描述,常见的几种如下:

①晶簇。

晶簇是指由生长在岩石的裂隙或空洞中的许多矿物单晶体所组成的簇状集合体,它们丛生在同一个基底上,另一端自由发育而具有良好的晶形。晶簇可以由单一的同种矿物的晶体组成,也可以由几种不同的矿物的晶体组成。在晶簇中,发育最好的是与基底近乎垂直的晶体,与基底斜交的晶体由于空间所限得不到充分的发育而被抑制或淘汰。常见的如石英晶簇、方解石晶簇等。

②放射状集合体。

结晶习性呈柱状、针状、片状或板状的矿物单体,以一点为中心向四周呈放射状排列称为放射状集合体。如红柱石的柱状单体呈放射状排列,形成所谓的菊花石。放射状集合体生成时,环境中没有定向压力,晶体以一点为中心,向各个方向生长的机会是均等的。

③纤维状集合体。

细长柱状、纤维状矿物密集平行排列,形成纤维状集合体,纤维状集合体具有一向延伸倾向,当溶液沿裂缝活动时,晶体从裂缝壁开始生长,只有垂直裂缝壁的晶体能够得以长大,最后形成垂直型裂隙的纤维状集合体。常见的纤维状集合体如纤维状石膏和石棉等。

(2)隐晶集合体和胶态集合体。

在显微镜下才能辨认单体的矿物集合体称为隐晶集合体;在显微镜下也不能辨认单体的矿物集合体称为胶态集合体。最常见的隐晶集合体和胶态集合体,按照其生成方式和外貌特征不同分为如下几种:

①钟乳状集合体。

在地下水渗出或滴落处析出的矿物逐层堆积或聚集，形成圆锥、圆柱、圆丘等形状的集合体，统称为钟乳状集合体，按形状可描述为葡萄状、肾状及钟乳状等。这些集合体都是在相当长的时间内层层聚集而成的，因此，其共同特点是具有同心状构造，每层在颜色或杂质组分上常略有差异，这些集合体形成以后，常常因为结晶作用产生垂直于同心层排列的放射状构造。

②结核体。

按照其生长过程来说，结核体是指物质质点围绕某一中心逐渐向外沉淀生长而成的球状、凸透镜状的矿物集合体，内部常具有同心层状构造。结核大者直径可达到数十厘米，小者不足 1mm。结核体形状可呈球形、卵形和其他不太规则的形状。

③鲕状及豆状集合体。

在沉积岩中，由许多似鱼卵大小的球粒所组成的集合体，称为鲕状集合体，如鲕状赤铁矿、鲕状石灰岩等。似鲕状但球粒较大者称为豆状集合体。

在海洋、湖泊中，由水中析出的矿物微晶或胶凝物质，围绕砂粒、有机质等碎屑或者是气泡等凝聚成球粒或团块而沉淀下来，因水流动，鲕粒可以在水下不断滚动而继续长大，从而具有同心层状构造。

### (三)矿物的物理性质

矿物的物理性质由其化学成分和内部构造决定。不同的化学成分和不同的内部构造，会反映出不同的物理性质，即使成分相同而构造不同或者构造类似而成分不同的矿物，它们的物理性质也是有差异的。因此，肉眼鉴别矿物所依据的物理性质主要包括颜色、条痕、光泽、透明度等。

1.颜色

矿物的颜色是矿物对可见光波的吸收作用所产生的。根据矿物呈现某种颜色的原因，可以将矿物的颜色分为自色、他色和假色三种。

(1)自色。

自色是由于矿物本身内在原因所引起的，而且为矿物本身所固有的颜色。自色的产生主要取决于矿物本身的化学成分和内部结构。对造岩矿物来说，由于成分复杂，颜色变化很大。一般来说，含铁、锰多的矿物，如，黑云母、普通角闪石、普通辉石等，颜色较深，多呈灰绿、褐绿、黑绿以至黑色；含硅、铝、钙等成分多的矿物，如，石英、长石、方解石等，颜色较浅，多呈白、灰白、淡红、淡黄等各种浅色。

(2)他色。

他色是由于矿物中混入了某些杂质所引起的，与矿物的本身性质无关。他色不固定，随杂质的不同而异。如纯净的石英晶体是无色透明的，但常因不同的杂质混入而被染成紫色

（紫水晶中含有 $Fe^{3+}$）、烟色（烟水晶中含有 AP）等不同颜色。由于他色不稳定,不能把其作为鉴定矿物的依据。

（3）假色。

由于某种物理原因（如,光的内反射、内散射、干涉等）及氧化作用所产生的颜色称为假色。如,方解石解理面上常出现的虹彩;斑铜矿表面常出现的斑驳的蓝色和紫色。

2.条痕

矿物粉末的颜色称为矿物的条痕。测试时的条痕色是指将矿物在白色无釉的瓷板上磨划出的线条颜色。矿物的条痕消除了假色的干扰,也减轻了他色的影响,突出表现出矿物的自色,因此条痕比矿物表面颜色更固定,是鉴定矿物的可靠依据。如赤铁矿（$Fe_2O_3$）矿体的表面可呈现红色、铁黑色、褐红色等,但条痕都是樱红色,因此条痕可以作为赤铁矿的一种主要鉴定特征。

这里需要指出的是,透明和半透明矿物的条痕色都是浅色或白色。因此,对于这些矿物来说,用条痕来鉴定矿物是没有意义的。

3.光泽

矿物表面反光的能力称为光泽。根据反射光的强弱可分为如下三级:

（1）金属光泽。

金属光泽呈明显的金属状光亮。如,黄铁矿、方铅矿的光泽。

（2）半金属光泽。

半金属光泽呈弱金属状光亮。如,磁铁矿、赤铁矿的光泽。

（3）非金属光泽。

非金属光泽指除金属和半金属光泽之外的其余各种光泽的统称,造岩矿物绝大部分属于非金属光泽。由于矿物表面的性质或矿物集合体的集合方式不同,又会呈现出各种不同特征的光泽。可进一步分为:

①金刚光泽。

金刚光泽是指如同金刚石等宝石的磨光面上所反射的光泽,如白铅矿的光泽。

②玻璃光泽。

玻璃光泽是指如同玻璃表面所反射的光泽,如方解石的光泽。

③珍珠光泽。

珍珠光泽指由于一系列平行的解理对光线多次反射的结果而呈现出如蚌壳内面的珍珠层所表现的那种光泽,如,透石膏、白云母等。

④油脂光泽。

油脂光泽也称"脂肪光泽",在某些透明矿物的断口上,由于反射表面不平滑,使部分光线发生散射而呈现的如同油脂般的光泽,如石英断口上的光泽。

⑤丝绢光泽。

丝绢光泽指在呈纤维状或细鳞片状集合体的浅色透明矿物中,由于光的反射相互干扰影响,形成丝绢般的光泽,如石棉和绢云母的光泽。

⑥蜡状光泽。

蜡状光泽指某些隐晶质块体或胶凝体矿物表面,呈现出如石蜡所表现的那种光泽,例如,块状叶蜡石、蛇纹石和滑石等致密块状矿物表面的光泽。

⑦土状光泽。

土状光泽指在矿物的土状集合体上,由于反射表面疏松多孔,使光几乎全部发生散射而呈现出如同土状般的暗淡光泽,如高岭土等松散细粒块体矿物表面所呈现的光泽。

**4.透明度**

矿物透过可见光的能力称为透明度。它取决于矿物对光的吸收率,也与矿物本身厚度有关。根据矿物的透明程度,可将透明度分为三级:透明、半透明和不透明。矿物薄片(厚0.03 mm)能清晰透视其他物体者为透明;能透过光线,但不能清晰透视其他物体者为半透明;光线完全不能透过者为不透明。

**(四)矿物的力学性质**

矿物的力学性质是指矿物在外力作用下所表现出来的各种性质。它是矿物的重要物理参数和鉴定依据。主要有硬度、解理、断口、脆性和延展性、弹性和挠性等。

**1.硬度**

矿物抵抗外力刻画、研磨的能力,称为硬度。硬度是矿物的一个重要鉴定特征,在鉴别矿物的硬度时,是用两种矿物对刻的方法来确定矿物的相对硬度的。德国矿物学家弗勒贝尔·摩氏选择了10种软硬不同的矿物作为标准,组成1~10度的相对硬度系列,称为"摩氏硬度计"。

从软到硬依次由下列10种矿物组成:①滑石;②石膏;③方解石;④萤石;⑤磷灰石;⑥正长石;⑦石英;⑧黄玉;⑨刚玉;⑩金刚石。

可以看出,摩氏硬度只反映矿物相对硬度的顺序,它并不是矿物绝对硬度的等级。矿物硬度的确定,是根据两种矿物对刻时互相是否刻伤的情况而定的。在野外进行矿物硬度鉴定时,通常要在矿物单体的新鲜面上进行,同时,也可以利用指甲(硬度2.5)、小刀(硬度5.5)、玻璃(硬度6.5)来粗测矿物硬度。

**2.解理**

矿物受力后,沿一定结晶方向裂开成光滑平面的性质,称为解理。在晶体构造中,如果有一系列平行的面网(由原子、离子或分子等质点组成的平面),它们之间的联系力较弱,解理就沿这些面网产生。各种矿物解理发育程度不一样,解理面的完整程度也不相同。按照解理面的完好程度解理可分为：

（1）极完全解理。

极易分裂成薄片，解理面完整光滑，如云母。

（2）完全解理。

锤击后常沿解理方向裂开成小块，解理面平整光滑，如方解石。

（3）中等解理。

锤击后不容易形成平整光滑的解理面，在破裂面上小面积的解理面断续出现呈阶梯状，如，正长石、角闪石等。

（4）不完全解理。

解理面很难出现，如磷灰石。

3.断口

矿物受到敲击后，有形成各种凹凸不平的裂开面的性质，其破裂面就是断口。按照形状，断口可以分为：

①贝壳状断口；②锯齿状断口；③参差状断口；④纤维状断口。

4.脆性和延展性

脆性是指矿物受打击后易碎，被刻画时易出现粉末，刻痕无光滑感的性质。绝大多数矿物有脆性。矿物在锤击或拉引下，能发生塑性变形，容易形成薄片和细丝的性质称为延展性。通常温度升高，延展性增强。大部分自然金属具有强延展性，如，自然金、自然银、自然铜等都具有良好的延展性。当用小刀刻画具有延展性的矿物时，矿物表面被刻画处会留下光亮的沟痕，而不出现粉末或碎粒，据此可区别于脆性。

5.弹性和挠性

矿物受外力作用发生弯曲形变，但当外力作用取消后，弯曲形变能恢复原状，此性质称为弹性，云母、石棉等矿物均具有弹性。当外力作用取消后，如歪曲了的形变不能恢复原状，则此性质称为挠性，滑石、绿泥石、蛭石等矿物均有挠性。

**（五）常见的造岩矿物**

常见的造岩矿物包括石英、长石、角闪石、云母、辉石、橄榄石、石榴子石、方解石、白云石等。

1.石英

石英属于二氧化硅矿物质，是最重要的造岩矿物之一。当二氧化硅结晶矿物完美时就是水晶。它是许多岩浆岩、沉积岩和变质岩的主要造岩矿物。石英晶体常呈带尖顶的六方柱状，柱面上有横纹。纯净的石英无色透明，玻璃光泽，断口常呈油脂光泽。硬度7，相对密度2.65，无解理，贝壳断口。石英因粒度、颜色、包裹体等的不同而有许多变种，如，紫水晶、黄水晶、玛瑙等。石英是一种物理性质和化学性质均十分稳定的矿产资源。

**2.正长石**

正长石又称钾长石,晶体属于单斜晶系的架状结构硅酸盐矿物,广泛分布于酸性和碱性成分的岩浆岩、火山碎屑岩中。单体为短柱状或厚板状晶体,集合体为致密块状。呈肉红或浅黄、浅黄白色,条痕为白色,玻璃光泽,解理面珍珠光泽,半透明。两组解理(一组完全、一组中等)相交成90°,硬度6,相对密度2.56~2.58。正长石是陶瓷业和玻璃业的主要原料,也可用于制取钾肥。

**3.斜长石**

斜长石晶体属三斜晶系的架状结构硅酸盐矿物,多为柱状或板状,常见聚片双晶,在晶面或解理面上可见细而平行的双晶纹。晶体呈板状或扁柱状,集合体呈粒状或块状。颜色为白色至暗灰色,有些呈微浅蓝色或浅绿色,玻璃光泽,半透明,两组解理(一组完全解理、一组中等解理)相交成86°,硬度6~6.5,相对密度2.61~2.76。斜长石占全部长石总量的70%,广泛分布于岩浆岩、变质岩和沉积碎屑岩中。

**4.角闪石**

角闪石属于双链状结构硅酸盐矿物,晶体呈长柱状,集合体呈粒状、纤维状、放射状等。颜色多为深色,从绿色、棕色、褐色到黑色。条痕为白色到灰色,玻璃光泽,硬度5~6。两组发育中等的解理面交角为124°和56°。角闪石是一种重要且分布广泛的造岩矿物,普通角闪石广泛分布于中性及中酸性火成岩中,也是许多变质岩的主要组成矿物。

**5.白云母**

白云母又称为普通云母、钾云母或云母,是云母类矿物中的一种,也是分布很广的造岩矿物之一。晶体呈假六方柱状或板状,无色或呈白、浅灰绿等色,呈细小鳞片状或片状,玻璃及珍珠光泽,透明或半透明,发育一组极完全解理,硬度2~3,相对密度2.76~3.10。白云母主要分布于酸性岩浆岩及伟晶岩中,在片岩、片麻岩中也常见。

**6.黑云母**

黑云母晶体为板状、锥状或短柱状,常呈假六方板状,颜色为黑色、深棕色到红棕色、绿色,条痕无色,透明到半不透明,玻璃光泽,参差状断口,发育一组极完全解理,硬度2~3,相对密度2.70~3.40。黑云母在变质岩、岩浆侵入岩及伟晶岩中都有产出。

**7.普通辉石**

普通辉石属辉石类,呈短柱状晶体,以块状、致密状、粒状集合体产出,棕色、浅绿色或黑色,条痕灰绿色,半透明到不透明,玻璃到暗淡光泽,发育近两组正交解理,参差状至贝壳状断口,相对密度3.23~3.52。

**8.橄榄石**

橄榄石是铁、镁硅酸盐矿物,是组成上地幔的主要矿物,也是陨石和月岩的主要矿物成分。橄榄石常见于基性和超基性岩浆岩中,因常呈橄榄绿色而得名。晶体呈短柱状,常呈粒状、块状、致密状集合体。富镁的色浅,富铁的则色深,玻璃光泽,断口为油脂光泽中等到不完全解理,硬度6~7,相对密度3.3~4.4,具脆性。

9.石榴子石

石榴子石是一族岛状结构硅酸盐矿物的总称,晶体多呈菱形十二面体,集合体呈粒状,半透明,无解理,玻璃光泽,断口为油脂光泽,硬度6.5~7.5。石榴子石的颜色随成分而异,相对密度3.32~4.19,具脆性。

10.方解石

方解石晶体属三方晶系的碳酸盐矿物,是制造纯碱、碳化钾等化合物的矿物原料,是组成石灰岩和大理岩的主要成分。方解石的晶体形状多种多样,集合体可以是粒状、块状、纤维状、钟乳状、土状、鲕状、晶簇状等,具有三组完全解理,玻璃光泽,完全透明至半透明,一般为白色或无色,因含有其他杂质呈现出淡红、淡黄、淡茶、玫红等多种颜色,条痕为白色,硬度2.70~3.0,相对密度2.6~2.8,遇稀盐酸剧烈起泡,放出二氧化碳。在石灰岩地区,溶解在溶液中的重碳酸钙在适宜的条件下沉淀出方解石,形成千姿百态的钟乳石、石笋、石幔、石柱等自然景观。

11.白云石

白云石晶体属三方晶系的碳酸盐矿物,晶体呈菱面体,晶面常弯曲成马鞍状,常见聚片双晶。集合体通常呈粒状。纯者为白色,含铁时呈灰色,风化后呈褐色,玻璃光泽至珍珠光泽,具有三组极完全解理,硬度3.5~4,相对密度2.85~3.2,遇冷稀盐酸时缓慢起泡,是组成白云岩的主要矿物。

12.高岭石

高岭石属于层状的硅酸盐黏土矿物,一般呈假六面片状晶体,通常呈致密或疏松块状集合体产出,一般为白色,含杂质时呈米色,解理面珍珠光泽,硬度2~2.5,相对密度2.60~2.63,吸水性强,浸水具有可塑性,干燥时具有粗糙感。高岭石是组成高岭土的主要矿物成分,可以通过风化作用、沉积作用和热液蚀变作用形成。

13.伊利石

伊利石是一种富钾的硅酸盐云母类黏土矿物。常由白云母、钾长石风化而成,并产于泥质岩中,或由其他矿物蚀变形成。它常是形成其他黏土矿物的中间过渡性矿物。纯的伊利石黏土呈白色,但常因杂质而染成黄、绿、褐等色,解理完全,硬度1~2,相对密度2.6~2.9。

14.蒙脱石

蒙脱石是一种层状结构、片状结晶的硅酸盐黏土矿物,白色,有时为浅灰色、粉红色、浅绿色;鳞片状者解理完全,硬度2~2.5,吸水性很强,吸水后因体积膨胀而增大几倍至十几倍,具有很强的吸附力和阳离子交换性能。

### 三、岩浆岩

岩石是天然产出的由一种或多种矿物组成的,具有一定结构构造的矿物集合体,也有少数包含有生物的遗骸或遗迹(即化石),是构成地壳及上地幔的固态部分。根据形成岩石的地质作用的不同,主要分为三大类:岩浆岩(也可称为火成岩)、沉积岩、变质岩。

由岩浆冷凝固结形成的岩石称为岩浆岩(或称火成岩)。岩浆原意是指一种粥状物,目前一般认为,岩浆是在上地幔和地壳深处形成的,以硅酸盐为主要成分的炽热、黏稠、富含有挥发物质的熔融体。由于岩浆在冷凝和结晶过程中失去了大量的挥发成分,因此,岩浆岩的成分与岩浆的成分是不完全相同的。

岩浆沿构造脆弱带上升到地壳上部或地表,岩浆在上升、运移过程中,由于物理化学条件的改变,不断地改变自己的成分,最后凝固成岩浆岩的复杂过程称为岩浆作用。岩浆沿着地壳薄弱地带上升,逐渐冷却而凝结,如果岩浆上升未到达地表即已冷凝,称为侵入活动,由此而形成的岩浆岩称为侵入岩。根据侵入深度的不同可进一步将侵入岩划分为深成岩和浅成岩。深成岩一般指岩浆侵入地壳深度超过 3 km,缓慢冷却形成的火成岩;浅成岩形成的深度小于 3 km,常常呈小岩体产出。

如果岩浆沿着构造破碎带喷出地表,由此而形成的岩浆岩称为喷出岩。可分为两种类型,一种是由火山喷发溢流出的熔浆冷凝而成的岩石,称为熔岩;另一种是由火山爆发出来的各种碎屑物从大气中降落下来而成的岩石,称为火山碎屑岩。

#### (一)岩浆岩的物质成分

岩浆岩的物质成分包括其化学成分和矿物成分。研究岩浆岩的物质成分及其变化规律,是岩浆岩岩石学的重要任务之一。

1.岩浆岩的化学成分

地壳中所有的元素几乎在岩浆岩中都存在,只不过其含量不同,含量最多的元素常称为造岩元素,其总量占岩浆岩总质量的98%以上,其中氧的含量最高,占岩浆岩总质量的46%以上。因此,岩浆岩的化学成分常以氧化物的百分比来表示。

2.岩浆岩的矿物成分

按照矿物在岩浆岩中总的含量和在岩浆岩分类中的作用,分为主要矿物、次要矿物和副矿物三类。

主要矿物是指在岩石中含量较多,在确定岩石大类名称上起主要作用的矿物。如一般花岗岩的主要矿物是石英和长石。

次要矿物是指在岩石中含量少于主要矿物,对于划分岩石大类虽然不起作用,但对确定岩石种属起一定作用的矿物,含量一般小于15%。次要矿物和主要矿物因岩石种类而异,如角闪石在花岗岩中是次要矿物,而在闪长岩中却是主要矿物。

副矿物在岩石中含量很少,通常不到1%,因此,在一般岩石分类命名中不起作用。

按照其成分,岩浆岩矿物成分可分为原生矿物、他生矿物和次生矿物三类。

原生矿物是指在岩浆结晶过程中形成的矿物以及晚期析出的富含挥发成分的矿物。如,石英、长石、云母、角闪石、辉石、萤石等。

他生矿物一般在正常的岩浆岩中不出现,多半是由于岩浆同化了围岩和捕虏体使其成分发生变化而形成。如花岗岩岩浆同化了碳酸盐类的岩石,形成富含钙的硅酸盐矿物。

岩浆岩形成之后,由于受到风化地质作用或岩浆后期热液蚀变作用,原生矿物发生了变化而形成新的矿物,这些矿物称为次生矿物。如,辉石、角闪石蚀变成绿泥石;钾长石蚀变成高岭石等。

岩浆岩矿物中硅、铝含量高,颜色浅,称为浅色矿物(硅铝矿物);铁、镁含量高,颜色深,称为暗色矿物(铁镁矿物)。

(二)岩浆岩的产状

岩浆岩的产状是指岩浆岩体的大小、形状与围岩的接触关系,形成时所处的地质构造环境及距离当时地表的深度等。根据岩浆活动的方式不同,可将岩浆岩的产状分为两大类:侵入岩产状和火山岩产状。

1.侵入岩的产状

侵入岩的产状是指侵入体产出的形态、大小与围岩的关系。总体上来说,在地槽区,侵入体往往呈岩基产状。地台区多以机械作用产生的较浅的小侵入体及岩墙等为主。

(1)岩盆。

岩浆侵入到岩层之间,其底部因受到岩浆的重力作用而下沉,因此,形成中央微向下凹的整合盆状侵入体。其特点是该岩体原始形态与围岩构造形态吻合,顶底面均向下凹,形似盆状,底部有岩浆侵入的通道,平面形状为圆形或椭圆形,大小不一,个别大的超基性岩岩盆直径可达数百千米。

(2)岩盖。

岩盖又称岩盘。与岩盆不同,岩盖是上凸下平、中央厚度大边缘薄的穹窿状整合侵入体。岩盖规模一般不大,直径为3~6 km,厚度一般不超过1 km,地表出露形状常为圆形、椭圆形。

(3)岩床。

岩床又称岩席,是一种厚薄较均匀、近水平产出、沿层面贯入的整合板状侵入体。岩床以厚度较小而面积较大为特征,延伸距离主要取决于岩浆的黏度大小,黏度小,流动性大,则形成的岩床面积就很大。

（4）岩脉和岩墙。

岩脉指与围岩斜交的脉状侵入体。其形态多种多样,包括有规则的和不规则的。有人把比较规则而又近于直立的板状岩体称为岩墙;把与岩层层理斜交,形状较不规则的脉状侵入体称为岩脉。岩墙多为一次侵入产物,个别为多次侵入,其长为宽的几十倍甚至几千倍,岩墙厚度一般为几十厘米到几十米,长几十米甚至若干千米。岩脉可单独或成群产出,当成群出现时,形成岩脉群或岩墙群,岩脉群有一向延伸的,也有呈放射状或环状分布的。

（5）岩株。

岩株是一种常见的规模较大的侵入体,岩株的平面形状一般呈不规则的浑圆形,与围岩接触面比较陡。出露面积小于 $100km^2$ 岩株边部常有一些不规则的枝状岩体伸入围岩之中,称为岩枝。

（6）岩基。

岩基是规模最大的侵入体,面积大于 $100\ km^2$,向下延伸超过 $10\ km$,平面上呈现不规则状,长数十千米,甚至上千千米,宽几十至几百千米,主要由花岗岩类岩石组成。

2.火山岩的产状

火山岩的产状与岩浆性质及其喷发的方式有关。通常把火山喷发的形式分为中心式、裂隙式和熔透式三种。

（1）中心式喷发。

岩浆沿着管状裂隙喷发,喷发通道在平面上为点状,故又称点状喷发。主要包括火山锥、岩穹、岩针等。

（2）裂隙式喷发。

岩浆沿一定方向的裂隙喷发,火山口沿断裂处呈线状分布,故又称线状喷发。喷出的熔岩呈平缓的大面积分布,形成典型的熔岩被、熔岩流、熔岩瀑布。

（3）熔透式喷发。

熔透式喷发又称面式喷发。对于这种喷发形式目前尚属推论性的,戴里提出在岩浆上升时,由于岩浆过热和具有很高的化学能,可将其上覆围岩熔透,使岩浆溢出地表,就形成了熔透式喷发。

（三）岩浆岩的结构

一般来说,岩石的结构特点决定于岩石形成时的物理化学条件(如温度、压力、黏度、冷却速度等)。岩浆岩的结构是指岩石的组成部分的结晶程度、颗粒大小,自形程度及其相互间的关系。根据这个定义,可从以下几个方面来认识和描述岩浆岩的结构:

1.结晶程度

所谓结晶程度是指岩石中结晶物质和非结晶玻璃质的含量比例,按结晶程度可将岩浆岩分为如下三类：

①全晶质结构岩石全部由结晶的矿物组成。这是岩浆在温度下降缓慢的条件下，结晶充分而形成的，多见于深成的侵入岩中。②半晶质结构岩石由结晶物质和玻璃质两部分组成，多见于喷出岩及部分浅成岩体的边部。③玻璃质结构岩石全部由玻璃质组成。它是岩浆迅速上升到地表或附近地表时，温度骤然下降到岩浆的平衡结晶温度以下，来不及结晶所形成的。

2.矿物颗粒的大小

（1）根据主要矿物颗粒的绝对大小，可以将岩浆岩的结构分为显晶质结构和隐晶质结构。

①.显晶质结构若凭肉眼观察或借助于放大镜能分辨出岩石中的矿物颗粒的，其结构称为显晶质结构。可根据矿物颗粒的平均直径大小将显晶质结构分为：粗粒结构（大于 5 mm）、中粒结构（2~5 mm）、细粒结构（0.2~2 mm）、微粒结构（小于 0.2 mm）。②隐晶质结构岩石中的矿物颗粒很细，无法用肉眼或放大镜观察其粒径大小的，其结构称为隐晶质结构。隐晶质结构用肉眼观察时不易与玻璃质结构相区别，其外貌呈致密状，缺少玻璃光泽和呈现贝壳状断口。

（2）根据矿物相对大小，可将岩浆岩分为三种结构类型。

①等粒结构指岩石中同种主要矿物颗粒大小大致相等，常见于侵入岩。②不等粒结构指岩石中主要矿物颗粒大小不等，常见于侵入岩体的边部或浅成侵入岩中。③斑状与似斑状结构指组成岩石的主要矿物颗粒大小相差悬殊，大的颗粒散布在细小颗粒之中，大的叫斑晶，小的叫基质。如果基质为隐晶质或玻璃质，则把这种结构称为斑状结构；如果基质为显晶质，则称为似斑状结构。

### （四）岩浆岩的构造

岩浆岩的构造是指岩石中不同矿物与其他组成部分的排列填充方式所表现出来的外貌特征。岩浆岩最常见的构造有如下几种：

①块状构造是组成岩石的矿物颗粒均匀地分布在岩石中，没有一定的排列方向，不显示层次，呈现致密状。它是岩浆岩中最常见的一种构造。②在熔浆流动过程中，岩石中不同颜色的条纹和拉长的气孔等沿一定方向排列所形成的外貌特征，这种构造称为流纹构造。流纹构造不仅在流纹岩中有，在粗面岩中也有，在浅成侵入岩中有时也可见到。③气孔构造是喷出岩中常见的构造。当岩浆喷溢到地面时，温度、围岩降低，岩浆凝固，其中所含挥发成分达到过饱和状态，它们从岩浆中分离出来时，挥发性的气体未能及时逸出，以致在岩石中留下许多圆形、椭圆形或长管形的孔洞，这就是气孔构造。一般气孔的拉长方向指示岩流流动的方向。在玄武岩等喷出岩中常常可见到气孔构造。④当岩石中的气孔被岩浆后期矿物

(如方解石、石英等)所充填时,形成一种形似杏仁的构造,称为杏仁构造。杏仁构造在玄武岩中最常见。

### (五)常见的岩浆岩

1.花岗岩

花岗岩属于深成侵入岩;颜色多呈肉红色、灰色或灰白色;主要矿物成分包括石英、正长石和斜长石,此外,还包括黑云母、角闪石等次要矿物;全晶质等粒结构,块状构造。花岗岩分布广泛,性质均匀且坚固,是良好的建筑石料。

2.花岗斑岩

花岗斑岩属于浅成侵入岩;斑状结构,斑晶为钾长石或石英,基质多由细小的长石、石英及其他矿物组成;颜色和构造与花岗岩相同。

3.流纹岩

流纹岩属于喷出岩;颜色多为灰白色、浅灰色或灰红色:具有典型的流纹构造,斑状结构,其中斑晶由石英或透长石组成。

4.正长岩

正长岩属于深成侵入岩;颜色多为肉红色、浅灰色或浅黄色;全晶质中粒等粒结构,块状构造。其主要矿物包括正长石,含有黑云母和角闪石,石英含量极少。其物理力学性质不如花岗岩坚硬,且易风化。

5.闪长岩

闪长岩属于深成侵入岩;颜色多为灰白色、深灰色至灰绿色;主要矿物包括斜长石和角闪石,次要矿物有黑云母和辉石;全晶质中粗粒等粒结构,块状构造。其结构致密,强度较高,具有较高的韧性和抗风化能力,是良好的建筑石料。

6.安山岩

安山岩属于喷出岩;颜色多为灰色、紫色或绿色;主要矿物包括斜长石、角闪石,无石英或碱性长石;呈斑状构造,斑晶常为斜长石;有时具有气孔或杏仁构造。

7.辉长岩

辉长岩属于深成侵入岩;颜色多为灰黑色、暗绿色;全晶质中粒等粒结构,块状构造。主要矿物为斜长石和辉石,有少量橄榄石、角闪石和黑云母;其强度高,抗风化能力强。

8.辉绿岩

辉绿岩属于浅成侵入岩;颜色多为灰绿色或黑绿色;全晶质细粒结构,块状构造。矿物成分与辉长岩相似,强度较高。

9.玄武岩

玄武岩属于喷出岩;颜色多为灰黑色至黑色;矿物成分与辉长岩相似;具有隐晶质结构

或斑状结构;气孔或杏仁构造。玄武岩致密坚硬,强度很高。

10.橄榄岩

橄榄岩属于深成岩;颜色多为暗绿色或黑色;组成矿物以橄榄石、辉石为主,次要矿物为角闪石等,很少或无长石;中粒等粒结构、块状构造。

# 第二节　地质构造

本节主要阐述几种基本地质构造的组成要素、分类、特性、野外识别和工程地质评价方法;较为详细地介绍地质图的种类、读图步骤及分析方法。

地壳运动在岩石圈中遗留下来的各种构造形迹称为地质构造。地质构造规模有大有小,大的如构造带,可以纵横数千千米,小的如岩石片理等。在漫长的地质历史过程中,地壳经历了长期的、多次复杂的构造运动。在同一区域,往往会有先后不同规模和类型的构造体系形成,它们互相干扰,互相穿插,使区域地质构造显得十分复杂。

## 一、地质作用

现代地质学研究证实,地球在其形成46亿年的历史中逐渐发展和演化而成为今天的面貌,今天的地球仍以人们不易觉察的速度和方式在继续演化中。在地质学上,将引起地壳物质组成、地表形态、地球内部构造发生改变的作用称为地质作用。而将使地壳发生变化的动力称为地质营力。地质作用的动力来源,一是来自地球内部放射性元素蜕变产生的内热;二是来自太阳辐射热以及地球旋转力和重力。按动力来源的不同,地质作用常被划分为内力地质作用与外力地质作用两大类。

### (一)内力地质作用

由地球内部能源(元素辐射的热能、结晶能、化学能等)引起岩石圈的物质成分、内部构造、地表形态发生变化的作用称为内力地质作用。按其作用方式可分为四种:

1.构造运动

构造运动又称地壳运动,指地壳的机械运动。当地壳发生水平方向运动时,常使岩层受到挤压产生褶皱,或是使岩层拉张而破裂,从而形成巨大的褶皱山系和地堑、裂谷等;而垂直方向的构造运动常使地壳出现上升或下降,升降运动往往形成大型的隆起和凹陷,产生海退和海侵现象,如青藏高原最近数百万年以来的隆升就是地壳垂直运动的表现。

圣安地列斯断层是现代水平运动的典型例子。在大约1000万年的时间里,断层西盘向西北方向移动了400~500 km(相当于一年移动4~5 cm)。这条断层南起墨西哥的加利福尼亚湾,向西北美国境内延伸,到旧金山北面的门多西诺角入海。断层大体上与太平洋海岸平行,沿太平洋板块和北美板块的接合部位,总长 1000km 以上。至今,断层已深入地壳 32 ~ 48 km。

2.岩浆作用

岩浆温度可高达 1000℃以上,软流圈中由硅酸盐、部分金属氧化物、硫化物和挥发组分组成的熔融物质称为岩浆,在巨大的压力作用下岩浆可顺着地壳的薄弱带侵入甚至喷出地表。从岩浆的形成、运动、演化到冷凝形成岩浆岩的全部过程称为岩浆作用。岩浆喷出地表的现象称为火山作用。

3.变质作用

已经形成地壳的各种岩石,在高温、高压并有化学物质参与的情况下发生成分(矿物、化学物质)、结构、构造变化的地质作用称为变质作用。变质作用是由地球内部能源作用产生的,可在固体状态下将原岩改造成新的岩石,即变质岩。

4.地震作用

地震作用是构造运动的一种突然剧烈的表现,在接近地球表面岩层中以弹性波形式释放应变能引起地壳的快速颤动和震动。另外,火山作用、喀斯特区及地下开采区的塌陷、人工爆破都可产生地面的震动,即地震。

各种内力地质作用相互关联,其中,构造运动占主导地位,它为岩浆作用提供了通道,又为变质作用提供了便利,并可能直接引起地震作用。正是由于内力地质作用才形成了地球的外部轮廓和内部构造,并使地区处在不断的演变之中。

(二)外力地质作用

外力地质作用主要由太阳辐射引起,按地质营力不同,外力地质作用可分为:风的地质作用、水(河水、湖泊、海洋、冰川、地下水等)的地质作用。按作用方式不同,外力地质作用可分为:

1.风化作用

由于大气温度的改变、水及生物的作用,使暴露于地表的岩石在原地崩裂成为石块、细砂甚至泥土;同时也可由于水、空气、有机物的化学作用而使矿物分解,形成各种新的矿物,这种地质作用称为风化作用。

2.剥蚀作用

剥蚀作用是指某一种介质在运动状态下对岩石的破坏作用,破坏产物随其运动而被搬走。如,风的吹蚀、地面流水的侵蚀、地下水的潜蚀、湖水和海水的冲蚀、冰川的刨蚀等。

3.搬运作用

所有被各种破坏力所剥蚀下来的物质由风、流水、冰川、海浪等营力从原地搬到另一个地方去,这种作用称为搬运作用。

### 4.沉积作用

被搬运的物质经过一段路程的运移,当搬运介质动能减小,或其物理化学条件发生变化,或在生物的作用下,在新的环境下堆积起来,这就叫沉积作用。海洋是最广阔和稳定的沉积场所,大陆则主要以剥蚀作用为主。

### 5.固结成岩作用

堆积在新环境中的松散的沉积物随所处环境的变化而变化,在失水、压固等作用下表现为新矿物的生成,结构、构造的变化,孔隙减小并被胶结,由松散堆积物逐渐转变为坚硬的岩石(沉积岩),这就是固结成岩作用。

按地质灾害成因的不同,工程地质学把地质作用划分为物理地质作用和工程地质作用两种。物理地质作用即自然地质作用,包括内力地质作用和外力地质作用。工程地质作用即人为地质作用,是由人类活动引起的地质效应。例如采矿,特别是露天开采并移动大量岩体引起地表变形、崩塌、滑坡;开采石油、天然气和地下水时对岩土层疏干排水,造成地面沉降;兴建水利工程造成土地被淹没、盐渍化或是库岸滑坡、水库地震等。

外力地质作用对地壳表层的改造受到各种条件的制约,其中气候及地形是主导因素。

在气候潮湿、水量足的地区,化学风化,生物化学风化,河流、湖泊、地下水的地质作用十分显著;在干旱地区,物理风化、风的地质作用占主导地位;在冰冻地区,冰川的地质作用占统治地位。地形影响地质作用的方式和强度,如,在大陆以剥蚀作用为主、在海洋以沉积作用为主;地面流水在山区速度大、剥蚀性强,在平原则以沉积为主。地形还部分影响一个地区的气候状况和生物状况,例如,高山地区由于地壳运动,雪线变化,原来的冰川作用可能被其他地质作用所代替。

内力地质作用和外力地质作用是相互联系的,内力地质作用形成了地表的高低起伏,决定了地壳表面的基本特征和内部构造;而外力地质作用则是破坏内力地质作用形成的地形和产物,总的趋势是削高填低,同时进一步塑造地表形态。外力地质作用是地球的"雕塑家"。而地质灾害是内、外力地质作用同向耦合的结果。

## 二、岩层产状

### (一)构造运动与地质构造

构造运动是一种机械运动,涉及的范围包括地壳及上地幔上部的岩石圈。水平向的构造运动使岩块相互分离裂开或是相向汇聚,发生剪切、错开或挤压、弯曲。垂直方向的构造运动则使相邻块体做差异性上升或下降。构造运动引起岩石的变形和变位,这种变形和变位在岩层中保留下来的形态称为地质构造。地质构造有三种基本类型:倾斜、褶皱和断裂。

**1.倾斜岩层倾斜构造**

原始沉积物多是水平或近于水平的层状堆积物,经固结成岩作用形成坚硬岩层,这种岩层称为水平岩层;经过水平方向构造运动作用后,岩层由水平状态变为倾斜状态,称为倾斜岩层。

(1)岩层的产状。

岩层的产状是指岩层的空间位置,它是研究地质构造的基础。用走向、倾向和倾角可表示岩层的产状,此三者称为产状要素。

走向:层面与水平面交线的延伸方向,走向线就是层面上的水平线。

倾向:层面上与走向垂直并指向下方的直线是层面上倾斜最大的线,它的水平投影称为倾向线,倾向线的方向称为倾向。

倾角:层面与水平面的锐夹角称为倾角,亦即最大倾斜线(真倾斜线)与其在水平面上的投影(倾向线)之间的夹角。岩层面上其他方向的斜线(视倾斜线)与其在水平面上的投影(视倾向线)之间的夹角称为视倾角。视倾角恒小于真倾角。

(2)倾斜岩层的工程地质评价。

工程的布置要充分考虑岩层产状对其稳定性的影响。

对路线工程,分以下三种情况介绍:①工程轴线、路线与岩层走向平行,岩层倾向与边坡倾向相反,对路基边坡的稳定性是有利的;②路线走向与岩层走向平行,岩层倾向与边坡倾向一致,但坡角小于岩层倾角,这种情形下,岩层不易露出地表,因而相对稳定些;③路线走向与岩层走向平行,岩层倾向与边坡倾向一致,在松软岩石分布区,如,云母片岩、千枚岩等,其坡面易风化剥蚀、碎落、坍塌,特别是坡角大于岩层倾角时,软弱结构面暴露,容易引起大规模的顺层滑动,对工程稳定性不利。

对隧道工程,在水平岩层(岩层倾角为5°~10°)中,最好选择层间连接紧密、厚度大(大于洞室高度两倍以上者)、不透水、裂隙不发育、无断裂破碎带的水平岩体部位,这样对于修建洞室是有利的。在水平岩层软硬相间的情况下,隧道拱部应尽量设置在硬岩中,如设置在软岩中有可能发生坍塌。在倾斜岩层中,当洞室轴线平行于岩层走向时,一般说来是不利的,因为此时岩层完全被洞室切割,若岩层间缺乏紧密连接,又有几组裂隙切割,则在洞室两侧边墙所受的侧压力不一致,容易造成洞室边墙的变形和滑移。在近似直立的岩层中,须注意不能将洞室选在软硬岩层的分界线上,特别要注意不能将洞室置于直立岩层厚度与洞室跨度相等或小于跨度的地层内,因为地层岩性不一样,在地下水作用下更易促使洞顶岩层向下滑动,破坏洞室,并给施工带来困难。

2.褶皱构造

岩层受力而发生弯曲变形称为褶皱。褶皱按力学成因有:①纵弯褶曲(顺层挤压,如地壳水平运动);②横弯褶曲(受到与层面垂直的外力作用,如岩浆顶托);③剪切褶曲褶皱是岩层塑性变形的结果,是地壳中广泛发育的地质构造的基本形态之一。褶皱的规模可以长达几十千米到几百千米,也可以小到在手标本上出现。褶皱构造中任何一个单独的弯曲都称为褶曲,褶曲是组成褶皱的基本单元。

(1)褶曲要素。

为了描述褶曲的空间形态,通常把褶曲的各组成部分称为褶曲要素,主要有

①部。

中心部位的岩层,出露在地面的褶皱中心部位的地层称为核。

②翼部。

核部两侧的岩层称为翼部。

③枢纽。

各个横剖面上,同一褶曲面最大弯曲点的连线,可以是直线也可以是曲线、折线;可以是水平线,也可以是倾斜线。

④轴面。

相邻褶皱面上枢纽联成的面叫轴面,它是一个设想的标志面,可以是平面或曲面,近似于两翼地层夹角的平分面、对称面,轴面与地面或其他任何面的交线称轴迹。

⑤脊线、槽。线

同一褶曲面的各个横剖面上最高点的连线称为脊线,最低点的连线称为槽线。

(2)褶曲的类型。

褶曲有两种基本形态:背斜和向斜。背斜形态是指岩层向上的弯曲,向斜形态是指岩层向下的弯曲。正常情况下,背斜两翼地层相背倾斜,向斜两翼地层相向倾斜。相邻的向斜和背斜共用一个翼部。

一般有"背斜山,向斜谷"的说法,但这不是绝对的。从地形上看,岩石变形之初,背斜相对地势高成山,向斜地势低成谷,此时地形是地质构造的直接反映。然而经过后期外力地质作用的改造后,背斜核部因裂隙发育易遭受风化剥蚀往往成沟谷或低地;而向斜核部紧闭,不易遭受风化剥蚀,最后相对成山。背斜成谷、向斜成山的现象称为地形倒置。因此,从实质上讲,背斜是核部老,两翼新,即核部出露的岩层时代相对较老,而翼部岩层时代相对较新;向斜是核部新,两翼老,即核部岩层时代较新,翼部岩层时代较老。核部和两翼地层的相对新老关系才能反映出背斜、向斜的本质区别,而地形的高低只是一种外在的现象。

根据轴面产状,褶曲可分为:

①直立褶曲。

直立褶曲的轴面近于直立,两翼倾向相反,倾角大小近于相等,在横剖面上两翼基本对称。

②斜歪褶曲。

斜歪褶曲的轴面倾斜,两翼岩层倾向相反,倾角大小不等,在横剖面上两翼不对称。

③倒转褶曲。

倒转褶曲的轴面倾斜程度更大,两翼岩层大致向同一方向倾斜,倾角大小不等,其中一翼岩层为正常层序,另一翼老岩层覆盖于新岩层之上,层位发生倒转。若两翼岩层向同一方向倾斜,倾角大小又相等,则称为同斜褶曲。

④平卧褶曲。

平卧褶曲轴面近于水平,两翼岩层也近于水平,一翼岩层为正常层序,另一翼岩层为倒转层序。

⑤翻卷褶曲。

翻卷褶曲的轴面为一曲面。

根据枢纽产状,褶曲可分为:

①水平褶曲。

水平褶曲的枢纽近于水平,两翼岩层走向平行一致。

②倾伏褶曲。

倾伏褶曲的枢纽倾伏,两翼岩层走向呈弧形相交,对背斜而言,弧形的尖端指向枢纽倾伏方向。而向斜则不同,弧形的开口方向指向枢纽的倾伏方向。

根据褶曲的平面形态,褶曲可分为:

①线状褶曲。

褶曲的长宽比大于10:1。

②短轴褶曲。

褶曲的长宽比为3:1~10:1。

③穹隆与构造盆地。

长宽比小于3:1的背斜为穹窿、向斜为构造盆地。

褶皱是褶曲的组合形态,两个或两个以上褶曲构造的组合,称为褶皱构造。常见的褶皱组合类型有:

①复背斜和复向斜。

不同大小级别的褶皱往往组合成巨大的复背斜和复向斜,即规模大的背斜或向斜的两翼被次一级甚至更次一级的褶皱所复杂化。

②隔挡式褶皱和隔槽式褶皱。

在四川东部、贵州北部以及北京西山等地,可以看到一系列褶曲轴平行,但背斜和向斜发育程度不等所组成的褶皱。有的是由宽阔平缓的向斜和狭窄紧闭的背斜交互组成的,称为隔挡式褶皱;有的是由宽阔平缓的背斜和狭窄紧闭的向斜组成的,称为隔槽式褶皱。

(3)褶皱的野外识别。

野外观察时,首先应判断褶皱存在与否并区别背斜与向斜,然后确定它的形态特征,注意不能完全以地形的高低起伏情况作为识别褶曲的主要标志。依据岩石地层和生物地层特征,查明和确定调查区地质年代自老至新的地层层序;沿垂直地层走向观察地层是否对称式重复出现;同时,进一步比较两翼岩层的倾向及倾角,确定褶皱的形态分类名称。有时在横剖面上可直接观察到岩层弯曲变形形成的背斜和向斜。

在野外需要采用穿越和追索的方法进行观察。穿越法,即沿着选定的调查路线,垂直于岩层走向进行观察。追索法,就是平行于岩层走向进行观察的方法。穿越法便于了解岩层的产状、层序及新老关系。追索法便于查明褶曲延伸的方向及其构造变化的情况,当两翼岩层在平面上彼此平行展布时为水平褶曲,如果两翼岩层在转折端闭合或呈"S"形弯曲时,则为倾伏褶曲穿越法和追索法,不仅是野外观察褶曲的主要方法,同时也是野外观察和研究其他地质构造现象的基本方法。在实践中一般以穿越法为主,追索法为辅,根据不同情况,穿插运用。

(4)褶皱的形成时代。

褶皱的形成时代一般通过分析区域性角度不整合来确定。如果不整合面以下的地层均褶皱,而其上的地层未褶皱,则褶皱运动发生的时代在不整合面下最新地层沉积之后,上覆最老地层沉积之前。如果不整合面上、下地层均褶皱,但褶皱方式、形态又都互不相同,则至少发生过两次褶皱运动。

(5)褶皱构造的工程地质评价。

褶曲的轴部是岩层倾向发生显著变化的地方,也是应力作用最集中的地方,因而是岩层强烈变形的部位。一般在背斜的顶部和向斜的底部发育有拉张裂隙,甚至断层,造成岩石破碎或形成构造角砾岩带。此外,地下水多聚集在向斜核部,背斜核部的裂隙也往往是地下水富集的通道。所以在褶曲构造的轴部,不论公路、隧道或桥梁工程都容易遇到工程地质问题,主要是岩层破碎产生的岩体稳定问题和向斜轴部地下水的问题。这些问题在隧道工程中显得更为突出,容易产生隧道塌顶和涌水现象,有时会严重影响正常施工。对于隧道工程来说,从褶曲的翼部通过一般是比较有利的。如果中间有松软岩层或软弱结构面时,则在顺倾向一侧的洞壁有时会出现明显的偏压现象,甚至会导致支撑破坏,发生局部坍塌。

隧道横穿背斜时,尽管岩层破碎,但背斜犹如石砌的拱形结构,能很好地将上覆岩层的荷重传递到两侧岩体中,因而地层压力较小而较少发生洞室顶部坍塌的事故。但是应注意的是若岩层受到剧烈的动力作用被压碎,则顶板破碎岩层容易产生小规模掉块。因此,当洞室横穿背斜时也必须进行支撑和衬砌。

隧道横穿向斜时,在向斜的轴部有时会遇到大量地下水的威胁和洞室顶板岩块崩落的危险。因向斜轴部的岩层遭到挤压破碎常呈上窄下宽的楔形石块,组成倒拱形,因而使其轴部岩层压力增加,洞顶岩块容易突然坍落到洞室内。另外,由于轴部岩层破碎又弯曲呈盆形,往往成为自流水汇聚的场所。若洞室开挖在多孔隙的岩层中,在高压力下,大量的地下水将突然涌入洞室;如果所处岩层属致密的坚硬岩石,则承压状态的地下水将出现于许多节理中,对洞室围岩的稳定和施工将会造成很大的威胁。

当洞室沿向斜轴线开挖时,对工程的稳定性极为不利,应另选位置。当洞室穿过背斜轴部时,从顶部压力来看,可以认为比通过向斜轴部时条件优越,因为在背斜轴部形成了自然拱圈,但是由于,背斜轴部的岩层处于张力带,遭受过强烈的破坏,故在轴部设置洞室一般是不利的。

若必须在褶曲岩层地段修建地下工程,可以将洞室轴线选在背斜或向斜的两翼。但此时倾向洞内的一侧岩层易发生顺层坍塌,边墙承受偏压,在结构设计时应慎重分析,采取加固措施。

不论是背斜褶曲还是向斜褶曲,翼部基本上都是单斜构造,倾斜岩层容易引起顺层滑动,特别是当岩层倾向与临空面坡向一致,且岩层倾角小于坡角,或当岩层中有软弱夹层,如有云母片岩、滑石片岩等软弱岩层存在时,更应慎重对待。

岩石受力后发生形变,当作用力超过岩石的强度时,岩石的连续性和完整性遭到破坏而产生各种大小不一的破裂,形成断裂构造。

3.断裂构造

断裂构造是地壳上层常见的地质构造,包括节理和断层。断裂构造的分布很广,特别是在一些断裂构造发育的地带,常成群分布,形成断裂带。

(1)节理。

岩体中未发生明显位移的断裂称为节理。节理就是岩石中的裂隙或裂缝。节理规模大小不一,细微的节理肉眼不能识别,一般常见的为几十厘米至几米,长的可延伸达几百米,甚至上千米。节理张开程度不一,有的是闭合的。节理面可以是平坦光滑的,也可以是十分粗糙的。岩石中节理的发育是不均匀的。影响节理发育的因素很多,主要取决于构造变形的强度、岩石形成时代、力学性质、岩层的厚度及所处的构造部位。例如,在岩石变形较强烈的部位,节理发育较为密集。同一个地区,形成时代较老的岩石中节理发育较好,而形成时代较新的岩石中节理发育较差。岩石具有较大的脆性而厚度又较小时,节理易发育。在断层带附近以及褶皱轴部,往往节理较为发育。节理常常有规律地成群出现,相同成因且相互平行的节理称为一个节理组,在成因上有联系的几个节理组构成节理系。

①节理的类型。

按成因,节理可分为原生节理和次生节理。

原生节理是岩石成岩过程中形成的节理,如,沉积岩中的泥裂,岩浆岩冷却收缩形成的柱状节理等。

次生节理包括非构造节理和构造节理。非构造节理是由成岩作用、外动力、重力等非构造因素形成的裂隙,常分布在地表浅部的岩土层中,延伸不长,形态不规则,如风化裂隙以及沿沟壁岸坡发育的卸荷裂隙等。构造节理是地壳运动的产物,常与褶皱、断层相伴出现并在成因和产状上有一定的联系,在空间分布上具有一定的规律性。

②节理的观测与统计。

为了研究及评价其对岩体稳定性的影响,观测点一般选在构造特征清楚、发育良好、有代表性的基岩露头上,露头面积最好不小于 $10~m^2$。

①节理野外观测内容。

a.观察地层岩性及地质构造。

测量地层产状及确定测点所在构造部位。所选定观测点的数目依地质构造复杂程度而定,构造越复杂,测点数目越多。

b.观察节理性质及发育规律。

首先区别非构造节理与构造节理,然后区分其力学性质是张节理还是剪节理。

c.测量与登记。

包括节理的产状、粗糙度、密度(线密度、平均间距)、充填物(泥土、方解石脉等)、含水状态、张开度(估计地下水涌水量的重要参数)以及节理的持续性。观测节理粗糙度时,一般分成平直、波状、阶梯状三种形态,进一步有光滑、平滑、粗糙三种分级。节理密度(线密度)是指在垂直于节理走向方向 1 m 距离内节理的数目(条数/m),线密度的倒数即为节理的平均间距,二者都是评价岩体质量的重要指标。节理的充填物一般有泥土、方解石脉、石英脉和长英质岩脉。除泥土外,其余充填物一般对节理裂隙起胶结作用,有利于它的稳定。泥土遇水软化起润滑作用,不利于稳定。因此还要同时观察统计含水状态(干、湿、滴水、流水)和裂隙张开程度,后者对估计地下水涌水量是重要参数。节理持续性是指节理裂隙的延伸程度。一般:小于3m,差;3~10 m,中等;10~30 m,好;大于 30 m,很好。持续性越好对工程影响越大。

②室内资料整理。

室内资料整理与统计常用的方法是制作节理玫瑰图,其主要有两类,即走向玫瑰图和倾向玫瑰图。

节理倾向玫瑰图:用节理倾向编制。方法与节理走向玫瑰图类似,但要做在整圆上。将所测得的节理倾向按每5°或10°分组,统计每组节理平均倾向和个数。在注有方位角的圆周图上,以节理个数为半径,按各组平均倾向定出各组的点,用折线连接各点即得节理倾向玫瑰图。

③节理对工程的影响。

节理是一种发育广泛的裂隙,除有利于岩体中的工程开挖外,对岩体的强度和稳定性均有不利的影响。节理间距越小,岩石破碎程度越高,岩体承载力也会明显降低。同时,节理对风化作用起着加速的效应。当裂隙主要发育方向与路线走向平行,倾向与边坡一致时,不论岩体的产状如何,路堑、边坡都容易发生崩塌等不稳定现象。所以,当节理可能成为影响工程设计的重要因素时,应当详细论证节理对工程建筑条件的影响,采取相应措施以保证建筑物的稳定和正常使用。

(2)断层。

岩层受力破裂,破裂面两侧岩块发生明显的相对错动、位移,这种断裂构造称断层。断层是地壳中最重要的一种地质构造,分布广泛,形态和类型多样,规模有大有小,大断层可延伸数百、数千千米,而有的小断层可在手标本或需要在显微镜下观察。

(3)活断层。

活断层也称活动断裂,指现在正在活动或在最近地质时期发生过活动、不久的将来还可能活动的断层。其中后一种也称潜在活动断层。活动断层可使岩层产生错动位移或发生地震,对工程建筑造成很大的甚至无法抗拒的危害,是区域稳定性评价的核心问题。

关于近期活动断裂的时限,国家标准《岩土工程勘察规范》中将在全新世地质时期(距今1万年)内有过地震活动或近期正在活动、在今后一百年内可能继续活动的断裂称作全新活动断裂。此外,还将全新活动断裂中,近期(距今近五百年)发生过地震震级的断裂,或在今后一百年内,可能发生 M>5 级的断裂定为发震断裂。

为了更好地评价活断层对工程建筑的影响,一般将工程使用期或寿命期内(通常为50~100年)可能影响和危害安全的活断层称为工程活断层。

①活断层的特性。

a.活断层的分类。

活断层按两盘错动方向可分为走向滑动型断层(平移断层)和倾向滑动型断层(逆断层及正断层)。走向滑动型断层最常见,其特点是断层面陡倾或直立,平直延伸,部分规模很大,断层中常蓄积有较高的能量,可能会引发高震级地震。倾向滑动型断层以逆断层最为常见,多数是受水平挤压形成,断层倾角较缓,错动时由于上盘为主动盘,故上盘地表变形开裂严重,岩体较下盘的易破碎,对建筑物危害较大。

b.活断层的继承性。

活断层绝大多数都是沿已有的老断层发生新的错动位移,称为活断层的继承性,尤其是区域性的深大断裂更为多见。新活动的部位通常只是沿老断层的某个段落发生,或是某些段落活动性强烈,另一些段落则不强烈。活动方式和方向相同也是继承性的一个显著特点。形成时代越新的断层,其继承性也越强,如晚更新世以来的构造运动引起的断裂活动持续至今。

c.活断层的活动方式。

活断层按其活动性质分为蠕滑型(也称蠕变型)活断层和黏滑型(也称突发型)活断层。蠕变型活断层内部一般含有较厚的断层泥,只有长期缓慢的相对位移变形,不发生地震或只有极微小的地震发生,通常用定期的形变测量来取得它的活动标志。例如,圣安地列斯断层南部的加利福尼亚地段,几十年来平均位移速率为10mm/a,没有较强的地震活动。

突发型活断层内部一般含有较少的断层泥,滑动时黏滞性高,在一定的区域位移速率下,它会有一个长时间的不动期,然后再来一个短时间的滑动期,即它的错动位移是突然发生的,同时伴有较强烈的地震。如1976年唐山地震时,形成一条长8 km的地表错动,以NE30°的方向穿过市区,最大水平断距达3 m,垂直断距0.7~1.0 m,错开了楼房、道路、水泥地面等一切建筑物。

d.重复活动的周期性。

和其他构造运动一样,活断层也是间歇性的,从一次活动到下次活动,往往要间隔较长的平静期。活动—平静—再活动,这种重复周期就是一般所说的断层活动周期。活断层错动时,常常伴随有地震发生。地震活动有分期分幕现象,活断层上的大地震重复间隔就代表了该断层的活动周期。

近年来,许多研究证实活动褶皱与地震活动紧密相关。位于地表的活动褶皱受控于深部活断层。与活动褶皱有关的派生断层属于低震断层,具有震源浅、震级低的特点,但这些断层会产生较大范围的地表变形和破裂,对工程造成危害。

②活断层的判别标志。

a.地貌标志。

通过地貌标志研究和识别活断层是一种比较成熟和易行的方法。地貌方面的标志有:

Ⅰ.地形变化差异大,如"山从平地起";山口峡谷多、深且狭长;新的断层崖和三角面山的连续出现,并有山崩和滑坡发生。Ⅱ.断层形成的陡坎山山脚,常有狭长洼地和沼泽。Ⅲ.断层形成的陡坎山山前的第四纪堆积物厚度大,山前洪积扇特别高或特别低,与山体不相对称,在峡谷出口处的洪积扇呈叠置式、线性排列。Ⅳ.沿断裂带有串珠泉出露,若为温泉,则水温和矿化度较高。Ⅴ.断裂带有植物突然干枯死亡或生长特别罕见的植物。Ⅵ.第四纪火山锥、熔岩呈线性分布。Ⅶ.建(构)筑物、公路等工程地基发生倾斜和错开现象。

b.地质标志。

活断层在地质方面的标志有：

①第四系堆积物中常见到小褶皱和小断层或被第四系以前的岩层所冲断。②沿断层可见河谷、阶地等地貌单元同时发生水平或垂直位移错断。③沿断层带的断层泥及破碎带多未胶结，断层崖壁可见擦痕和搓碎的岩粉。④第四系（或近代）地层错动、断裂、褶皱、变形。

③活断层的工程地质评价。

活断层的工程地质评价实质上是区域稳定性评价的核心问题。活断层对工程建筑的危害主要是错动变形和引起地震两方面。蠕变型的活断层，相对位移速率不大，一般对工程建筑影响不大。当变形速率较大时，会造成地表裂缝和位移，可能导致建筑地基不均匀沉降，使建筑物拉裂破坏。突发型活断层快速错动时，常伴发较强烈的地震，因此活断层与地震灾害关系密切。城市及其附近地震可加重发震活断层沿线建筑物的破坏和地面灾害，特别是位于城市之下的活断层突然快速错动所导致的"直下型"地震能引起巨大的城市地震灾害。

a.地震震动破坏。

地震震动破坏程度取决于地震强度、场地条件及建筑物抗震性能。工程地质着重研究场地条件对地震烈度的影响。

Ⅰ.地质构造条件。

就稳定性而言，地块优于褶皱带，老褶皱带优于新褶皱带。

Ⅱ.地基特性。

在震中距相同的情况下，基岩上的建筑物比较安全，不同成因土体的抗震性能顺序是：洪积物>冲积物>海湖沉积物及人工填土。硬土层在上部时，厚度愈大震害愈轻；软土层在上部时，厚度愈大则震害愈重。

Ⅲ.卓越周期。

地震波在地基中传播，经过不同性质界面的多次反射，将出现不同周期的地震波，若某一周期的地震波与地基土的固有周期相接近，则由于共振的作用，这种地震波的振幅将得到放大，此周期称为卓越周期。卓越周期是按地震记录统计的，即统计一定时间间隔内不同周期地震波的频数，已出现频数最多的振动周期为卓越周期。

一般低层建筑物刚度大，自由振动周期都较小，大多小于 0.5 s。高层建筑物刚度小，自由振动周期一般在 0.5 s 以上。

Ⅳ.地形。

孤立突出地形使震害加剧，低洼沟谷使震害减轻。

Ⅴ.地下水。

地下水埋藏越浅，地震烈度增加越大。

b.砂基液化。

饱和松散的粉细砂受到地震震动时,孔隙水压力骤然上升,而在地震的短暂时间内,孔隙水压力来不及消散,这就使得原来由砂粒通过其接触点传递的压力(有效应力)减小。当有效应力完全消失时,砂土层达到液化状态,完全丧失抗剪强度和承载能力,这就是砂土液化现象。地震液化的宏观表现有喷砂冒水和地下砂层液化两种,两种液化现象都会导致地表沉陷和变形。

c.地面破坏。

地震往往在地面引起地裂缝以及沿裂缝发生小错动。地裂缝按成因可分为构造地裂缝和非构造地裂缝。构造地裂缝可以指示深部发震断裂或蠕动断裂的方向,延伸稳定,活动强度大,规模大。非构造地裂缝与地基液化、抽取地下水等有关。

d.地震激发地质灾害。

地震作用往往触发斜坡岩土松动、失稳,发生滑坡、崩塌和泥石流。特别是震前久雨则更容易发生。例如,1933年四川叠溪7.4级地震曾引发滑坡和崩塌,在叠溪附近,岷江两岸山体滑坡形成三座高达100 m的堆石坝,将岷江完全堵塞,积水成湖。后来堆石坝溃决形成高达40 m的水头顺河而下,对两岸村镇农田造成严重灾害。

在海底或滨海地带发生的强烈地震可引起海啸,其巨大波浪能颠覆船只,摧毁港口设施,对沿岸地带造成严重破坏。2004年12月26日印度尼西亚苏门答腊岛9.3级地震,引发了海啸,给印度尼西亚、斯里兰卡、印度、泰国等国家造成巨大损失,共导致约29万人丧生。海啸威力巨大,预报工作十分重要,由于地震波传播速度比海啸波浪传播速度快,建立海啸监测网进行预警是可能的。

③活断层区的建筑原则。

建筑物场址一般应避开全新活动断裂和发震断裂;建设场地如存在发震断裂时,应对断裂的工程影响进行评价。

a.如出现下列两种情况可不考虑发震断裂错动对地面建筑的影响:第一种是抗震设防烈度小于8度;第二种是抗震设防烈度为8度和9度,但前第四纪基岩隐伏断裂的土层覆盖层厚度分别大于60 m和90 m。b.如果建筑场地存在发震断裂,但又不属于上述情况时(例如抗震设防烈度为8度,但断裂的土层覆盖厚度小于60 m)应避开主断裂带。c.对非全新活动断裂可不采取避让措施,但当破碎带发育而且浅埋时,可按不均匀地基处理。

线路工程必须跨越活断层时,尽量使其大角度相交。尽可能选择相对稳定的"安全岛",同时将建筑物布置在断层的下盘。安全岛理论是我国地质学家李四光提出的。安全岛是一个相对概念,指在强震区出现异常的低震区,这个地区称为安全岛。安全岛理论对解决复杂工程地质问题有更直接、更现实的意义。广东大亚湾核电站选址和黑山峡河段开发方案论证是最早使用"安全岛"理论解决复杂工程地质问题的。

采取抗震的结构和建筑型式。例如,在活断层上修建的水坝不宜采用混凝土重力坝和拱坝,而宜采用土石坝。

### 三、地层接触关系

地层接触关系是构造运动在水平岩层明显的综合表现。在地质历史发展演化的各个阶段,构造运动贯穿始终,由于构造运动的性质不同或所形成的地质构造特征不同,往往造成新老地层之间具有不同的相互接触关系。沉积岩、岩浆岩及其相互间均有不同的接触类型,据此可判别地层间的新老关系。

1.沉积岩间的接触关系

(1)整合接触。

一个地区在持续稳定的沉积环境下,地层依次沉积,各地层之间彼此平行,地层间的这种连续、平行的接触关系称为整合接触。

其特点是:相邻的新老地层时代连续,上、下岩层产状一致。

(2)平行不整合接触。

沉积岩地层之间有明显的沉积间断,即沉积时间明显不连续,称为不整合接触。其又可分为平行不整合接触和角度不整合接触两类。平行不整合接触,又称假整合接触,指上、下两套地层间有沉积间断,但岩层产状仍彼此平行的接触关系。

其特点是:新老地层时代不连续,但产状一致。它反映出地壳曾一度上升,遭受风化剥蚀,形成具有一定程度起伏的剥蚀面,然后又下降接受稳定沉积的地史过程。

(3)角度不整合接触。

角度不整合接触指上、下两套地层间有明显的沉积间断,且上下地层之间彼此成角度相交的接触关系。

其特点是:新老地层时代不连续,且产状不一致,以角度相交。它反映出曾发生过剧烈的构造运动,致使老地层发生褶皱、断裂,地壳上升遭受风化剥蚀形成剥蚀面,而后地壳下降至水面以下接受沉积,形成新地层。

不整合接触界面处一般有风化剥蚀形成的底砾岩,这也是不整合接触关系的一个鉴定特征。如果是断层界面,可能会存在构造岩,但不会有底砾岩。不整合面是下伏古地貌的剥蚀面,层间结合差,地下水发达,当不整合面与斜坡倾向一致时,如开挖路基,它经常会成为斜坡滑移的边界条件,对工程建筑不利。

2.沉积岩与岩浆岩之间的接触关系

(1)沉积接触。

指后期沉积岩覆盖在早期岩浆岩上的一种接触关系。早期岩浆岩因表层风化剥蚀,在后期沉积岩底部常形成一层含岩浆岩砾石的底砾岩。

（2）侵入接触。

指后期岩浆岩侵入早期沉积岩的一种接触关系。早期沉积岩受后期岩浆挤压、烘烤和化学反应,在沉积岩与岩浆岩交界带附近形成一层变质岩,称为变质晕。侵入接触的主要标志是侵入体边缘有捕虏体,侵入体与围岩接触带有接触变质现象,侵入体与围岩的接触界线多呈不规则状。

**3. 断层接触**

地层与地层之间或地层与岩体之间的接触面本身为断层面。断层界面处无底砾岩,一般是构造岩,但也可不是构造岩。

# 第三节　水文地质基础

本节主要介绍与工程地质密切相关的地下水的基本知识,着重阐述地下水的物理化学性质、地下水的类型及特点,最后简要介绍地下水与工程建设的关系。

## 一、概述

水文地质学是一门研究地下水的学科。该学科主要通过地质勘探和试验的方法获得数据,研究地下水的自然现象、物理化学性质,地下水的分布、形成过程和基本规律,地下水资源的开发、利用和保护,地下水与工程建设的关系,地下水与周围环境（包括自然环境系统和社会经济系统）的相互关系。

"水文地质学"是在 19 世纪初期,达西定律问世后才开始建立的,直至 20 世纪 20 年代,水文地质学才逐渐发展成为地质科学中一门完善、系统、独立的学科。传统的水文地质学主要研究狭义的地下水,即饱水带岩石空隙中的水（实际上基本限于含水层中的重力水）,之后扩大到包气带、地面以下岩石空隙中的水;现代的水文地质学的研究对象是广义的地下水,即从地壳浅部至下地幔带以各种形式存在的水。但是由于现今对深部层圈水文地质过程了解尚浅,因而目前水文地质学研究的重点对象,仍是浅部地壳空隙中的水。基于上述原因,本节中"地下水"一词,若没有专门指出为广义地下水,一般指浅部地壳空隙中的水。

现今,水文地质学已经发展成为较为完整的科学体系,具有若干独立的组成部分,包括:

（1）普通水文地质学:研究地下水最基本的概念和原理。

（2）地下水动力学:研究地下水运动规律、各种水文地质计算理论和方法。

（3）水文地球化学:研究地下水的水质及其变化规律。

（4）专门水文地质学。研究地下水的调查及应用的技术理论和方法。

地下水在社会经济建设中,具有积极与消极两方面的意义。积极方面体现在:地下水作为一种重要的饮用水资源,与我们的日常生活密切相关;地下水中往往富含矿物成分和较高盐分,是具有价值的矿产资源;某些地区的地下水温度较高,可直接用于供暖;根据地下水的成分配合其他方法还可以找到石油、金属硫化物等矿床。消极方面体现在:对于工程建设而言,采矿过程中,如果地下水大量涌入矿山坑道,则会造成重大的财产和生命损失;过量、不当地抽取地下水或人为抬高地下水位会引起地面沉降、塌陷、滑坡、地震等地质灾害;在基坑开挖过程中如果不及时排出地下水,会引起流沙、管涌的发生等。

因此,一方面,要充分合理地利用地下水的有利方面,为国民经济和科学技术的发展服务;另一方面,要充分了解并克服地下水的不利方面,进行有效的防治,甚至将其不利因素转换为有利因素,使之处于对岩土工程最为有利的状态,对已经出现的与地下水有关的种种问题,要及时采取控制及防范措施.

水文地质学是地质科学中一门综合性、应用性很强的学科。掌握水文地质学的基础内容,运用水文地质学的基本概念和理论,从而能够分析和解决岩土工程中遇到的实际问题,正是学习本节的根本目的所在。

## 二、地下水的基本概念

### (一)自然界中的地下水

1.自然界中水的分布

提起水资源,人们首先想到的是河流、水流,这些都属于地表水。实际上自然界的水资源中,有97%为咸水,淡水资源只占全部水资源的3%。而约有97%的液态淡水存在于地下。世界上许多国家都把地下水作为人类生活用水和饮用水源。据统计,在法国,45%左右的饮用水来自地下水,而这45%的地下水中,又有一半左右源自岩溶(喀斯特)地貌;在美国、日本等地表水资源比较丰富的国家,地下水亦要占到全国总用水量的20%左右。

自然界中的水,以气态、液态及固态三种形式存在于大气圈、地壳和地表中。其中,大气降水是指从大气圈中降落到地面的水;地表水是指地表上江、河、湖、海中的水;地下水是指埋藏在地表下岩土空隙中的水。据统计资料显示,世界范围内海洋水占97.3%;冰川和永久积雪占2.14%;地下水占0.61%;地表水占0.009%;咸水湖和内海水占0.008%;包气带水占0.0005%;大气水占0.001%。其中,大气降水、地表水、地下水三者的关系极为密切,并且是可以互相转换的。

2.自然界中水的循环

自然界中水的循环实际上就是大气降水、地表水和地下水三者之间的不断相互转化。自然界中水的循环是一个十分复杂的过程,按其循环形式及参与循环的层圈深度,可以分为水文循环和地质循环两大类。

（1）水文循环。

所谓水文循环是指在太阳热能和重力作用下，大气水、地表水和地壳浅部地下水三者之间的水循环。地表水中的水分在太阳热能的蒸发作用下成为水汽进入大气圈；水汽随气流飘移至陆地上空，在适宜的条件下重新凝结形成大气降水（降雨、降雪等）；降落在陆地上的水分，一部分转化为地面径流汇集于江河湖泊，形成地表水；另一部分渗入地下岩层中，形成地下水。形成地表水的那部分，有一部分重新通过蒸发作用成为水汽，返回大气圈；有一部分则渗入地下，成为地下水；其余部分则排入海洋。渗入地下的水，有一部分通过蒸发作用重新返回大气圈；有一部分则被植物根系吸收，再通过叶面蒸腾作用重新返回大气圈；其余部分则形成地下径流或直接排入海洋，或在径流过程中经排泄成为地表水后再重新返回海洋，或在流动过程中多次由地下转化到地表，又由地表转入地下，最终返回海洋。周而复始，循环不止。

自然界中的水循环按照其循环范围不同又可分为大循环与小循环。所谓大循环是指水分由海洋蒸发经由陆地，最终返回海洋，即指存在于海、陆之间的水循环；所谓小循环（陆地循环或海洋循环）则是指通过陆地或海洋蒸发的水分，又以降水的形式重新降落回到陆地或海洋的局部水循环。大循环是由若干的局部性小循环组成的复杂的水循环过程，其受全球性气候的控制，水的总量几乎是不变的；小循环则主要受局部气象因素控制。对于某一区域而言，水量的收支可能极不平衡，此时，可以通过调节小循环条件，加强小循环的频率和强度，达到在干旱、半干旱地区改善局部性的干旱气候的目的。

（2）地质循环

地质循环是指地球深层圈水（地壳下部至下地幔，约地表下−35 km）与浅层圈水之间的相互转化过程。地质循环不仅在深层圈水与浅层圈水之间进行，而且还发生在成岩作用、变质作用和风化作用等过程中。与水文循环不同，地质循环常伴有水分子的合成与分解（速度缓慢）。研究水的地质循环，对于深入了解水的起源、水在地质作用及地球演化过程中的作用等方面，具有重要的意义。

（3）水文循环与地质循环的关系。

自然界中的水文循环和地质循环差别极大，表现为：水文循环是直接循环，循环速度较快，途径较短，转换交替速度比较快。例如，大气水循环更新一次只需要 8 d，河水的更新期为 16 d，海洋水全部更新一次需要 2500 年。而地质循环一般为间接循环，循环速度缓慢，途径较长，其循环过程与地质历史过程一致。地下水的更新期与含水层规模大小和埋藏条件有关，更新期由几个月至若干万年不等。与地质循环相比，水文循环与人类的关系更为直接。

（二）地下水的类型及其特点

1.地下水的类型

根据地下水埋深条件，地下水可分为上层滞水、潜水和承压水三种类型；根据含水层空隙性质,地下水可以分为孔隙水、裂隙水和岩溶水三种类型。

2.地下水的特征

（1）上层滞水。

包气带（非饱和区）中局部隔水层上部积聚的具有自由水面的重力水,称为上层滞水。上层滞水一般分布不广、不连续、埋藏浅,接近地表,直接接受当地大气降水及地表水的入渗补给,补给区与分布区一致,并以蒸发的形式或逐渐向间隔水底板边缘渗透的形式进行排泄。常分布于砂层中的黏土夹层之上和石灰岩中溶洞底部有黏性土充填的部位,可在包气带内的不同地段出现,也可在同一地段的不同深度上重复出现。

上层滞水的动态变化随季节性变化显著,一般多在雨季时获得补给,储存一定的水量;旱季时则水量逐渐消失或水位迅速下降甚至干涸。当隔水层范围较小、厚度较大或隔水性不强时,上层滞水易于向四周流散或向下渗透。上层滞水极容易受到污染,并对建筑物的施工有影响,应考虑排水的措施。

（2）潜水。

埋藏在地表以下第一个连续稳定隔水层（不透水层）之上,具有自由水面的重力水叫作潜水。潜水的自由水面称为潜水面;潜水面至隔水层之间含水的岩层为潜水含水层;含水层下不透水的岩层称为隔水层;由潜水面到隔水层之间的距离为含水层厚度;潜水面上任一点的高程（绝对或相对）称为该点的潜水位;由地表至潜水面的铅直距离称为潜水的埋藏深度。

①潜水的特征。

a.潜水面以上一般没有连续、稳定的隔水层的阻隔,通过包气带与地表（大气）相通,大气降水、地表水直接入渗补给潜水,因此,潜水的分布区与补给区基本上是一致的。

b.潜水有隔水底板,无隔水顶板,具有自由水面,为无压水。潜水在重力作用下由潜水位较高处向潜水位较低处流动,形成潜水径流。

c.潜水接近地表,动态变化显著,易遭受污染。潜水水位、潜水埋藏深度、含水层厚度及水量等随季节不同有规律地变化。例如,雨季降雨量多,潜水的补给量大于排泄量,含水层厚度增大,潜水面上升,潜水埋深减小;枯水或干旱季节雨量较少,潜水的补给量小于排泄,含水层厚度减小,潜水面下降,潜水埋深增大。

d.潜水流动的方向和速度与含水层的岩性、厚度、地形、隔水层底板形状、潜水的水力坡度和气候条件等因素有关。当潜水流向排泄区（河谷、冲沟等）时,潜水水位逐渐下降,形成倾向于排泄区倾斜的曲线形自由水面。

e.潜水埋藏深度及含水层厚度受气候、地形和地质条件等多种因素影响,其中地形对潜水埋藏深度的影响最为显著。例如,在山区强烈的地质切割作用下,潜水埋藏深度可以达几十米甚至更深,含水层厚度差异也很大;反之,在平原地区,潜水埋藏深度较浅,一般为几米到十几米,有时可以为零（沼泽）,含水层厚度差异也较小。

潜水的排泄方式主要有两种:一种是潜水在重力作用下由水位高处向水位低处流动,以泉、渗流等形式出露地表或直接排入地表水体(江、河、湖、海),称为水平方向的排泄,也称径流排泄;另一种是通过包气带和植物蒸腾作用直接逸入大气,称为垂直方向的排泄,也称蒸发排泄。除此之外,潜水还可以向邻近深部的承压含水层进行排泄。

潜水面的形状基本上与地形起伏一致,但潜水坡度总小于当地的地面坡度。当潜水含水层变厚时,潜水面的形状趋于平缓;当潜水的透水性增大时,水流阻力较小,渗流速度增大,水力坡度变小,潜水面的形状趋于平缓。当潜水向河流排泄时,潜水面为倾向于河流的斜面;当河水补给潜水时,潜水面变为倾向于潜水的曲面。

②潜水面的表示方法。

为了能够清晰地表示潜水面的形态,通常将等水位线图和剖面图两种方法配合使用。

等水位线图就是潜水面的等高线图,是反映潜水面形状的一种平面表示方法。它是由潜水面上高程(潜水位)相等的点连线而成的。由于潜水面随季节发生变化,因此在等水位线图上应注明测量水位的日期,通过对不同时期等水位图的对比,了解潜水的动态特性。同一地区往往应绘制潜水最高水位以及最低水位时期的两张等水位线图。

通过潜水等水位线图,可以确定以下重要的水文地质概念:

Ⅰ.潜水流向。

在相邻两条等水位线间做一条垂直线,箭头由高程较高的等水位线指向高程较低的等水位线,该方向就是潜水流向。

Ⅱ.潜水水力梯度(潜水坡度)。

在确定潜水流向的基础上,在流向上求得相邻两等水位线的水位高差,并用此差值除以它们之间的水平距离,即为该段的潜水水力梯度。

Ⅲ.潜水埋藏深度。

将等水位线图和地形等高线绘制在同一图上,则等水位线与地形等高线交点处的高程差,即为该点的潜水埋藏深度。若某点不在等水位线与地形等高线的交点,则通常采用内插法求出该点地面与潜水面的高程,即可求得该点的潜水埋藏深度。

Ⅳ.潜水与地表水的补排关系。

在邻近地表水的地段绘制潜水等水位线图,测定地表水的水位高程,并且在等水位线图上绘出其潜水流向箭头,即可以确定潜水与地表水的相互补给关系。当潜水的流向箭头指向地表水时,说明潜水补给地表水。当箭头方向背离地表水时,则说明地表水补给潜水。

Ⅴ.确定含水层厚度并推断含水层的岩性及含水层的厚度变化。

当等水位线图上有隔水底板等高线时,某点含水层厚度为该点潜水位标高与隔水底板标高之差。对于同一流向,当含水层厚度相等时,则等水位线越密的地方岩性颗粒越细;越稀的地方岩性颗粒越粗。当地形坡度变化不大,等水位线由疏变密,说明含水层透水性变好或者其厚度变大;反之则说明含水层透水性变差或者厚度变小。

（3）承压水。

①承压水的定义及特征。

承压水是指充满两个稳定隔水层或弱透水层之间含水层中的承受静水压力的重力水。含水层上部的不透水岩层称为隔水顶板;下部的不透水岩层称为隔水底板;隔水顶、底板之间的铅直距离称为承压含水层厚度。钻孔钻穿隔水顶板时才能见到地下水,此时的水面高程称为初见水位。承压含水层中的水由于承受静水压力,水位高于隔水顶板。由于地下水的承压性,水位不断上升,达到某高度后稳定下来,此水位称为承压水位。初见水位至承压水位之间的距离称为承压水头。地面标高与承压水位的差值称为承压水位埋深。

当承压水位高于地面标高,承压水将溢出地表,故承压水又称为自流水,在此范围内打井,井孔中的地下水可溢出地表,此井称为自流井,也叫作承压井。

承压水的埋藏条件为:上下均为隔水层,中间是含水层;水必须充满整个含水层;含水层露出地表吸收降水的补给部分,要比其承压区和泄水区的位置高。具备上述条件,地下水即承受静水压力。如果水不充满整个含水层,则称为层间无压水。

承压水具有如下特征:

a.承压水承受静水压力,其顶面为非自由水面。

b.承压水的分布区与补给区不一致,其中承压水的分布区是承压区而补给区是非承压区,常常是补给区面积远小于分布。

c.由于受到连续稳定隔水层的限制,承压水的水质、水温、水位、水量等受气候水文要素变化影响微弱,其动态比较稳定,造成承压水不如潜水容易恢复和补充。承压水不易受地表水和大气降水的污染,而一旦被污染不易自身净化。

d承压含水层规模一般较大,并且承压含水层厚度稳定,不受降水季节变化的支配。

e.当顶、底板隔水性良好时,承压水主要通过含水层出露地表的补给区获得补给;当顶、底板为弱透水层时,承压水也可以通过断裂带或弱透水层等得到潜水补给。当河流与沟谷切割至承压含水层时,承压水可以通过泉的形式进行排泄;当承压水排泄区有潜水时,承压水可直接排入潜水;此外承压水还可通过导水断层排泄于地表。

②承压水的埋藏类型。

承压水的埋藏类型,主要取决于地质构造。在地质构造适宜时,孔隙水、裂隙水及岩溶水均可构成承压水。不同的地质构造决定承压水不同的埋藏类型,形成承压水的地质构造可分为向斜构造和单斜构造两类。其中,埋藏有承压水的向斜储水构造称为承压盆地,又称自流盆地;埋藏有承压水的单斜储水构造称为承压斜地,又称自流斜地。

a.承压盆地(自流盆地)。

完整的承压盆地由补给区、承压区和排泄区三部分组成。承压盆地中含水层出露地表较高的位置称为补给区,较低的位置称为排泄区,补给区与排泄区之间的部位称为承压区。

承压盆地有时可以有数个承压含水层,它们分别有各自的承压水位。储水构造与地形一致的称为正地形,即下部含水层承压水位高于上部含水层承压水位;反之,则为负地形。若将两个承压含水层贯通,则在负地形的情况下,水可以由上面的承压含水层流到下面的承压含水层;在正地形的情况下,下面承压含水层中的水可以流入到上面的承压含水层中。如法国巴黎自流盆地、中国四川自流盆地。

b.承压斜地(自流斜地)。

承压斜地可以由含水层倾斜末端被侵入岩体阻截形成;也可以由含水层岩性发生相变或尖灭形成;也可以由含水层被断层切断构造形成。与承压盆地一样,承压斜地也可以有几个承压含水层。

③承压水面的表示方法。

在水文地质学中通常采用等水压线图表示承压水面。等水压线图就是相近时间测定的承压含水层中承压水头压力相等各点的连线图。

根据等水压线图可确定承压水的流向、水力坡度,等水压线图如若配以含水层顶板等高线和地形等高线,则可确定承压水的埋藏深度和承压水头。需要注意的是,只有在了解其他水体的水位及其与该承压含水层的水力联系通道情况的基础上,才能确定承压含水层和其他水体的补给和排泄关系。

④承压水的补给、径流和排泄。

承压水的补给区直接与大气相通,可接受大气降水和地表水的补给。补给的强弱决定于包气带的透水性、降水特征、地表水流量及补给区的范围等。也可存在上下相邻含水层之间的补给。承压含水层在接受补给时,主要表现为测压水位上升,而含水层的厚度增大不明显。增加的水量通过水的压力及空隙的扩大而储存于含水层之中。

承压水的补给、径流、排泄条件越好,水循环越积极,水质就越接近渗入的大气降水和地表水,此时为含盐量低的淡水;反之,水的含盐量就越高。如某些深部承压含水层,与外界基本不发生联系,保留着经过浓缩的古海水,含盐量可达数百克每升。

(4)孔隙水。

孔隙水主要存在于松散岩层的孔隙中。具体特征如下:

①孔隙水一般具有均匀而连续的层状分布的典型特征,孔隙之间互相连通,水力联系密切,同一含水层具有统一的地下水位。②孔隙水多呈层流运动,很少出现透水性突变和紊流的运动状态。③孔隙水的埋藏分布和运动规律主要受地貌及第四纪沉积规律的控制,对应于不同地貌单元和不同类型的第四纪沉积物,其具有不同的分布规律。

孔隙水由于埋藏条件不同可以形成上层滞水、潜水或承压水,即分别称为孔隙—上层滞水、孔隙—潜水和孔隙—承压水。由于沉积物的成因类型不同,孔隙水又可以分为洪积扇中的地下水、冲积物中的地下水、湖积物中的地下水、黄土高原的地下水、沙漠地区的地下水、冰川堆积物中的地下水、滨海三角洲及海岛沉积物中的地下水等。

(5)裂隙水。

赋存在坚硬岩石裂隙间的地下水称为裂隙水。根据岩石裂隙的成因,裂隙水可分为三种:风化裂隙水、成岩裂隙水和构造裂隙水。

①风化裂隙水。

赋存在风化裂隙中的水称为风化裂隙水。风化裂隙广泛分布于出露基岩的表面,发育密集而均匀,一般发育厚度在几米至几十米,少数也可深达百米以上。风化带下,未风化或弱风化的母岩构成隔水底板,风化裂隙水绝大部分为埋藏较浅的潜水,具有统一的地下水面,水力联系好,成层分布,水平方向透水性均匀,垂直方向随深度而减弱。

风化裂隙水的分布受气候、岩性和地形条件等多种因素的影响。

气候干燥而温差大的地区,岩石热胀冷缩及水的冻胀等物理风化作用强烈,有利于形成较大并且开张的风化裂隙;湿热气候区以化学风化为主,由于泥质次生矿物及化学沉淀物常充填裂隙而使其导水性降低,在此类地区,上部的强风化带透水性反而不如下部的半风化带。

结构致密、成分均匀且以稳定矿物为主的岩石,如石英岩,其风化裂隙很难发育,因此风化裂隙水往往很少;而泥质岩石虽易风化,但其裂隙易被土状风化物充填而不导水;由多种矿物组成的粗粒结晶岩,如,花岗岩、片麻岩等,由于不同矿物的热胀冷缩程度不一,其风化裂隙发育并且具备良好的开启性,风化裂隙水主要存在于此类岩石中。

地形条件和气候对风化裂隙水的分布也有明显的影响。在山区,剥蚀作用强烈,风化壳往往发育不完全,厚度较小且分布不连续,地形坡度又较大,不利于汇水入渗,故风化裂隙水含量少;在气候潮湿多雨、地形低缓、剥蚀作用微弱的地带,有利于风化壳的发育与保存,如地形条件也有利于汇集大气降水,则可形成规模较大的风化裂隙含水层。

②成岩裂隙水。

成岩裂隙是指岩石在成岩过程中受内部应力作用所产生的原生裂隙,存在于成岩裂隙中的地下水称为成岩裂隙水。如玄武岩在冷凝收缩时,由于内部张应力作用产生柱状裂隙,此类裂隙在水平和垂直方向上,发育均匀,连通性好,常构成储水丰富、导水通畅的层状裂隙含水层。

当喷出岩层为其他隔水层所覆盖,则形成裂隙承压含水层;当其出露地表,接受降水补给时,形成层状潜水。该层状潜水与风化裂隙中的潜水相似,所不同的是分布范围不广,但水量却比较大,而且裂隙不随深度的增加而减弱。

成岩裂隙中的地下水水量有时可以很大,在利用上不可忽视,尤其是在工程建设时,应予以高度重视。

③构造裂隙水。

构造裂隙是指岩石在构造运动应力作用下所形成的裂隙,它是所有裂隙成因类型中最常见和分布范围最广的类型,存在于其中的地下水即为构造裂隙水。构造裂隙水分布广泛,在一定条件下能够大量富集。构造裂隙的发育和分布情况十分复杂,主要取决于岩性和构造应力状况。区别于孔隙水,构造裂隙水具有强烈的各向异性、非均匀性和随机性的特点。

一般按裂隙分布的产状,构造裂隙水分为层状裂隙水和脉动裂隙水两类。当岩石所受构造应力分布均匀、岩石岩性统一时,岩石中多形成相互连通、分布均匀的开张裂隙,赋存层状裂隙水。当岩石所受构造应力分布不均匀或岩性变化时,岩层内部裂隙密集度和开张性也不相同,在应力集中或岩性有利的部位,张开裂隙相互连通,构成局部的裂隙含水系统,同一岩层中可包含若干个裂隙系统,并且各裂隙系统之间缺乏水力联系,水位各不相同,即形成脉状裂隙水。

(6)岩溶水。

岩溶水指分布并运动于可溶性岩层(石灰岩、白云岩、石膏、岩盐等)的裂隙、溶洞或暗河中的水。岩溶水不仅是一种特殊的地下水,而且其在运移过程中不断改造自身的赋存环境,是一种活跃的地质营力。

岩溶的发育特点决定了岩溶水的分布、径流、排泄、运动和动态等多方面都与其他类型的地下水不同。岩溶水分布极不均匀,能迅速接受大气降水补给,补给量大,并以地下径流的形式集中排泄。由于岩溶空隙大小相差悬殊,大洞穴中的岩溶水流速快,呈紊流状态;断面较小的管道和裂隙中岩溶水流速慢,呈层流状态。岩溶水既可以是潜水,也可以是承压水。一般来说,大洞穴中的岩溶水多为无压水;小断面的管路中的岩溶水多为承压水。岩溶水受大气降水影响显著,降水时,岩溶水水位显著增高,雨后岩溶水水位降落明显,地下水位年变化幅度最大可达数百米。岩溶水水质随深度发生变化,一般浅部岩溶水矿化度较小,随深度的增加,矿化度逐渐增大,并且岩溶水易被污染。岩溶含水层水量往往比较丰富,可以作为大型供水水源。

岩溶水的研究具有极大的工程意义。在岩溶地区进行土木、水利工程建设时,如果没有仔细研究岩溶的发育规律,就会发生漏水的事故,导致工程失败。因此,在选择建筑场地和地基时,必须进行工程地质勘察,针对岩溶水的情况,用排除、截源、改道等方法处理(如,挖排水、截水沟,筑挡水坝,开凿输水隧洞等)。

(三)含水层与隔水层

含水层是指能够透过并给出相当数量水的岩层。含水层不但储存有水,而且水可以在其中运移。隔水层是指不能透过和给出水,或者透过和给出水的数量很小的岩层,一般起到阻隔重力水通过的作用。

划分含水层和隔水层的标志,关键在于所含水的性质,而不在于岩层是否含水。空隙细小的黏土岩层,所含的几乎全部为结合水,而结合水在通常条件下是不能运动的,这类岩层起着阻隔水通过的作用,即构成隔水层。只有当黏土中发育有较好的裂隙时,才可能构成含水层。空隙较大的岩层含有重力水,在重力作用下能透过和给出水,即构成含水层。例如,透水性强的沙砾石就是良好的含水层;坚硬砂岩如若发育有构造裂隙或风化裂隙,裂隙成为其主要的储水空间,这样的砂岩也是含水层。

含水层和隔水层的划分界限是相对的。例如,粗砂层中的泥质粉砂夹层,由于粗砂的透水和给水能力比泥质粉砂强,相对而言,后者可视为隔水层。而同样的泥质粉砂若夹在黏土层中,由于其透水和给水的能力比黏土强,又可将泥质粉砂层视为含水层。

含水层和隔水层在一定条件下还可以相互转化。例如,在通常条件下,黏土层由于饱含结合水而不能透水和给水,起着隔水层的作用。但在较大水头差的作用下,部分结合水发生运动,也能透过和给出一定数量的水,在这种情况下再称其为隔水层便不恰当了。实际上,黏土层往往在水力条件发生不大的变化时,就可由隔水层转化为含水层,这种转化在实际中是很普遍的,对于这类兼具隔水和透水性能的岩层,一般就称为半含水　半隔水层。

### (四)地下水运动的基本规律

地下水的运动按流动状态可以分为线性运动和非线性运动,按运动要素与时间的关系可以分为层流、紊流和混合流。一般情况下,地下水在岩石的孔隙或细小裂隙中的流动属于层流;地下水在岩石裂隙或溶隙中的流动属于紊流,各流线有相互交错现象;当紊流和层流同时出现就属于混合流。本节只介绍饱水带内重力水的运动规律。

### (五)地下水的补给、排泄与径流

地下水的补给、排泄与径流的往复过程构成了地下水的循环,它是自然界水循环系统的一部分。

#### 1.地下水的补给

含水层从外界获得水量的过程称为补给。地下水补给的主要来源包括大气降水渗入、地表水渗入、岩石空隙中的凝结水补给、不同含水层之间的补给和人工补给等。

(1)大气降水渗入补给。

大气降水渗入补给是地下水最为主要的补给来源,主要包括降雨、降雪等。大气降水渗入补给地下水,补给呈面状,范围广而均匀。但是,大气降水渗入补给具有随机性,持续时间有限。

影响大气降水补给的因素有很多,主要是降水量和包气带的岩性以及厚度。此外,降水强度、地形、地质构造、潜水位埋深等因素也与大气降水补给密切相关。一般来说,短时期的暴雨对地下水的补给不利。

(2)地表水渗入补给。

地表水渗入补给是指在地表水位高于地下水位时,地表水(江河、湖泊、海洋与水库等)在一定条件下补给地下水的情况。地表水补给地下水范围仅限于地表水体邻近,一般呈线状补给(河渠渗透漏水补给地下水)或呈点状补给(注水井人工回灌补给地下水)。

地表水体中以河流与地下水的关系最为密切。河水补给地下水的情况和补给量大小取决于河水与地下水的水位差、河床下部基岩透水性强弱、河床湿润大小及河床过水时间长短。山区地下水位通常高于河流水位,地下水补给河水;当河流进入山前地带,因地下水埋藏较深,故河水通常补给地下水;河流进入冲积平原后,河水与地下水的关系常常随季节而变动,枯水时河流水位较低,地下水补给河水,进入降雨季节河流水位抬高,河水补给地下水。

(3)水汽凝结补给。

当气温下降,至地温趋于露点时,储藏在岩石空隙中的饱和水汽便凝结成液态水滴下渗补给地下水。在昼夜温差较大的地区,白天砂石和空气受太阳照射而增温,砂石空隙温度和气温接近,但到夜里,由于砂石散热快,砂石空隙温度下降幅度大,砂石空隙中水汽凝结成水滴。此时,由于大气气温高于砂石,大气中水汽的压力大于砂石空隙中水汽的压力,水汽便由大气向砂土空隙中运动。如此不断补充,不断凝结成水滴补给地下含水层。大气凝结补给对于沙漠等昼夜温差大的地区,尤其是荒漠干旱地区是极为可贵的地下水资源。

(4)含水层之间补给。

当一个地区存在多个含水层时,如果相邻两个含水层之间存在联系通道并且具有水力梯度,这两个含水层之间便可能发生补给关系,地下水从水位相对高的含水层流向水位相对较低的含水层。

①当承压含水层的补给区有潜水含水层存在时,则潜水补给承压水。当承压含水层的排泄区上覆有潜水含水层时,则承压水补给潜水。②由于天然隔水层分布不连续,在缺失的部位形成"天窗",相邻两含水层之间就可以通过"天窗"发生水力联系,产生含水层之间的补给。松散沉积物及基岩可能形成"天窗";切穿基岩隔水层的导水断层也可形成基岩含水层"天窗";人为贯穿于几个含水层的钻孔也可形成"天窗"。③两个相邻含水层之间的隔水层或由于隔水性能差(弱透水层),或由于隔水层厚度小,当两相邻含水层间存在水力梯度时,地下水通过隔水层从水位高的含水层向水位低的含水层渗透。这种补给称为越流补给。显然,隔水层越薄,隔水性越差,两含水层水位差越大,则越流补给量就越大。单位面积上的越流补给量虽然很小,但是如果含水层面积大,越流补给量也是相当可观的。

（5）人工补给。

人工补给是指借助某些工程措施,促使地表水补给地下储水层。包括地面、河渠、坑池蓄水渗补,农业灌溉回归水补给,管道渗漏以及人工回灌补给等方式。

2.地下水的排泄

地下水的排泄是指含水层失去水量的过程。其主要的排泄方式包括:潜水蒸发、泉水溢出、地下水向地表水泄流、含水层之间的排泄和人工排泄等。

（1）潜水蒸发。

潜水蒸发排泄是指通过土壤蒸发与植物叶面的腾发而消耗地下水的过程,是地下水的垂直排泄,是浅层地下水排泄的主要途径。由于蒸发和腾发在天然条件下不易区分,因此通常并称为潜水蒸发。蒸发是干旱与半干旱的平原地区潜水的主要排泄形式。潜水蒸发排泄主要取决于外界的气象条件(辐射、温度、湿度和风速等)、岩土层的含水量、含水层的导水性、潜水埋藏深度、包气带岩性及地表植被等因素。

（2）泉水溢出。

泉是地下水的天然露头,是地下水排泄到地表水的主要方式之一。在含水层或含水层通道与地表相交处,地下水便溢出地表形成泉,转化为地表水。山区的沟谷和坡脚处,由于受到强烈的地质作用,易形成地下水流向地表的通道——泉;而平原地区由于地势平缓,则泉的分布不多。

根据补给含水层的性质,泉分为上升泉和下降泉两大类。其中,上升泉由承压含水层补给,下降泉由潜水或上层滞水补给;根据泉出露的原因,泉又可分为侵蚀泉、接触带泉、断层泉和溢流泉。

（3）地下水向地表水泄流。

泄流也是地下水排泄到地表水的另一主要方式。在地下水与地表水存在水力联系时,若地下水位高于地表水位,地下水可以直接流向地表补给地表水,并从湖泊、江河的底部和岸侧渗出。地下水位与河流水位的高差越大,含水层透水性越好,河床断面揭露含水层的面积越大,地下水的排泄量就越大。泄流现象多见于河谷切割强烈的河流中、上游地段,而泄流量大小取决于地下水位与地表水位的高差、含水层的透水性能和河床切入含水层的长度及深度等因素。

（4）含水层之间的排泄。

前面提到过相邻两含水层之间的补给,即一个含水层通过"天窗"、切断基岩隔水层的导水断层、越流等方式补给另一个含水层。对一个含水层来说是补给,对另一个含水层来说就是排泄。

（5）人工排泄。

采用挖泉饮水或凿井提水等措施进行人工开采地下水源,使其转化为地表水,是地下水排泄的另一重要方式。在地下水开发程度高的地区,如北京、西安等许多大中城市,人工开采地下水量可占地下水排泄的绝大部分。采用明沟、暗管和竖井等工程措施进行人工排水,也是地下水排泄的主要方式之一。

3.地下水的径流

地下水的径流包括径流方向、径流速度和径流量三个部分。一般来说地下水由高水位向低水位、由补给区向排泄区的流动,这一过程称为地下水的径流。根据地下水径流方向的特征,将地下水水交替分为垂向交替、侧向交替和混合交替三种类型:

①垂向交替指地下水的交替循环主要是在垂直方向进行,主要发生在无出口的内陆盆地,地下水以大气降水渗入补给为主,有时存在地表水的垂直渗漏补给,而地下水的排泄只有潜水蒸发。②侧向交替指地下水的交替循环主要在水平方向进行,发生在泉和地表水排泄处(排泄基准面低,排泄条件良好)。③混合交替介于以上两种类型之间,自然界中的地下水都属于混合交替,区别在于是以垂直交替为主还是以侧向交替为主。

地下水的径流强度是以径流速度表征的,径流的强弱程度直接影响含水层水量、地下水化学成分。地下水的流速与含水层的渗透系数与由补给区至排泄区的水力梯度成正比。

承压水地下水补给区与排泄区的相对高差越大,距离愈近,补给愈充沛,径流强度愈大;承压含水层的补给条件与排泄条件越好、透水性越强,则径流条件越好。潜水含水层透水性越好,地形高差越大,大气降水补给越充沛,径流越通畅,径流强度越大,径流量也更集中。山区地势险峻,多冲积物,透水性强,地下水的水力坡度大,地下水径流条件良好;平原地区地势平缓,多细粒岩土体,地下水水力梯度小,地下水径流条件较差。

地下水径流按地下水水交替特征可以分为畅流型、汇流型、散流型、缓流型和滞流型五种基本类型。实际的地下水径流交替是非常复杂的,在不同条件下,呈现不同的地下水交替类型。以我国华北冲积平原的地下水径流模式为例,在总的地势控制下,地下水由山前向滨海地区做纵向流动,同时,由山前下渗的地下水流在平原的某些部位上升;在局部地形的控制下,浅层地下水自地上河及地上河古河道下降,越流补给深层水,而在河间洼地则由深部向浅部做上升越流运动。

## 三、岩石中的地下水

### (一)岩石中的空隙

自然界的岩石中都存在着大小不等和形状不一的空隙,根据岩石空隙的不同成因,可将其分为以下三类:松散岩石之间的孔隙、坚硬岩石中的裂隙和可溶岩石中的溶隙。下面将分别对这三类岩石中的空隙进行简要介绍:

1.坚硬岩石中的裂隙

坚硬岩石中的裂隙,按其成因可以分为成岩裂隙、构造裂隙和风化裂隙,裂隙的性质及其发育规律与裂隙成因有着密切的关系。

(1)成岩裂隙。

成岩裂隙是指在成岩过程中由于沉积岩固结干缩或岩浆岩冷凝收缩而形成的裂隙。成岩裂隙多为闭合的,一般不构成含水层,但岩浆岩中的玄武岩裂隙比较发育且张开,赋存带状裂隙水,可构成良好含水层。

(2)构造裂隙。

构造裂隙是指岩石在构造应力作用下破裂以至位错而形成的裂隙,包括劈理、裂隙和断层。构造裂隙具有分布、大小、方向、张开度等极不均匀的特点。劈理和裂隙规模较小,分布相对较均匀、密集;断层规模较大,在空间分布上有其局限性和方向性。

(3)风化裂隙。

风化裂隙是指岩石由于风化作用被破坏而产生的裂隙,有的风化裂隙是在原有成岩裂隙或构造裂隙基础上的扩大延伸,有的可以沿着岩石层理、片理产生新裂隙。岩体的风化裂隙主要分布于近地表处或深度不大的范围内。

2.可溶岩石中的溶隙

溶隙发育的规模差异极为悬殊,大的溶洞,宽高均可达数十米,长可以达几十千米;小的溶孔直径则只有数毫米。岩溶率是溶隙的体积与包括溶隙在内的岩石总体积的比值。

可见,松散岩石中的孔隙、坚硬岩石中的裂隙和可溶性岩石中的溶隙具有明显的差异:松散岩层中孔隙分布比较均匀,相互连通好,各向异性并不显著;坚硬岩石中的裂隙分布不均匀,连通性较差,具有明显的各向异性;可溶性岩石中的溶隙,大小悬殊,分布极不均匀。

(二)岩石中水的存在形式

按照水的物理状态,分为气态水、固态水和液态水。其中液态水按其受力情况又可以分为结合水、毛细水和重力水。另外,存在于矿物内部的水称为矿物结合水。

1.气态水

以水蒸气形式存在于非饱和的岩石空隙中的水,即为气态水。它来自大气中的水汽或者由液态地下水被蒸发转化而来。气态水可以随空气流动而流动,也可由相对湿度较大的地方向相对湿度较小的地方转移。气态水影响岩石中水分的重新分布,在一定温度、压力条件下可以与液态水相互转化,并且两者之间保持动态平衡。

2.固态水

当岩石温度低于0℃时,岩石空隙中的水从液态转变为固态,称为固态水。固态水主要分布于雪线以上的高山和某些寒冷地带。在多年冻土区域,浅层地下水终年以固态水的形式存在。

**3.结合水**

岩石颗粒表面带有负电荷,水分子是偶极体。在电场作用下,水分子一端带正电荷,另一端带负电荷。在静电引力的作用下,水分子被吸附在岩石颗粒的表面。静电引力与距离的二次方成反比。因此越接近岩石颗粒表面,水分子受到的吸引力就越大,排列得越紧密;当远离岩石颗粒时,水分子受到的静电引力也随之减弱,分子排列也越疏松。把由于静电引力的作用吸附于岩石颗粒表面的水称为结合水。根据受岩石颗粒表面静电引力的强弱,结合水又可分为强结合水和弱结合水。

**4.毛细水**

在表面张力和重力的共同作用下,充填在岩石细小空隙中的水称为毛细水。当水的表面张力大于水的重力时,毛细水随之上升并到达一定高度后停止,此高度称为毛细上升高度。因此,地下水面以上普遍形成毛细水带,并且毛细水上升高度随地下水位的升降而变化。毛细水能够垂直运动,可传递静水压力,并且能够被植物根系吸收,但是不具有抗剪能力。毛细水也可以脱离地下水而独立存在,称为悬着毛细水。未与地下水脱离的毛细水称为支持毛细水。毛细水在地下水与大气水、地表水相互转化过程中起着重要的作用。

**5.重力水**

重力水是指在重力的作用下,克服岩石颗粒表面静电引力的作用,可以自由排出的水,具有液态水的一般特征。重力水能够在岩石空隙中运动,在岩石空隙中分布最为普遍、数量也最多,是浅部地下水最为主要的存在形式,也是与我们生产、生活关系最为密切的水,是水文地质学主要的研究对象。重力水能够传递静水压力,和毛细水一样不具备抗剪能力。

**6.矿物中的水**

矿物中的水,又称矿物结合水,是指存在于矿物结晶内部或其间的水,包括结构水、结晶水和沸石水。其中,结构水是以氢离子和氢氧根离子的形式与矿物非常紧密的结合;结晶水是以水分子形式连接在矿物结晶格架中,与矿物结合比较紧密,例如,石膏中的水;沸石水是以水分子形式存在于矿物晶格空隙中,与矿物结合不牢固。结构水与结晶水在一定矿物中其含量是一定的,只有在高温条件下才可以从矿物中分离出来,晶体也随之破坏。相反,沸石水没有固定的数量,在常温下就可以逸出,晶体也不会因此破坏。由此可见,岩石中的水以多种形式存在,除矿物结合水和强结合水外,其他各类水之间是可以相互转化的。

**(三)岩石的水理性质**

岩石与水作用时表现出的各种性质,即和水分贮容和运移相关的各种性质称为岩石的水理性质或岩石的水文地质性质,主要包括岩石的容水性、持水性、给水性和渗透性四个方面。

### 1.容水性

岩石能容纳一定水量的性质称为岩石的容水性,其度量指标为容水度。容水度在数值上等于岩石完全被水饱和时所容纳的最大水体积与该岩石总体积之比,以小数或百分数表示。一般情况下,岩石的容水度小于其孔隙率,这是因为在岩石中除存在饱水的连通孔隙外,同时还存在着相当数量的封闭孔隙结构。所谓的有效孔隙率是指多孔介质中相互连通的孔隙的体积与总体积的比值。孤立于岩石中的封闭的孔隙对岩石的水力学性质是没有影响的。当岩石孔隙被水饱和时,水的体积即等于与水连通的孔隙体积。因此,除膨胀性黏土外,岩石的容水度在数量上与有效孔隙率相等。某些具有膨胀性的黏土,吸水后体积膨胀,其容水度往往大于孔隙率。

### 2.持水性

岩石的持水性是指在重力作用下,由于固体颗粒表面的吸附力和毛细力的作用,使孔隙中能保持一定量水的性质,其度量指标为持水度。持水度在数值上等于在重力作用下排水后岩石孔隙中所能保持的水的体积与岩石总体积之比。岩石在重力作用下排水后所保持的水一般为毛细水和结合水。岩石的持水度越大,岩石的持水量越大。一般来说,松散沉积物的持水度与颗粒大小有密切关系,岩石的颗粒越细小,孔隙率越小,岩石的持水度越大;反之,岩石的持水度越小。对于具有宽大裂隙与洞穴的岩石,持水度是微不足道的。

### 3.给水性

饱水岩石中的水,在重力作用下有一部分能够自由释出,岩石的这种水文性能称为岩石的给水性,其度量指标为给水度。

给水度为饱水岩石中的水在重力作用下自由流出的水的体积与岩石总体积之比,在数值上等于容水度与持水度的差值。在多孔介质中,根据孔隙中的水排出的难易程度,可以把水分为重力水和滞留水(吸着水)。对于具有同样孔隙率的岩石(多孔介质)而言,重力水对于粗粒介质比对于细粒介质的影响更为明显。在粗粒松散沉积物以及具有张开裂隙与溶穴的岩石中,给水度的大小与岩石孔隙大小密切相关,给水度接近容水度;黏土及具有闭合裂隙的岩石,给水度很小,持水度接近于容水度。

### 4.渗透性

水在重力的作用下,岩石允许水通过的性能称为岩石的渗透性或透水性,通常用渗透系数表示。渗透性表明多孔介质允许流体通过的能力。影响岩石(多孔介质)渗透性强弱的因素主要有:岩石中孔隙(裂隙)的分布、大小及孔隙(裂隙)的连通情况,流体的天然状态以及流体的水力梯度等。虽然孔隙率(裂隙率)表明了多孔介质中能够被流体占据的空间大小,渗透性(渗透系数)表明了流体通过多孔介质的能力,但是两者并不成正比的关系。岩石的水理性质,明显是受岩石所含孔隙的性质控制,并且与岩石孔隙中水存在的形式密切相关。一般来说,对于松散的沉积物,透水性好,则给水性也好。颗粒直径越大,孔隙越大,给水性相对越好,透水性越强,持水性就越弱;反之,颗粒直径越小,孔隙越小,持水性相对越好,给水性和透水性就越弱。

需要指出的是,以上所介绍的都是常温、常压下岩石的水理性质,对于高温、高压下并不适用。例如,在地壳深部,随着温度和压力的剧增,岩石孔隙中的结合水脱出,此时如果仍然采用重力给水度衡量岩石的给水量,结果将不准确。

# 第四节 岩石工程地质分级与分类

## 一、工程岩体分级目的

### (一)岩体的概念

所谓岩体是指地质时代相同或不同的岩石和经成岩作用,构造运动,以及风化、地下水等次生作用而产生于岩石中的结构面组合而成的整体。岩体在自然状态下经历了漫长的地质作用过程,形成的具有一定方向、延展较大、厚度较小的二维地质界面,如,褶皱、断层、节理、劈理等,均称为结构面。工程上通常把力学强度明显低于围岩的结构面称为软弱结构面。

岩石和岩体是描述岩石的两个不同概念,它们既相互联系,同时又有较大的区别。具体区别为:

①岩石是指由一种或多种矿物组成的集合体,其物理力学性质与组成该岩石的矿物成分及其含量、岩石结构和构造特征有密切关系。岩体是指在一定工程范围内的自然地质体。岩体结构的基本要素包括结构面和结构体。②岩体赋存于一定地质环境之中,地应力、地温、地下水等因素对其物理力学性质有很大影响,具有显著的非均质性和各向异性。而岩石试件只是为试验室试验而加工的岩块,已完全脱离了原有的地质环境。③岩体是地质体的一部分,是由处于一定地质环境中的具有各种岩性和结构特征的岩石所组成的集合体,可以看成是由结构面及其所包围的结构体共同组成的。岩体强度远远低于岩石强度,岩体变形远远大于岩石本身,岩体的渗透性远远大于岩石的渗透性。

### (二)工程岩体分级的目的及方法

工程岩体分级的目的主要是为了在工程建设的各个阶段,能够正确、及时地评价工程岩体的稳定性。从工程实际要求进行分级,根据其特性,结合试验提出相应的设计计算指标或参数,以便使工程建设达到经济、合理、安全的目的。通过分类可以概括地反映各类工程岩体的质量好坏,预测可能出现的岩体力学问题,为工程设计、支护衬砌、建筑物选型和施工方法选择等提供参数和依据。同时,也为岩石工程建设的勘察、设计、施工和编制定额提供必要的基本依据,是经济合理地进行岩体开挖和加固支护设计、快速安全施工以及建(构)筑物安全运行必不可少的条件。

岩石分级方法早在 1774 年就由欧洲人罗曼提出来了。他首先对石灰岩做了系统分类。后来,18 世纪末俄国人维尔涅尔又将岩石定性地分成五类:松软岩、软岩、裂隙破碎岩、次坚硬岩和坚硬岩。而真正把岩石分级同工程联系起来还是从 19 世纪后期才开始。20 世纪 50 年代以后,岩体分级促进了工程建设的发展,越来越受到重视,从而加快了发展的步伐,取得了重大进展。据统计,迄今为止,各种各样的岩体分级方法已有百余种之多。如何正确认识和选取合理的分级方法,是人们普遍关注的问题。

任何一种岩体分级方法都是为了一定的目的而服务的,因此它必然存在一定的局限性。总体上来说,按照用途可将岩体工程分级分为通用和专用两种类型。前者是一种针对性较小的、原则性的、大致的分级;后者是针对某一学科领域、某一个具体工程或某一工程的具体部位岩体的特殊要求,或专为某种工程目的服务而专门编制的分级。例如用于锚杆支护的围岩分级、地铁岩层分级、坝基岩体分级等。

## 二、工程岩体分级的代表性方案

岩体的工程分级是工程地质学中一个重要的研究课题。岩体分级经历了由岩石分级向岩体分级的转变、从单指标岩体分级(如,美国的迪尔等人 1967 年提出的岩石质量指标 RQD 分类、岩体的弹性波速及完整性指数等)到多指标综合分级、从定性到定量分级的研究过程。

作为工程设计用的工程岩体分级一般应尽量满足如下要求:
①形式简单,含义明确,便于实际应用,一般以五六级为宜;②分级参数要包括影响工程岩体稳定性的主要参数,它们的指标应能在现场或室内快速、简便地获取;③评价标准应尽量科学化、定量化和简明实用。

目前,国内外有关岩体工程分类方法很多,有定性的,也有定量的分类,分类原则和考虑的因素也不尽相同。随着大跨度地下空间的开发建设和工程经验的积累,工程岩体分级方法仍需要进一步研究与发展。

# 第四章
# 水准测绘、角度和距离测量

## 第一节　水准测绘

测定地面点高程位置的工作称为高程测量。由于使用的仪器、施测的方法及达到的精度不同,高程测量可有多种。其中水准测量是高程测量中精度最高的一种方法,被广泛地应用于高程控制测量和水利水电工程测量中。

### 一、水准测量的原理

水准测量是利用能提供一条水平视线的仪器,配合水准尺测定出地面两点间的高差,由已知一点高程推算另外一点高程的一种方法。

图 4-1 中,已知 $A$ 点的高程为 $H_A$,要测定 $B$ 点的高程 $H_B$,在 $A$、$B$ 两点间安置一架能够提供水平视线的仪器,并在 $A$、$B$ 两点上分别竖立水准尺,利用水平视线读出 $A$ 点尺上的读数 $a$ 及 $B$ 点尺上的读数 6,由图可知 $A$、$B$ 两点间高差为

$$h_{AB} = a - b \tag{4-1}$$

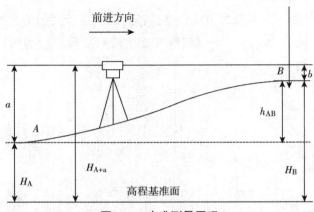

图 4-1　水准测量原理

测量是由已知点向未知点方向进行观测,设 $A$ 点为已知点,则 $A$ 点为后视点,$a$ 为后视读数;$B$ 点即为前视点,$b$ 为前视读数,$h_{AB}$ 未知点 $B$ 对于已知点 $A$ 的高差,或称由 $A$ 点到 $B$ 点的高差,它总是等于后视读数减去前视读数。当高差为正时,表明 $B$ 点高于 $A$ 点,反之则 $B$ 点低于 $A$ 点。计算高程的方法有两种:

(1)由高差计算高程,即

$$H_B = H_A + h_{AB} \tag{4-2}$$

(2)由仪器的视线高程计算未知点高程。由图 4-1 可知,$A$ 点的高程加后视读数就是仪器的视线高程,用表示,即

$$H_i = H_A + a \tag{4-3}$$

由此可求出 $B$ 点的高程为

$$H_B = H_i - b \tag{4-4}$$

这种计算方法也称视线高法,在工程测量中应用较为广泛。

## 二、水准测量仪器和工具的构造及使用

水准仪是能够为水准测量提供一条水平视线的仪器。

### (一)DS$_3$ 型水准仪的构造

我国对水准仪按其精度从高到低分为 DS$_{05}$、DS$_1$、DS$_3$ 和 DS$_{10}$ 四个等级。"D"表示大地测量,"S"表示水准仪,0.5、1、3、10 分别表示其精度。各等级水准仪的技术参数见本书,本节主要介绍 DS3 型水准仪(图 4-2)。

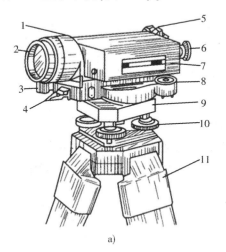
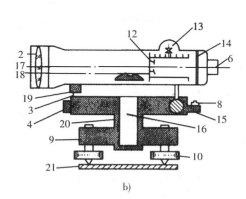

a)                                    b)

**图 4-2 DS$_3$ 型水准仪**

a)外形图;b)构造图

1—准星;2—物镜;3—微动螺旋;4—制动螺旋;5—缺口;6—目镜;7—水准管;8—圆水准器;9—基座;10—脚螺旋;11—三脚架;12—对光透镜;13—对光螺旋;14—十字丝分划板;15—微倾螺旋;16—竖轴;17—视准轴;18—水准管轴;19—撤倾轴;20—轴套;21—底板

DS$_3$型水准仪由望远镜、水准器及基座三个主要部分组成。仪器通过基座与三脚架连接,支承在三脚架上。基座上的三个脚螺旋与目镜左下方的圆水准器,用以粗略整平仪器。望远镜旁装有一个管水准器,转动望远镜微倾螺旋,可使望远镜做微小的俯仰运动,管水准器也随之俯仰,使管水准器的气泡居中,此时望远镜视线严格水平。水准仪在水平方向的转动,是由水平制动螺旋和微动螺旋控制的。

望远镜由物镜、对光透镜、十字丝分划板和目镜等部分组成。如图4-3所示,根据几何光学原理可知,目标经过物镜及对光透镜的作用,在十字丝分划板附近成一倒立实像,由于目标离望远镜的远近不同,转动对光螺旋使对光透镜在镜筒内前后移动,可使其实像恰好落在十字丝平面上,再通过目镜将倒立的实像和十字丝同时放大,这时倒立的实像成为倒立而放大的虚像。其放大的虚像与用眼睛直接看到目标大小的比值,即为望远镜的放大率$V$。国产DS$_3$型水准仪望远镜的放大率一般约为30倍。

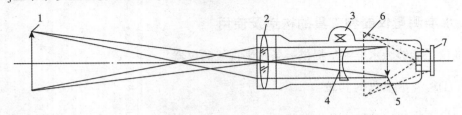

**图4-3 望远镜的构造**

1—目标;2—物镜;3—对光螺旋;4—对光凹透镜;5—倒立实像;

6—放大虚像;7—目镜

十字丝是用以瞄准目标和读数的,其形式一般如图4-4所示。其中十字丝的交点与物镜光心的中央连线,称为望远镜的视准轴(CC),它是用以瞄准和读数的视线。望远镜的作用一是提供一条瞄准目标的视线;二是将远处的目标放大,提高瞄准和读数的精度。而与十字线横丝等距平行的两条短丝称为视距丝,可用其测定距离。上述望远镜是利用对光凹透镜的移动来对光的,称为内对光式望远镜;另有一种老式的望远镜是借助物镜对光时,使镜筒伸长或缩短成像,称为外对光式望远镜。外对光式望远镜密封性较差,灰尘湿气易进入镜筒内,而内对光式望远镜恰好克服了这些缺点,所以目前测量仪器大多采用内对光式望远镜。

**(二)水准仪的安置和使用**

**1.安置与粗平**

选好测站,打开三脚架,将三脚架插入土中,在光滑地面使脚架不致打滑,并使架头大致水平。利用连接螺旋将水准仪与三脚架连接,然后旋转脚螺旋使圆水准器的气泡居中,其方法如图4-4a所示,气泡不在圆水准器的中心而在1点位置,这表明脚螺旋A侧偏高,因为气泡是随着左手拇指转动的方向而移动,此时可用双手按箭头所指的方向对向旋转脚螺旋 A 和 B,即降低脚螺旋 A,升高脚螺旋 B,气泡便向脚螺旋 B 方向移动,移动到 2 点位置时为止,再旋转脚螺旋 C,如图 4-4b 所示,使气泡从 2 点移到圆水准器的中心,这时仪器的竖轴大致竖直,亦即视线大致水平。

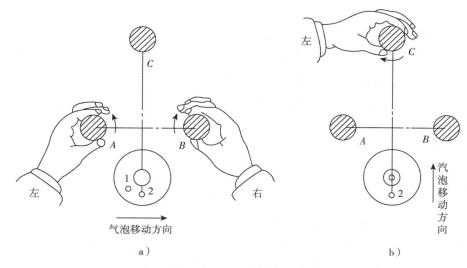

**图 4-4 圆水准器的整平**

a)气泡水平移动图;b)气泡垂直移动图

2.瞄准

当仪器粗略整平后,松开望远镜的制动螺旋,利用望远镜筒上的缺口和准星概略地瞄准水准尺,拧紧制动螺旋。然后转动目镜调节螺旋,使十字丝呈像清晰,再转动物镜对光螺旋,使水准尺的分划呈像清晰,对光工作完成。这时如发现十字丝纵丝偏离水准尺,则可利用微动螺旋使十字丝纵丝对准水准尺,如图 4-5 所示。

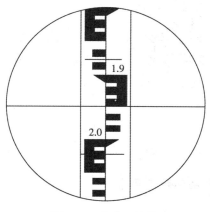

**图 4-5 水准尺读数**

### 3.消除视差

在读数前,如果眼睛在目镜端上下晃动,则十字丝交点在水准尺上的读数也随之变动,这种现象称为十字丝视差。产生十字丝视差的原因是:由于目镜调焦不仔细或物镜调镜不仔细形成的,有时两者同时存在。

### 4.精平和读数

转动微倾螺旋使水准管的气泡像吻合,其左半像的上下移动与右手拇指转动螺旋的方向一致。然后立即利用十字丝横丝读取尺上读数。因为水准仪的望远镜一般是倒像,所以水准尺倒写的数字从望远镜中看到的是正写的数字,同时看到尺上刻画的注记是由上向下递增的,因此,读数应由上向下读,即由小到大,在图4-5中,从望远镜中读得数为1.948m。

## 三、普通水准测量

### (一)水准点

水准点是用水准测量的方法求得其高程的地面标志点。为了将水准测量成果加以固定,必须在地面上设置水准点。水准点可根据需要,设置成永久性水准点和临时性水准点。永久性水准点可造标埋石,如图4-6a所示,临时性水准点可用地表突出的岩石或建筑物基石,也可用木桩作为其标志,如图4-6b所示,桩顶打一小钉且用红油漆圈点。通常以"BM"代表水准点,并编号注记于桩点上。为了便于寻找和使用,可在其周围醒目处予以标记,或在桩上固定一明显标志,这些标记和标志称"点之记",并绘出草图。

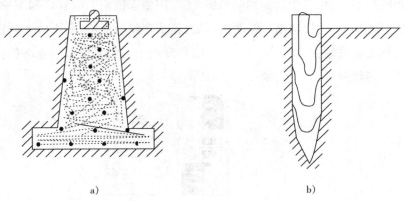

a)                       b)

**图4-6 水准点**

a)永久性水准点;b)临时性水准点

### (二)水准测量的校核方法和精度要求

在水准测量中,测得的高差总是不可避免地含有误差。为了使测量成果不存在错误及符合精度要求,必须采取相应的措施进行校核。

**1.改变仪器高法(适用于单面水准尺)**

即在每个测站上,测出两点间高差后,重新安置(升高或降低仪器 10cm 以上)再测一次,两次测得高差不符值应在允许范围内。对于城市和工程测量中的水准测量,两次高差不符值的绝对值最大不超过 5mm,否则应重测。

**2.两台仪器同侧观测**

此法同样适用于单面尺,两台仪器所测相同两点间的高差不符值也不得超过 5mm。

**3.双面尺法**

采用红、黑两面尺观测,由于同一根尺两面注记相差一个常数,这样在一个测站上对每个测点既读取黑面读数,又读取红面读数,据此校核红、黑面读数之差。由红、黑面测得高差之差也应在 5mm 内。采用双面尺法不必改变仪器高,也不必用两台仪器同时观测,从而节约了时间,提高了工效。

测站校核可以校核本测站的测量成果是否符合要求,但整个路线测量成果是否符合要求,甚至有错,则不能判定。例如,假设迁站后,转点位置发生移动,这时测站成果虽符合要求,但整个路线测量成果都存在差错,因此,还需要进行路线校核。

## 四、自动安平水准仪与电子水准仪

### (一)自动安平水准仪

用普通水准仪进行水准测量,必须使水准管气泡严格居中才能读数,这种手动操作费时较多,为了提高工效,研制生产了一种称为自动安平水准仪的仪器。使用这种仪器只要将圆水准器气泡居中,就可直接利用十字丝进行读数,从而加快了测量速度。图 4-7a 是我国 DSZ$_3$ 型自动安平水准仪的外形,图 4-7b 是它的构造图。

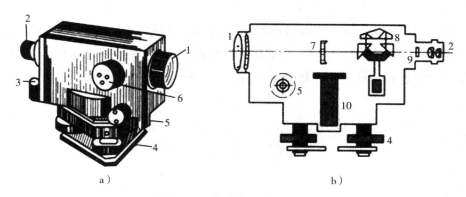

a)                              b)

**图 4-7  自动安平水准仪**

a)外形图;b)构造图

1—物镜;2—目镜;3—圆水准器;4—脚螺旋;5—微动螺旋;6—对光螺旋;

7—调教透镜;8—补偿器;9—十字丝分划板;10—竖轴

## (二)电子水准仪

电子水准仪也称数字水准仪,1990 年威特公司研制出了世界上第一台 NA2000 数字水准仪,使水准测量自动化得以实现。目前,我国从国外引进了不同型号和不同精度的数字水准仪,常见的有 NA2000、NA2002、NA3003。现以 NA2000 为例,简要介绍其结构、自动读数原理、特点和精度。

### 1.仪器的结构和自动读数原理

如图 4-8 所示,数字水准仪 NA2000 具有与传统水准仪相同的光学和机械结构,实际上就是采用 WildNA24 自动安平水准仪的光学机械部分。与数字水准仪配套的水准标尺一面具有用于电子读数的条码尺,另一面有用于目视观测的常规 E 型分划线。标尺总长 4.05m,由三节 1.35m 长的短尺插接而成。

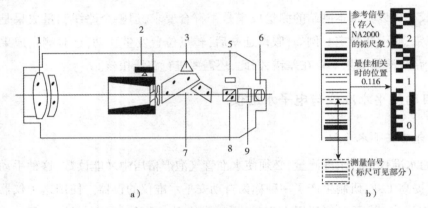

图 4-8  NA2000 结构及读数原理

a)结构图;b)读数与视距原理图

1—物镜;2—测焦发送器;3—补撑器监视;4—测焦透镜;5—探测镜;6—圆镜;7—补偿器;8—分光镜;9—分划板

NA2000 水准仪利用电子工程学原理,进行自动观测和记录。作业员只要粗略整平仪器,将望远镜对准标尺并调焦,然后按下相关的按键,探测器就将采集到的标尺编码光讯号转换成电信号(测量信号),与仪器内部存储的标尺编码信号(参数信号)相比较,若两信号相同,即处于最佳相关位置,则水准读数和视距就可以确定,并在屏幕上显示。为了缩短比较时间,仪器内部有调焦镜移动量传感器采集调焦的移动量,由此可算出概略视距,再对采集到的标尺编码电信号的"宽窄"进行缩放,使其接近仪器内部存储的信号的"宽窄",这是粗相关或粗优化过程。然后进行二维相关,称精优化,由此在短时间内确定结果。这种比较、确定、显示过程只需几秒钟就可完成。图 4-8a 为 NA2000 型电子水准仪的结构图,图 4-8b 为标尺读数与视距原理图。

### 2.仪器的特点和精度

该仪器如同自动安平水准仪,操作使用简单,易于掌握。其最大的优点是具有许多软件可供采用,通过阅读使用手册和实际操作,充分应用仪器的内在功能设施,实现自动化观测,提高测量工效。

## 五、水准测量误差及精度分析

### (一)误差来源及减弱方法

水准测量误差主要由仪器误差、观测误差和外界条件的影响而产生。现对主要误差进行分析论证,以求在测量过程中避免和减弱此类误差的影响。

1.仪器误差

(1)仪器校正不完善的误差。

无论是新购或已使用过的水准仪,在使用前都要经过严格检验校正,使其满足使用要求,尽管仪器经过校正,但还会存在一些残余误差,其中主要是水准管轴不平行于视准轴的误差。观测时,只要将仪器安置于距前、后视尺等距离处,就可消除这项误差。

(2)对光误差。

由于仪器制造加工不够完善,当转动对光螺旋调焦时,对光透镜产生非直线移动而改变视线位置,产生对光误差,即调焦误差。这项误差,仪器安置于距前、后视尺等距离处,后视完毕转向前视,不必重新对光,就可得到消除。

(3)水准尺误差。

包括刻画不均匀、尺长变化、尺面弯曲和尺底零点不准确等误差。观测前应对水准尺进行检验;尺子的零点误差,使测站数为偶数时即可消除。

2.观测误差

(1)整平误差。

利用符合水准器整平仪器的误差约为$\pm0.075\tau$,若仪器至水准尺的距离为D,则在读数上引起的误差为

$$m_{平} = \frac{0.075\tau}{\rho}D \qquad\qquad (4-5)$$

式中

$$\rho = 206265''$$

由式(4-5)可知,整平误差与水准管分划值及视线长度成正比。若以 DS$_3$ 型水准仪($\tau''$ = 20″/2mm)进行水准测量,视线长 $D = 100$m 时,$m_{平} = 0.73$mm。因此,在观测时必须切实使符合气泡居中,视线不能太长,后视完毕转向前视,要注意气泡居中才能读数。此外在晴天观测,必须打伞保护仪器,特别要注意保护水准管。

(2)照准误差。

人眼的分辨力,在视角小于1′时,就不能分辨尺上的两点,若用放大倍率为 $V$ 的望远镜照准水准尺,则照准精度为60″/$V$,由此照准距水准仪 D 处水准尺的照准误差为

$$m_{照} = \frac{60''}{V_{\rho}''}D \tag{4-6}$$

当 $V = 30, D = 100\text{m}$ 时，$m_{照} = +0.97\text{mm}$。

（3）估读误差。

估读误差是在区格式厘米分划的水准尺上估读毫米产生的误差。它与十字丝的粗细、望远镜放大倍率和视线长度有关，在一般水准测量中，当视线长度为 100m 时，估读误差约为 ±1.5mm。

3.外界条件的影响

由于误差产生的随机性，其综合影响将会相互抵消一部分。在一般情况下，观测误差是主要误差，在一定的条件下，观测者要掌握误差产生的规律，采取相应的措施，尽可能消除或减弱各种误差的影响，以提高测量精度。

（二）水准测量的精度分析

1.在水准尺上读一个数的中误差

影响水准尺上读数的因素很多，其中产生较大影响的有：整平误差、照准误差及估读误差。等外水准测量若用 DS$_3$ 水准仪施测，其望远镜的放大倍率不应小于 30 倍，符合水准器水准管分划值为 20″/2mm，视距不超过 100m 时，即

$$m_{平} = \pm\frac{0.075\tau''}{\rho''}D = \pm 0.7(\text{mm})$$

2.一个测站高差的中误差

一个测站上测得的高差等于后视读数减前视读数，根据第一章中等精度和差函数的公式，一个测站的高差中误差为 $m_{站} = \pm m_{读}\sqrt{2}$，以 $m_{读} = \pm 1.9\text{mm}$ 代入，得

$$m_{站} = \pm 2.7\text{mm}$$

$$\pm 3.0\text{mm}$$

3.水准路线的高差中误差及允许误差

设在两点间进行水准测量，共测了 $n$ 个测站，求得高差为

$$h = h_1 + h_2 + \cdots + h_n \tag{4-7}$$

# 第二节　角度测量

角度测量是测量工作的基本内容（三大要素）之一，它包括水平角测量和竖直角测量。

## 一、角度测量原理

### （一）水平角测量原理

地面上两相交直线之间的夹角在水平面上的投影，称为水平角。如图 4-9 所示，在地面

上有 $A$、$O$、$B$ 三点。其高程不同,倾斜线 $OA$ 和 $OB$ 所夹的角 $AOB$ 是倾斜面上的角。如果通过倾斜线 $OA$、$OB$ 分别做竖直面,与水平面相交,其交线 $oa$ 与 $ob$ 所构成的 $\angle aob$,就是水平角,以 $\beta$ 表示,其角值范围在 $0° \sim 360°$ 内。

若在角顶 $O$ 点的铅垂线上,水平放置一带有顺时针刻画的圆盘,使圆盘中心在此铅垂线内,通过 $OA$ 和 $OB$ 的两竖直面在圆盘上截取读数为 $a$ 和 $b$,则水平角

$$\beta = b - a \tag{4-8}$$

(二)竖直角测量原理

竖直角是在同一竖直面内倾斜视线与水平线间的夹角,以 $\alpha$ 来表示,其角值范围在 $0° \sim 90°$ 间,倾斜视线在水平视线上方的为仰角,取正号,在水平视线下方的为俯角,取负号(图 4-9)。水平角是瞄准两个方向在水平度盘上的两读数之差,同理,测量竖直角则是在同一竖直面内倾斜视线与水平线在竖直度盘上两读数之差。

由上可知,测量水平角和竖直角的仪器必须具有两个带刻画的圆盘,一圆盘的中心必须能处于角顶点的铅垂线上,且能水平放置,望远镜不仅能在水平方向带动一读数指标转动,在水平圆盘上指示读数,而且可以在竖直面内转动,瞄准不同高度的目标,读取竖盘上的不同方向读数。经纬仪就是基于上述原理设计制造的。

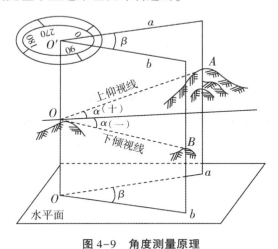

图 4-9　角度测量原理

## 二、DJ$_6$ 级光学经纬仪

我国对经纬仪按精度从高到低分为 DJ$_{07}$、DJ$_1$、DJ$_2$、DJ$_6$ 和 DJ$_{15}$ 五个等级。"D"表示大地测量,"J"代表经纬仪,07、1、2、6、15 代表测量精度,在城市和工程测量中,一般多使用 DJ$_6$ 和

$DJ_2$级光学经纬仪。

### （一）$DJ_6$级光学经纬仪的构造

$DJ_6$级光学经纬仪由照准部、水平度盘和基座三大部分组成，图4-10是其外形。现将这三大部分的构造及其作用说明如下：

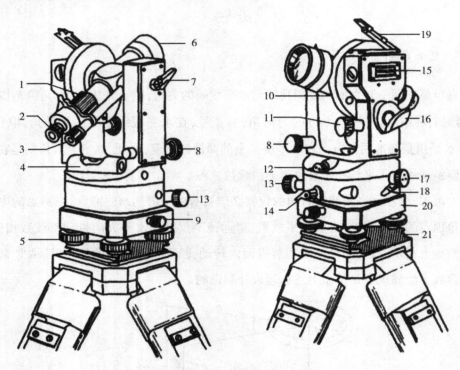

图4-10　$DJ_6$级光学经纬仪

1—对光螺旋；2—目镜；3-读数显微镜；4—照准部水准管；5-脚螺旋；6—望远镜物镜；7—望远镜制动螺旋；

8—望远镜微动螺旋；9—中心锁紧螺旋；10—竖直度盘；11—竖直指标水准管螺旋；12—光学对点器目镜；

13—水平微动螺旋；14—水平制动螺旋；15—竖盘指标水准管；16—反光镜；17—度盘变换手轮；18—保险手柄；

19—竖盘指标水准管反光镜；20—基座；21—托板

1.照准部

照准部由望远镜、横轴、竖直度盘、读数显微镜、照准部水准管和竖轴等部分组成。

（1）望远镜。

望远镜用来照准目标，它固定在横轴上，绕横轴而俯仰，可利用望远镜制动螺旋和微动螺旋控制其俯仰运动。

（2）横轴。

横轴是望远镜俯仰转动的旋转轴,由左右两支架所支承。

（3）竖直度盘。

竖直度盘用光学玻璃制成,用来测量竖直角。

（4）读数显微镜。

读数显微镜用来读取水平度盘和竖直度盘的读数。

（5）照准部水准管。

照准部水准管用来置平仪器,使水平度盘处于水平位置。

（6）竖轴。

竖轴插入水平度盘的轴套中,可使照准部在水平方向转动。

2.水平度盘部分

（1）水平度盘。

它是用光学玻璃制成的圆盘。在度盘上按顺时针方向刻有 0°~360° 的分划,用来测量水平角。在度盘的外壳附有照准部制动螺旋和微动螺旋,用来控制照准部与水平度盘的相对转动。当拧紧制动螺旋,照准部与水平度盘连接,这时如转动微动螺旋,则照准部相对于水平度盘做微小的转动;若松开制动螺旋,则照准部绕水平度盘而旋转。

（2）水平度盘转动的控制装置。

测角时水平度盘是不动的,这样照准部转至不同位置,可以在水平度盘上读取不同的方向值。但有时需要设定水平度盘在某一位置,就要转动水平度盘。控制水平度盘转动的装置有两种:一是位置变动手轮,它又有两种形式。二是复测装置。

3.基座

基座是用来支承整个仪器的底座,用中心螺旋与三脚架相连接。基座上备有三个脚螺旋,转动脚螺旋,可使照准部水准管气泡居中,从而使水平度盘处于水平位置,亦即仪器的竖轴处于铅垂状态。

（二）读数装置与读数方法

$DJ_6$ 级光学经纬仪的读数装置可分为分微尺测微器和单平行玻璃测微器两种,其中以前者居多。

### 三、$DJ_2$ 级光学经纬仪

图 4-11 是我国苏州第一光学仪器厂生产的 $DJ_2$ 级光学经纬仪,其构造与 $DJ_6$ 级基本相同,但读数装置和读数方法有所不同。

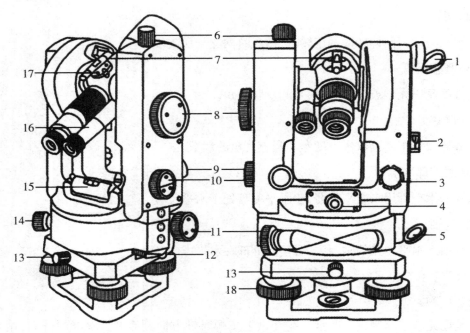

**图 4-11　DJ₂级光学经纬仪**

1—竖盘反光镜;2—竖盘指标水准管观察镜;3—竖盘指标水准管微动螺旋;4—光学对点器目镜;

5—水平度盘反光镜;6—望远镜制动螺旋;7—光学瞄准器;8—测微手轮;9—望远镜微动螺旋;10—换像手轮;

11—水平制动螺旋;12—水平度盘变换手轮;13—中心锁紧螺旋;14—水平制动螺旋;15—照准部水准管;

16—读数显微镜;17—望远镜反光扳手轮;18—脚螺旋

## (一)读数装置

在 DJ₂级光学经纬仪的读数显微镜中,水平度盘和竖直度盘的像不能同时显现,为此,要用换像手轮(图 4-11 中的 10)和各自的反光镜(图 4-11 中的 1、5)进行像的转换。

打开水平度盘反光镜 5,转动换像手轮,使轮面的指标线(白色)成水平时,读数显微镜内观察到水平度盘的像。打开竖盘反光镜 1,转动换像手轮,当指标线在竖直位置时,读数显微镜内看到竖直度盘的像。

读数装置采用对径符合数字读数设备。它是将度盘上相对 180°的分划线,经过一系列棱镜和透镜的反射和折射,显现在读数显微镜内,并用对径符合和光学测微器,直接读取对径相差 180°位置两个读数的平均值,以消除度盘偏心所产生的误差,提高测角精度。如图 4-12a 所示,读数窗中右上窗显示度盘的度值及 10′的整倍数值,左边小窗为测微尺,用以读取 10′以下的分、秒值,共分 600 格,每格 1″,估读 0.1″。左边的注字为分值,右边注字为 10″的倍数值,右下窗为对径分划线的像。

## (二)读数方法

读数前首先运用换像手轮和相应的反光镜,使读数显微镜中显示需要读数的度盘像,如图 4-12a 所示为水平度盘的像。读数时,转动测微手轮(图 4-11 中的 8)使右下窗中的对径分划线重合,如图 4-12b 和图 4-12c 所示,而后读取上窗中的度值和窗内小框中 10′ 的倍数值,再读取测微尺上小于 10′ 的分值和秒值,两者相加而得整个读数。

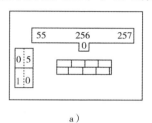
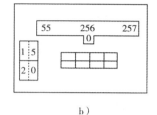
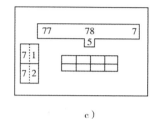

a)                          b)                          c)

**图 4-12    DJ₂ 级光学经纬仪的读数**

a)读数窗;b)水平度盘读数;c)竖直度盘读数

## 四、电子经纬仪

电子经纬仪是国外在 20 世纪 80 年代生产的一种用光电测角代替光学测角的新型经纬仪。以它为主体,可测定水平角、竖直角、水平距和高差。目前,在生产中普遍使用的集电子经纬仪、光电测距仪和微电脑于一体的"电子全站仪",已代替了单体式的电子经纬仪。故本节主要介绍其测角系统和测角原理。

电子经纬仪具有光学经纬仪类似的结构特征,测角的方法步骤与光学经纬仪基本相似,最主要的不同点在于读数系统——光电测角。电子经纬仪采用的光电测角方法有三类:编码度盘测角、光栅度盘测角及近年来又出现的动态测角系统。动态测角系统是一种较好的测角系统。

动态测角是通过操作键盘上的指令,由中央处理器传给角处理器,于是相应的度盘开始转动,达到规定转速就开始进行粗测和精测并做出处理,若满足所有要求,粗测、精测结果就会被合并成完整的观测结果,并送到中央处理器,由液晶显示器显示或按要求贮存于数据终端。

为了消除度盘偏心的影响,T2000 度盘对径位置的两端,各安置一个光栅,所以度盘上实际配置两个固定光栅和两个可动光栅,同时从度盘整个圆周上每个间隔获得观测值,取平均值。全圆划分如此多的间隔,以便消除度盘刻画误差和度盘偏心差,从而提高了测角精度,水平角和竖直角都可达到一测回的方向中误差在 ±0.5″ 之内。

## 四、水平角测量

### (一)经纬仪的安置

测量水平角时,要将经纬仪安置于测站上,因此,经纬仪的安置有对中和整平两项工作,现分述如下:

1.对中

对中的目的是使度盘中心与测站点在同一铅垂线上。其方法是首先将三脚架安置在测站上,使架头大致水平,高度适中,然后将经纬仪安放到三脚架上,用中心螺旋连接并拧紧,此后挂上垂球。垂球若偏离测站点较大,可平移三脚架使垂球对准测站点,如果垂球偏离测站较小,可略松中心螺旋。对中误差一般应小于2mm。在对中时应注意:架头应大致水平,以免导致整平发生困难,架腿应牢固插入土中,否则,仪器会处于不稳定状态,在观测过程中,对中和整平都会随时发生变化。

当经纬仪有光学对点器时,可先用垂球大致对中、整平仪器后,取下垂球,略松中心螺旋,双手扶住基座使其在架头移动,同时在光学对点器的目镜中观察,直至看到测站点的点位落在对点器的圆圈中央。由于对中与整平互相影响,故应再整平仪器,再观察,直至对中、整平同时满足要求为止,最后将中心螺旋拧紧。

2.整平

整平的目的是使水平度盘处于水平位置,仪器的竖袖处于铅垂位置。其方法是首先松开照准部的制动螺旋,使照准部水准管与一对脚螺旋的连线平行,如图4-13a所示,两手同时向内或向外旋转该对脚螺旋,令水准管气泡居中(气泡移动的方向与左手大拇指的转动方向一致)。然后将照准部旋转90°,使水准管与前一位置相垂直,旋转第三个脚螺旋,如图4-13b所示,使气泡居中。这样反复几次,直至水准管的气泡在任何位置都能居中为止,气泡若有偏离中心的情况出现,一般不应大于半格。

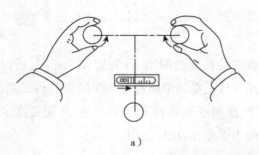

a)                                                                    b)

**图4-13　经纬仪整平方法**

a)左右整平;b)前后整平

（二）水平角测量方法

测量水平角的方法有多种,可根据所使用的仪器和要求的精度而定。常用方向观测法（全圆测回法）。现以 DJ$_6$ 级光学经纬仪为例,叙述其测量的基本方法。

1.测回法

测回法用于两个方向的单角测量,表示水平度盘和观测目标的水平投影（图 4-14）。

用测回法测量水平角 AOB 的操作步骤如下:

（1）将经纬仪安置在测站点 O 上,进行对中和整平。

（2）令望远镜在盘左位置,旋转照准部,瞄准左方起始目标 A。瞄准时应用竖丝的双丝夹住目标,或单丝平分目标,并尽可能瞄准目标的基部,如图 4-15 所示。

（3）拨动度盘变换手轮,令水平度盘读数略大于 0°（如 0°02′00″）盖好护盖,之后应察看瞄准的目标有无变动,如有变动,重新瞄准,此时,将实际读数记入表中。本例未出现手轮护盖带动目标偏移现象。

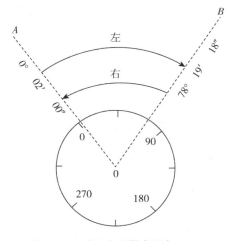

图 4-14　测回法测量水平角

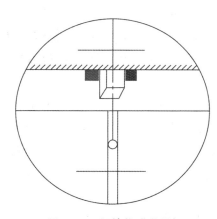

图 4-15　经纬仪瞄准目标

（4）松开制动螺旋,顺时针旋转照准部,瞄准右方目标 B。

2.方向观测法

在一个测站上观测的方向多于 2 个时,则采用方向观测法较为方便准确。本例以图 4-16说明方向观测法的观测、记录及计算步骤。

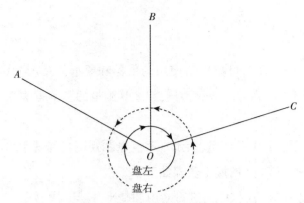

**图 4-16  全圆测回法测量水平角**

（1）上半测回观测。

将经纬仪安置在测站点 O 上，令度盘读数略大于 0°，以盘左位置瞄准起始方向 A 点后，按顺时针方向依次瞄准 B、C 点，最后又瞄准 A 点，称为归零。在半测回中两次瞄准起始方向 A 的读数差，一般不得大于 18″，如超过应重测。

（2）下半测回观测。

倒转望远镜，以盘右位置瞄准 A 点，按反时针方向依次瞄准 C、B 点，最后又瞄准 A 点，即测完下半测回。

上、下两个半测回称为一个测回。为了提高精度，通常要测若干测回，为了削弱水平度盘刻画误差的影响，仍按 180°变换度盘。

（3）2C 的计算。

C 为照准误差，2C 等于同一目标的盘左读数减去盘右读数±180°之差，其变动范围一般在 60″内，若超限，可检查重点方向，直到符合要求为止。

（4）计算盘左、盘右观测值的平均值。

将同方向盘左、盘右读数取平均值（盘右读数应±180°），记在第 6 栏内。

（5）计算归零方向值。

即以 0°00′00″为起始方向的方向值，计算其余各个目标的方向。由于起始方向有两个数值，取其平均值作为起始点的方向值，数值即为 A 方向的平均值 0°02′10″。即减去 A 方向平均值，B 及 C 的归零方向值等于其盘左、盘右平均值减去 A 方向的平均值，记入第 7 栏。

（6）计算各测回归零方向平均值和水平角值。

由于观测含有误差，各测回同一方向的归零方向值一般不相等，其差值不得超过 24″，如符合要求，取其平均值即得各测回归零方向平均值。

若一个测站上观测的方向不多于三个，在要求精度一般时，可不做归零校核，即照准部依次瞄准各方向后，不再回归到起始方向，这种观测方法亦称方向观测法。

## 六、角度观测的误差及精度分析

角度测量误差产生的原因有仪器误差和各作业环节中产生的各类误差,为了获得符合要求的成果,必须分析这些误差的来源,采取相应措施消除或减弱它们的影响。

### (一)水平角测量误差

#### 1.仪器误差

经纬仪的主要几何轴线有:视准轴 CC、横轴 HH、水准管轴 LL 和竖轴 VV,它们之间应满足特定的关系,观测前同样要检验校正。因此,仪器误差的来源可分为两方面:一是仪器制造加工不完善的误差,如度盘刻画的误差及度盘偏心差等。前者可采用度盘不同位置进行观测加以削弱;后者采用盘左盘右取平均值予以消除。二是仪器校正不完善的误差,其视准轴不垂直于横轴及横轴不垂直于竖轴的误差,可采用盘左盘右取平均值予以消除。但照准部水准管不垂直于竖轴的误差,用盘左盘右观测取平均值不能消除其影响。因为水准管气泡居中时,水准管轴虽水平,竖轴却与铅垂线间有一夹角 $\theta$(图 4-17),用盘左盘右观测,水平度盘的倾角 $\theta$ 没有变动,俯仰望远镜产生的倾斜面也未变,而且瞄准目标的俯仰角越大,误差影响也越大,因此被观测目标的高差较大时,更应注意整平。

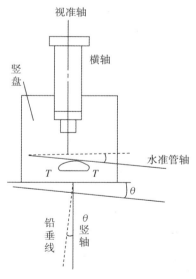

**图 4-17　竖轴倾斜误差**

#### 2.观测误差

(1)整平误差。

观测时仪器未严格整平,竖轴将处于倾斜位置,这种误差与上面分析的水准管轴不垂直于竖轴的误差性质相同。由于这种误差不能采用适当的观测方法加以消除,当观测目标的竖直角越大,其误差影响也越大,故观测目标的高差较大时,应特别注意仪器的整平。

当每测回观测完毕,应重新整平仪器再进行下一个测回的观测。当有太阳时,必须打伞,避免阳光照射水准管,影响仪器的整平。

(2)照准误差。

人眼的分辨力为60″,用放大率为 $V$ 的望远镜观测,则照准目标的误差为

$$m_v = \pm \frac{60''}{V} \qquad (4-9)$$

如 $V = 30$,则照准误差 $m_v = \pm 2''$。且要求观测时应注意消除视差,否则照准误差将更大。

(3)读数误差。

在光学经纬仪按测微器读数,一般可估读至分微尺最小格值的 1/10,若最小格值为 1′,则读数误差可认为是 $\pm 6''$。但读数时应注意消除读数显微镜的视差。

3.外界条件的影响

外界条件的影响是多方面的。如大气中存在温度梯度,视线通过大气中不同的密度层,传播的方向将不是一条直线而是一条曲线,故观测时,对于长边应特别注意选择阴天观测较为有利。此外视线离障碍物应在 1m 以外,否则旁折光会迅速增大。

在晴天由于受到地面辐射热的影响,瞄准目标的像会产生跳动;大气温度的变化导致仪器轴系关系的改变;土质松软或风力的影响,使仪器的稳定性变差。因此,在这些不利的观测条件下,视线应离地面在 1m 以上;观测时必须打伞保护仪器,仪器从箱子里拿出来后,应放置半小时以上,令仪器适应外界温度再开始观测;安置仪器时应将脚架踩实置稳等。设法避免或减小外界条件的影响,才能保证应有的观测精度。

(二)竖直角测量误差

1.仪器误差

仪器误差主要有度盘偏心差及竖盘指标差。在目前仪器制造工艺中,度盘刻画误差是较小的,一般不大于 0.2″ 可忽略不计,竖盘指标差可采用盘左盘右观测取平均值加以消除。度盘偏心差可采用对向观测取平均值加以消减,即由 $A$ 点为测站观测 $B$ 点,又以 $B$ 点为测站观测 $A$ 点。

2.观测误差

观测误差主要有照准误差、读数误差和竖盘指标水准管整平误差。其中前两项误差与水平角测量误差相同,而指标水准管的整平误差,除观测时认真整平外,还应注意打伞保护仪器,切忌仪器局部受热。

3.外界条件的影响

外界条件影响与水平角测量时基本相同,但其中大气折光的影响在水平角测量中产生的是旁折光,在竖直角测量中产生的是垂直折光。在一般情况下,垂直折光远大于旁折光,故在布点时应尽可能避免长边,视线应尽可能离地面高一点(应大于1m),并避免从水面通过,尽可能选择有利时间进行观测,并采用对向观测方法以削弱其影响。

# 第三节 距离测量

水平距离是确定地面点空间相对位置的基本要素之一。距离测量就是测量地面上两点之间的水平距离。距离测量的方法很多,本章重点介绍钢尺量距、视距测量和光电测距仪测距原理。

## 一、钢尺量距

### (一)量距工具

丈量距离的尺子通常有钢尺和皮尺。钢尺量距的精度较高,皮尺量距的精度较低,如图4-18所示。钢尺也称钢卷尺,一般绕在金属架上,或卷放在圆形金属壳内,尺的宽度为10~15mm,厚度约0.4mm,长度有20m、30m、50m等数种。钢尺最小刻画一般为1mm,在整分米和整米处的刻画有注记。按其零点的位置不同,钢尺分端点尺(图4-19)和刻线尺(图4-20)两种。端点尺其前端的端点即为零点,刻线尺其零点位于前端端点向内约10cm处。较精密的钢尺,检定时有规定的温度和拉力。如在尺端刻有"30m,20℃,10kg"字样,这是标明检定该钢尺长度时,当温度为20℃,拉力为10kgf时,其长度为30m。

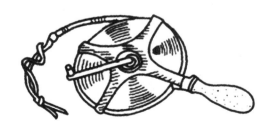

图4-18 钢尺

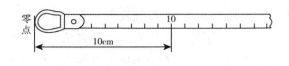

图 4-19　端点尺

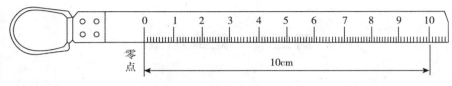

图 4-20　刻线尺

除钢尺外,丈量距离还需要标杆、测钎和垂球等工具。较精密的距离丈量还要用拉力计和温度计。

## (二)直线定线

在距离测量时,当两点间距离较长,或地面起伏大,不便用整尺段丈量,为了测量方便和保证每一尺段都能沿待测直线方向进行,需要在该直线方向上标定出若干个中间点,这项工作称为直线定线。一般量距时用标杆目估法定线,精密量距时用经纬仪定线。

### 1.标杆目估法定线

设需要在 $A$、$B$ 两点间的直线上定出 $1,2,\cdots$,中间点,如图 4-21 所示。先在端点 $A$、$B$ 上竖立标杆,测量员甲站在 $A$ 点标杆 1~2m 处,由 $A$ 标杆边缘瞄向 $B$ 标杆,同时指挥持中间标杆的测量员乙向左或向右移动标杆,直到 $A$、2、$B$ 三个标杆在一条直线上为止,然后用测钎标出 2 点,同法标定其余各点。

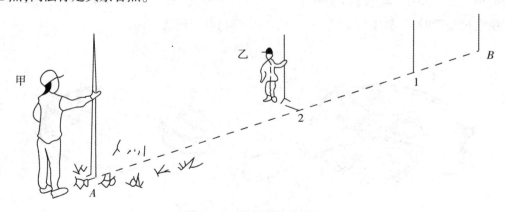

图 4-21　标杆目估定线法

2.经纬仪定线法

如图 4-22 所示,定线时测量员在 A 点安置经纬仪,用望远镜十字丝的竖丝瞄准 B 点测
钎,固定照准部。另一测量员持测钎由 B 走向 A,按照观测员的指挥,将测钎垂直插入由十
字丝交点所指引的方向线上得 1,2,…,中间点。

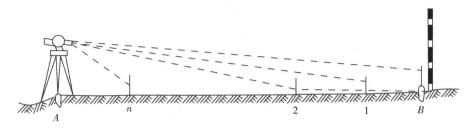

图 4-22　经纬仪定线法

(三)钢尺量距的一般方法

1.平坦地面的距离丈量

平坦地面可沿地面直线丈量水平距离。丈量开始时后尺手持钢尺零点一端,前尺手持
钢尺末端,按定线方向沿地面拉紧拉平钢尺。这时后尺手将钢尺零点对准插在起点的测钎,
口中喊声"好";前尺手将钢尺边缘靠在定线中间点上,将测钎对准钢尺的某个整数注记处竖
直地插在地面上或在地面上做出标志,口中喊声"走";同时记录员将读数记入记录表中。后
尺手就拔起插在起点上的测钎继续前进,丈量第二尺端。如此一尺段一尺段丈量。当丈量
到一条线段的最后一尺段时,后尺手将钢尺的零点对在前尺手最后插下的测钎上,前尺手根
据插在终点上的测钎在钢尺上读数。这条线段的总长等于各尺段距离的总和。为了防止丈
量过程中发生错误和提高距离丈量精度,通常采用往返丈量。距离丈量精度一般采用相对
误差衡量。

2.倾斜地面的距离丈量

若地面坡度变化时,可分段拉平钢尺丈量。为操作方便,可沿标定的方向由高处向低处
丈量。如图 4-23 所示,后尺手将钢尺零端贴在地面,零点对准量测点;前尺手将钢尺抬平
(目估水平),将垂球线对在尺面上的某个整数注记处,并在垂球尖所对的地面点插上测钎。
丈量到终点时,使垂球尖对准终点的标志,读垂球线所对尺面上的读数。由于返测时由低向
高处测较为困难,故可从高处向低处再丈量一次,满足要求的精度后,取两次丈量结果的平
均值作为最后结果。

对于图 4-24 所示的均匀倾斜地面也可沿地面丈量斜距,然后测出起点到终点的高差,
再将斜距化成水平距离。设 AB 两点之间的斜距为高差为 $D'$,则 AB 两点之间的水平距离为
$D = \sqrt{D'^2 - h^2}$。

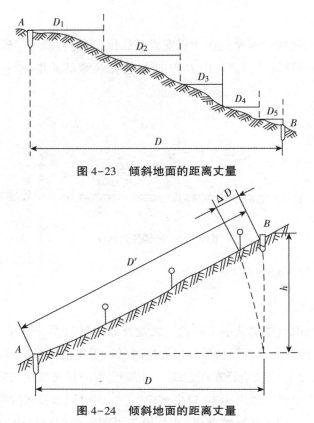

图 4-23 倾斜地面的距离丈量

图 4-24 倾斜地面的距离丈量

应该指出,有时需要进行钢尺的精密量距。钢尺精密量距时,应选用鉴定过的钢尺,带有以鉴定时的拉力、温度为条件的尺长方程式;定线时必须采用经纬仪定线,用拉力计施加鉴定时的拉力,用温度计测定温度。计算丈量结果时,应考虑尺长改正、温度改正、倾斜改正。但由于光电测距仪的出现,精密的距离丈量已很少采用钢尺法,因此本节对钢尺精密量距不再赘述。

## 二、光电测距

钢尺量距是一项十分繁重的野外工作,尤其是在复杂的地形条件下甚至无法进行。视距法测距,虽然操作简便,可以克服某些地形条件的限制,但测程较短,精度较低。为了改善作业条件,扩大测程,提高测距精度和作业效率,随着光电技术的发展,人们又发明了光电测距仪,用它来测定距离。光电测距仪的基本原理是通过测定光波在测线两点之间往返传播的时间 $t$,来确定两点之间的距离 $D$,按下列公式进行计算

$$D = \frac{1}{2}ct \qquad\qquad (4-10)$$

光波在测线中所经历的时间,既可以直接测定,也可间接测定。由上式可知,测定距离的精度,主要取决于测定时间的精度。如果要保证测量距离的精度达到 $\pm 1cm$,时间的测定精

度必须达到 $6.7×10^{-11}s$，这样高的测时精度，在目前的技术条件下是很难达到的。因此对于高精度的测距来说，不能直接测定时间，而是采用间接的测时方法。目前在测量工作中广泛使用的相位式测距仪，就是把距离和时间的关系转化为距离和相位的关系，利用测定光波在测线上的相位移，间接测定时间，从而确定所测的距离。

红外测距仪的应用和发展概况：几十年来，国内外生产的红外测距仪的型号很多，各种测距仪由于其结构不同，操作使用也各不相同。一般情况下，都是将测距仪与经纬仪通过接合器连接在一起，伺时转动，用测距仪测距，经纬仪测角。从 20 世纪 90 年代开始，全站仪的大量生产和使用，已逐步取代了测距仪+经纬仪或其他结构形式的测距仪。

# 第五章
# 数字化测图

数据采集设备采集地形数据输入计算机,由计算机内的成图软件进行处理、编辑,生成各个专业所需要的地图,并控制绘图仪输出可视的图件。在实际工作中,大比例尺数字测图一般指地面数字测图,也称全野外数字测图。本主要介绍全野外地面数字化测图和地图数字化。全野外数字化测图是应用全站型电子速测仪、GPS 等测量仪器在实地采集数据,然后用计算机处理,与绘图仪或打印机联机,自动绘图和打印测量成果,最后将图形数据和属性数据存盘。地图数字化是利用数字化仪对已有图件中的要素进行数字化处理,并按一定的规则输入计算机编辑处理。

## 第一节　概述

### 一、数字化测图概述

数字化测图与传统的测图相比,其原理和本质并无差异。传统的地形测量是利用常规仪器对测区内的各种地物、地貌的几何形状和空间位置进行测定,并按规定的符号,依一定的比例尺缩绘成图。其测量成果是由手工绘制到图纸(或聚酯薄膜)上,被称为白纸测图。

随着科学技术的发展,计算机及各种先进的数据采集和输出设备得到了广泛的应用。这些先进的设备促进了测绘技术向自动化、数字化的方向发展,也促进了地形及其他测量从白纸测图向数字化测图变革,测量的成果不再是绘制在纸上的地图,而是以数字形式存储在计算机中,成为可以传输、处理、共享的数字地图。数字测图是以计算机为核心,在外联输入输出设备的支持下,对地形的相关数据进行采集、输入、编绘成图、输出打印及分类管理的测绘方法。

数字化测图是一种先进的测量方法,与白纸测图相比具有明显的优势,是未来主要的成图方法。其优点如下：

（一）自动化程度高

白纸测图采用的设备及计算方法相对落后,外业进展缓慢,测量绘图工作量较大。数字化测图的野外测量能够自动记录,自动解算、处理、存储、成图,并提供数字化的地图数据。数字化测图的效率高,劳动强度小,错误概率少,绘制的地图精确、规范。

（二）精度高

白纸测图碎部点的位置是由刺绘到图上的点表示的,因此点位精度与测图比例尺有关,测图比例尺决定了白纸测图的精度;另外,图件的质量还与绘制过程中的一些人为因素有关,如,刺点、画线等。数字化测图记录的是观测数据或坐标,在记录、存储、处理、成图的全过程中,数据是自动传输并由计算机处理,不受测图比例尺和绘制过程中人为因素的影响,数字地图能毫无损失体现外业测量精度。

（三）现势性强

白纸测图更新部分区域地形,所涉及的图幅均要重新绘制。数字化测图只需将地形变化了的部分输入计算机,就可将原来相关信息做相应的更新,而未变更部分不需要重新绘制,修测简便,也保证了地图的现势性。数字化测图的这种优势在地形图修测、地籍变更中得到了充分的体现。

（四）整体性强

白纸测图是以一幅图为单位组织施测。全野外数字化测图在测区内不受图幅限制,作业组的任务可按河流、道路的自然分界来划分,也可按街道或街坊来划分,当测区整体控制网建立后,就可以在整个测区内的任何位置进行实测和分组作业,成果可靠性强,精度均匀,在计算机中按要求进行分幅,减少了白纸测图接边的问题。

（五）适用性强

数字化测图是以数字形式储存的 1:1 的数字地图。可以根据用户的需要在一定范围内输出不同比例尺和不同图幅大小的地图,输出各种分层或叠加的专用地图。通过接口,数字地图可以传输给工程 CAD 使用;可供地理信息系统建库使用;可依软件的性能,方便地进行各种处理,完成各项任务;数字化测图既保证了高精度,又提供了数字化信息,可以满足建立各专业管理信息系统的需要。

数字化测图也有不足之处:一是硬件要求高,一次性投入大,成本高;二是野外数据采集时各类编码比较复杂;三是利用全站仪和电子手簿在野外采集数据时,必须绘制草图,这在一定程度上会影响工作效率,增加野外操作人员的负担;四是要求测量人员要有较高的测绘技能。但是,随着便携式计算机和掌上电脑在野外测绘的应用,数字化测图的一些不足正逐步得到改进,并使数字化测图工作向内外业一体化方向发展。

## 二、数字化测量的发展及应用

20 世纪 50 年代美国国防制图局开始制图自动化的研究,这项研究同时也推动了制图自动化全套设备的研制,包括各种数字化仪、扫描仪、数控绘图仪以及计算机接口技术等。随着计算机及其外围设备的不断发展、完善和生产,在新的技术条件下,对计算机制图理论和应用问题、地图资料的数字化和数据处理方法、地图数据库和图形输出等方面的问题进行了深入的研究,使制图自动化形成了规模生产,美国、加拿大及欧洲各国,在相关的重要部门都建立了自动制图系统。进入 80 年代,世界上各种类型的地图数据库和地理信息系统(GIS)相继建立,计算机制图得到了极大发展和广泛应用。

我国从 20 世纪 60 年代开始进行计算机辅助制图的研究至今,已经历了设备研制、软件开发、应用实验和系统建立等阶段。80 年代末到 90 年代以来,计算机辅助制图无论在理论研究、规范制定,还是在实际应用的深度和广度方面都得到了全面的发展和提高,为我国开展数字化测图工作创造了良好条件。

我国数字化测图系统的研究、试验和应用过程,大致经历了以下三个阶段:

20 世纪 80 年代初至 1987 年为第一阶段,这一阶段参加研究的人员和单位都比较少,他们对数字化测图的许多问题并不熟知。再加上受当时测图系统的硬件和软件的限制,所研制的数字化测图系统还很不成熟。

1988 年至 1991 年为第二阶段。这一阶段参加研制的单位和人员增多,先后研制了十几套数字化测图系统,并在生产中得到应用。野外数据采集开始采用国内自行研制的电子手簿进行记录、计算和图形信息的输入及修改等。编码方法一种是采用绘制简单草图,然后再根据草图进行数据编码;另一种是直接野外编码,不绘草图。内业图形编辑已有了自行研制开发的地图图形编辑系统,可对所测的地形图、地籍图等在屏幕上进行各种编辑、字符注记,也有的是在 AutoCAD 平台上进行二次开发,利用 AutoCAD 强大的绘图功能进行图形编辑。

1992 年以后,我国数字化测图进入了全面发展和广泛应用阶段。随着我国大范围数字化测图的生产和应用,数字化测图不再局限于只生产数字化地图,还更多地考虑数字地图产品如何与各类专题 GIS 进行数据交换,如何应用数字地图产品进行工程计算。因而,人们开始对前一阶段研制的各种数字化测图系统的数据结构、可开发性、可扩充性等进行了新的研究,并进行大范围多种图(地形图、地籍图、管线图、工程竣工图等)的试验和生产,在此基础上,国内推出了成熟的、商品化的数字化测图系统,并在生产中得到了广泛的应用。

# 第二节　数字化测图的硬件设备

## 一、数字化测图系统硬件的组成

数字测图系统的硬件由计算机主机、全站仪、GPS、数据记录器、数字化仪、打印机、绘图仪及其输入输出设备组成。

全站仪采集野外数据通过数据记录器(电子手簿、PC卡)输入计算机。功能较全的全站仪可以直接与计算机进行数据传输。计算机包括台式、便携式PC机等。若用便携机做电子平板,则可将其带到现场,直接与全站仪通信,记录数据,实时成图。

绘图仪和打印机是数字化成图系统不可缺少的输出设备。数字化仪通常用于现有地图的数字化工作。其他输入输出设备还有图像/文字扫描仪、磁带机等。计算机与外接输入输出设备的连接,可通过自身的串行接口、并行接口及计算机网络接口实现。

## 二、数字化测量的硬件功能与使用

### (一)计算机硬件

计算机是数字化测图系统的核心。计算机的硬件由中央处理器(CPU)、存储器、输入输出设备组成。硬件性能指标是评价计算机性能的主要依据。

中央处理器是计算机硬件的核心,其运算速度和处理能力决定了计算机的运算速度和处理能力。

存储器是计算机主机内部存放指令和数据的部件,其主要性能指标是存储容量和存取速度。

计算机内存中存储的信息可能因切断电源而丢失,而且存储的容量是有限的,为了永久地保存大量的数据,在计算机中都配置了外部存储设备。使用最广泛的是磁带和磁盘,它们利用磁性介质来记录信息。此外,还有只读光盘和可读写光盘也应用于计算机系统中。

输入设备包括键盘和鼠标等。键盘是计算机的基本输入设备,在配有中文系统的计算机中,可以用键盘通过各种中文输入法输入文字和数据。鼠标是计算机中最常用的输入设备,利用鼠标可以简单快捷地输入指令。

计算机的输出设备包括显示器和打印机。显示器是计算机系统的标准输出设备。打印机主要有激光打印机和喷墨打印机,这两种打印机是利用点阵组成字符输出。由于能够产生精细度更高的点,因此可以输出质量较好的图形和图像。

### (二)全站型电子速测仪

全站型电子速测仪,简称全站仪。其优势在于它采集的全部数据能自动传输给记录卡、电子手簿或传输给电子平板,在现场自动成图,再经过一定的室内编辑,即可由电子平板或台式计算机控制绘图仪输出打印成图。

全站仪具有数据通信功能设置,通信是指全站仪和计算机之间的数据交换。目前全站仪主要用两种方式与计算机通信:一是利用全站仪原配置的 PCMCIA(PC)卡;另一种是利用全站仪的输出接口,通过电缆传输数据。

目前新推出的全站仪多数设有 PC 卡接口,只要插入 PC 卡,全站仪测量的数据将按规定格式记录到 PC 卡上。取出该卡后,可直接插入带 PC 记录卡接口的计算机上,与之直接通信。

电缆传输通信是将全站仪测得或处理的数据通过电缆直接传输到电子手簿或电子平板系统。由于全站仪每次传输的数据量不大,所以几乎所有的全站仪都采用串行通信方式。

串行通信方式是数据依次一位一位地传递,每一位数据占用一个固定的时间长度,只需一条线传输。

几种常用的全站仪的数据通信接口:徕卡全站仪设有数据接口,配专用 5 针插头。捷创力全站仪的通信接口是 RS—232C 标准接口(25 针或 9 针插头)。日本仪器都是配相同的 6 针接口,如,宾得(Pentax)、索佳(Sokkia)、拓普康(Topcon)的全站仪都配 6 针接口。

### (三)电子手簿

电子手簿实质上是一个电子数据记录器。袖珍机作为电子手簿得到广泛的应用,主要利用的机型有 PC—1500、PC—E500 和掌上电脑。各种类型的电子手簿能以各自设计的格式记录、存储观测数据以及其他信息。电子手簿通过标准接口可与全站仪、测距仪和电子经纬仪连接,也能与计算机连接进行数据传输。通常电子手簿分固有程序和可编程序两种类型。所谓固有程序型是指进行各种野外测量时,都按电子手簿先编制好的测量操作程序进行,并能同时得到点的坐标和高程。这些测量程序是厂家提供的,用户只需根据自己的需要调用即可。可编程序型电子手簿除具有获取和存储观测值功能外,厂家未提供测量程序,但这种手簿具有计算机高级语言模块,用户可根据需要自行编制测量程序。

随着微处理器的发展,电子手簿的记录容量已从几十千字节到几百千字节,一般可存储几千个碎部点的记录。仪器生产厂家的全站仪专用的电子手簿,使用前必须仔细阅读使用说明书,方能掌握各自电子手簿的使用方法。

### (四)扫描数字化仪

扫描数字化仪简称扫描仪,目前应用的扫描仪多数为电荷耦合器件(CCD)阵列构成的光电扫描仪。其基本工作原理是用激光源经过光学系统照射原稿,使反射光反射到 CCD 感光阵列,CCD 阵列产生的电子信号经过处理得到原稿的数字化信息并传送给主机。对黑白图像,扫描仪可产生包含不同灰度等级信息的数字信号。对于彩色图像,一般用红、绿、蓝三种颜色分别进行处理,得到三种颜色比例信息的结果。

扫描仪按结构分为滚动式和平台式两种类型。按扫描方式可分为以栅格形式扫描的栅格扫描仪和直接沿线扫描的矢量扫描仪。滚动式扫描仪主要由滚动、扫描头和 $X$ 方向导轨组成,图纸固定在滚动上,滚动旋转一周,扫描头沿 $X$ 导轨移动一个行宽,直至整幅图扫描结束,即得到原图的像元矩阵数据。平台式扫描数字化仪由平台、扫描头和 $X$、$Y$ 导轨组成,图纸固定在平台上,扫描头在 $X$ 导轨上移动,$X$ 导轨可沿 $Y$ 导轨方向移动,这样扫描头做逐行扫描,同样获得原图的像元矩阵数据。在地图数字化中,需将扫描数字化仪获得的栅格数据自动转换成矢量数据。然后将矢量图形数据显示在计算机屏幕上,利用鼠标器效仿地图数字化的方法,将图形特征点的坐标转换成测量坐标。由于在屏幕上可以对图形局部放大,因此可获得较高的数字化坐标精度。采用这种方法进行地图数字化,其作业效率比手扶跟踪地图数字化要高 2~3 倍。

### (五)数控绘图仪

数控绘图仪是计算机制图系统常用的图形输出设备,它可以将计算机中以数字形式表示的图形用绘图笔(或刻针等)绘在图纸或刻图膜上。绘图仪的种类很多,按其工作原理可分为矢量绘图仪和扫描绘图仪两大类,其在幅画大小、结构形式、控制方式等方面也有很大的差别。

#### 1.矢量绘图仪

矢量绘图仪按其台面结构分为平台式绘图仪和滚动式绘图仪。

平台式绘图仪,如图 5-1a 所示的绘图台面是一块平板,一般为水平固定放置,也有活动式可以倾斜放置。图纸平铺在台面上,通过静电吸附或真空吸附固定图纸。笔架沿 Y 方向在横梁的导轨上移动,而横梁则在台面两边的导轨上做 X 方向移动。横梁和笔架在控制系统的控制下,由各自的伺服电机驱动,这样由 X、Y 方向的移动产生矢量绘图。绘图笔由电磁铁驱动。平台式绘图仪的传动机构有滚珠丝杠、钢丝绳、钢带、齿形带和齿轮齿条等。高精度的平台绘图仪一般采用齿条传动。平台式绘图仪速度较慢,但精度较高。

滚动式绘图仪,如图 5-1b 所示,结构比较简单,图纸贴在圆柱形滚筒上,当滚动由伺服电机驱动做正反向旋转时,图纸同步做 $X$ 方向移动,笔架由伺服电机驱动,在平行于滚筒轴线的固定导轨上做 $Y$ 方向移动,绘图笔的起落由电磁铁驱动。这样,图纸的 $X$ 方向移动和笔架的 $Y$ 方向移动的组合,产生矢量绘图。滚动式绘图可以在 $X$ 方向连续绘图,绘图速度快,但绘图精度低,通常用于校核绘图和低精度的绘图。

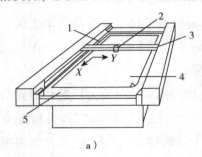 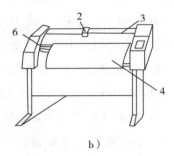

a)　　　　　　　　　　　　　　　　　b)

**图 5-1　数控绘图仪**

a)平台式绘图仪;b)滚筒式绘图仪

1—导轨;2—笔架;3—滑轨;4—纸;5—平台;6—滚筒

绘图仪的主要技术指标如下:

(1)精度。

精度是绘图仪的主要技术指标,它主要包括重复精度、定位精度和动态精度。

重复精度是绘图仪在重复绘制曲线时反映的误差。定位精度是绘图仪绘制某一坐标点出现的定位误差,它包含重复误差。定位的系统误差可以通过软件修改 $X$、$F$ 方向的长度比得到改正。绘图仪的综合精度是定位精度和动态精度的综合,高精度绘图仪的精度在 0.1~0.02mm。

(2)速度。

绘图仪的速度是指绘图头做直线运动时能达到的最高速度。和速度相联系的指标是加速度,高速的绘图仪加速度也大,这样绘图仪从低速达到最大速度所需要的时间就短,在绘短线段时也可达到很高速度。绘图仪的绘图速度可以分级选择,可根据使用的绘图笔和绘图纸调整绘图速度。

(3)步距。

由绘图仪控制系统向驱动部件发出一个走步脉冲时绘图头(或滚动)在 $X$、$Y$ 方向上移动的距离称为步距,亦称为脉冲当量或分辨率。步距一般为 0.05~0.01mm,步距越小,绘图精度越高,绘出的线条越光滑。

(4)坐标系。

绘图仪采用笛卡尔坐标系,横轴为 $X$ 轴,纵轴为 $Y$ 轴,坐标原点是 $X$ 轴与 $Y$ 轴均为零的点。正的 $X$ 值在原点的右部,正的 $Y$ 值在原点的上部。最大绘图面积,按幅面大小,如 $A_1$ 约为 900mm×600mm, $A_0$ 约为 900×1200mm。

绘图单位是绘图仪的步距,如 1 个绘图单位等于 0.025mm,即 40 个绘图单位等于 1mm。用绘图单位表示的 X、Y 坐标必须为整数。

2.栅格绘图仪

栅格绘图仪中使用得比较多的是喷墨绘图仪。它由栅格数据的像元值控制喷到纸张的墨滴大小,高质量的喷墨绘图仪具有很高的分辨率,并且用彩色绘制时能产生几百种颜色,甚至真彩色。栅格绘图仪的使用已经越来越广泛。

# 第三节　数字化测图的常用软件

## 一、数字化测图软件的功能

数字化测图软件是数字化测图系统的重要组成部分,应具有以下基本功能:

(一)数据采集功能

它可以与全站仪、GPS、红外测距仪、电子经纬仪及电子手簿组合,按一定格式编码采集数据。也可以对遥感影像上的地形点进行量测计算,然后把坐标和特征编码一起存放,或者在原有图件上进行数字化采集。

(二)数据输入功能

数据输入是将采集到的数据转换成测图软件所能接受的图形数据文件,即按点、线、面的 X、Y 坐标分层次输入计算机,并自动生成各种特征文件。同时,还可以输入属性数据,即按用途要求输入所需的物体特征,如,建筑物的类别、注记、说明等有关属性。

(三)编辑处理功能

系统对输入的外业采集和数字化方法得到的数据可以进行存储、检索、提取、复制、合并、删除和生成符合规范要求的地图符号,从而保证数据的正确性和完善性。对地物、地貌特征地再分类,各种特征的归一、分解和合并,曲线光滑度、畸变消除、投影改变、直角改正等,以及根据同一级数据生成各类专题图等。

(四)数据管理功能

数据管理靠制图数据库等技术来实现。数据库的内容包括:特征码、制图要素的坐标串、制图要素的属性,以及要素间的相互关系等。其功能主要有数据的添加、修改与删除功能;汉字的输入与输出功能;进行分类统计等数据处理功能;显示和打印统计报表的功能;绘制地形图和专题图的功能;具有分层检索的功能。

### (五)整饰功能

具有图幅间的拼接、绘制图廊、方格网、图名、图廓坐标、比例尺、测量单位和日期等功能。其特点是用户界面良好,操作简便,只要使用常规的几种命令就能达到上述要求,方便灵活,且易于掌握。

### (六)数据的输出功能

数据输出包括数据打印、数据分析和图形输出等方面的功能。图形输出是将存储于计算机系统中的用数字表示的图转换成可视图形。通过图形显示器和数控绘图机来实现,并具有将图形按比例放大和缩小的功能。

## 二、国内几种较常用的数字化测图软件简介

目前,在国内市场上有许多数字化测图软件,其中较为成熟,且应用较广泛的主要有广州南方测绘仪器有限公司的 CASS6.0 地形地籍成图软件,武汉瑞得公司的 RDMS 数字测图系统,北京清华山维的 EPSW 电子平板测图系统等。这几种数字测图系统均可用于地形图和地籍图的测绘,并能按要求生成相应的图件和报表等。下面对 CASS6.0 软件予以重点介绍,其他软件简述:

### (一)CASS6.0 地形地籍成图软件

南方公司的 CASS 6.0 软件是 CASS 软件的最新升级版本,被广泛地应用于地形、地籍和工程测量中。该软件的特点是:

1.先进的运行平台

该系统以 Auto CAD 为系统平台,紧跟 Auto CAD 的最新技术成果,新推出的 CASS6.0,充分利用了 Auto CAD2004 最新技术,即全新的工作效率工具和优化的用户界面,较之 Auto CAD2002 版本文件运行速度提高了 50%,文件的大小减少了 50% 以上。

2.多属性技术

图形代码、坐标和名称是实体空间数据的最基本属性,为提高数据的利用率和共享度,对于实体本身有了更多的描述和说明。CASS 给实体定义了附加属性,如给建筑物加上名称、高度、用途、地理位置等附加属性,而且这些属性都能进入 GIS。

3.灵活实用的电子平板

使用便携式电脑配合全站仪进行外业数据采集,具有图形直观、准确性强、操作简单等特点,实现了现测现绘。在 6.0 版中,引入了"多镜测尺"技术与"多镜测量"功能对应,提高了多镜切换的工作效率。

4.底层骨架线技术

骨架线仅作为数字地图导入 GIS 的一种概念性数据和支撑技术,5.0 版以来,骨架线不仅能满足数字地图导入 GIS 的需求,同时作为 CASS 的一种底层数据结构,这种扩充使得 CASS 的图形编辑可以直接针对骨架线进行,即只要骨架线的数据(位置等)发生改变,与骨架线相关的所有符号也会发生相应的改变。底层骨架线技术的另一个优点就是可以直接在当前图形界面上实时地改变地图的比例尺。

5.等高级技术

CASS6.0 重新优化了 DTM 建模算法,提供了三角网外围三角形过滤和三角形重组功能,解决了等高线过整数高程点和陡崖等问题。通过相邻等高线重新构建三角网来生成内插等高线,较好地解决了内插等高线易相交的问题。CASS6.0 使等高线不仅采用轻量线以减少文件容量,而且提供了复合线滤波压缩技术,在尽量不降低原图精度的同时,还压缩了文件的大小。

6.智能断面设计技术

采用实时屏幕设计的方法,可在断面图上直接修改设计线和地面线,修改后的断面自动更新和重新计算,比文件设计方法更直观。对于复杂的断面(多级坡、竖直坡等),提供任意形状断面设计的方法。对于土石方分界问题,采用图上增加不同断面线的方法,将不同的断面线设置不同的属性和颜色,然后计算任意两类断面线间的工程量。

7.方便的图幅管理

CASS6.0 的图幅管理功能针对地名信息和图形文件进行建库、分类索引,对地名、图幅、地图的相关信息进行查找,从中选取和显示。

8.人性化的 CELL 组件

CELL 是一种报表的二次开发工具,利用单元格的方式对文本数据进行处理,并将数据转化为具有高度交互性的内容。采用 CELL 组件技术后,对于坐标显示打印,系统配置文件修改,设计参数个性等操作更加简便。

(二)数字测图系统(Read Digital Mapping System,RDMS)

数字测图系统由武汉瑞得测绘自动化公司开发,该系统采用 Windows 操作系统,界面友好,使用方便。在其发展过程中不断地更新版本,以适应市场发展的需要。RDMSV4.5 采用了瑞得最新的 GIS 图形平台,图形编辑及数据处理功能更为强大,全面实现图形的可视化操作,支持图形操作的 UNDO 功能,实现三维图形漫游,用户可自定义符号,增加了三维图形显示功能。

RDMS 系统主要由外业原始数据的采集和内业数据处理两部分组成,其外业数据采集方式有采用 RD-EBI 电子手簿、可移动电子图板、全站仪内存、地面摄影测量方法、实时动态 GPS 方法和数字化仪进行数据采集。内业数据处理无须借助任何图形处理系统和汉字系统;功能齐全,人工干预少,自动化程度高;测图适应性好,工程灵活性强;易于与各类 GIS 系统实现数据交换,图形数据小,运行速度快。

### (三)便携式电子平板测绘系统(Electronic Planet able Surveying and Mapping system)

便携式电子平板测绘系统是由北京清华山维公司和清华大学合作开发的产品,它借助全站仪和便携机实现实时成图,即测即显,便于现场修改,编辑和检查,极大地提高了测图效率,特别适合不易到达地区的测量工作。便携式电子平板测绘系统英文名(Electronic Planet able Surveying and Mapping system)的缩写,EPSW 的支撑操作系统为 Windows(EPS for windows),故命名为便携式电子平板测绘系统。电子平板野外测图系统(EPSW)的主要设备是便携式微机和全站仪,采用传统的板上测图求点、量边装测等作业方法。利用便携机具有现场随测随显的特点,在外业测图的过程中,可随时修测,即所谓"站站清、日日清",可有效地防止测错、漏测、重测和返工等其他测记式数字测图系统中所无法避免的问题。EPSW 采用 Windows 界面,有自己独立的图形编辑系统。EPSW 可以和 AutoCAD 进行数据交换,也可以作为 GIS 前端段数据采集和数据库更新的工具。

上述几种数字测图系统各有特色,其主要功能大致相同,都能在一定程度上满足用户需求。

# 第四节　数字化测图的作业程序

数字化测图大概分为三个阶段:数据采集、数据处理和地图数据的输出。数据采集阶段是通过野外和室内电子测量与记录仪器获取数据,这些数据要按照计算机能够接受及应用程序所规定的格式记录。将采集的数据转换为地图数据,需要借助计算机程序在人机交互方式下进行复杂的处理,如坐标转换、地图符号的生成和注记的配置等,这就是数据处理阶段。地图数据的输出是以图解和数字方式输出。图解方式即绘图仪绘图,数字方式则是数据存储建立的数据库。

## 一、数据采集

（一）野外数据采集

1.野外数据采集的原理

（1）点的描述。

传统的测图方法是在外业测得点的三维坐标，或某一角度、距离后就可将点展绘到图纸上，再根据点与点的关系连线，按地物类别加绘图示符号编绘成图。数字化测图最终由计算机自动完成，因此，必须同时给出点位信息及绘图信息，点位信息包括点的三维坐标和点的特征属性（三角点、地物点）。绘图信息指点的连接关系，相关点相连才能成为图形。

观测点的属性用编码表示，编码与图式符号相对应，外业测量时给该点编码并予以存储；观测点的连接信息，用连接点和连接线型表示。因此，数字测图软件必须建立一套完整的图式符号库，点的属性和连接信息已知，经过计算机软件的自动识别、自动检索，就可以从库中调出图式符号，并绘制成图。

（2）地形编码。

地形图中的地形要素很多，GB 7929—87《1:500 1:1000112000 地形图图式》已将它们总结归类，并规定出用以表达的图式符号。所公布的地形图图式符号约有 410 多个，按独立要素计约有 600 余个。数字测图应首先考虑到外业的方便，以最少位数的数码来代表点的地形分类属性，则以地形图图式为依据，进行地形点属性编码。因此，对每一个地形要素都赋予一个编码，使编码和图式符号一一对应。

①地形编码设计应遵循的原则：

a.符合国标图式分类，符合地形图绘图规则。

b.使用简单，便于操作和记忆，比较符合测量员的习惯。③便于计算机处理。

②现有系统所采用的地形编码方案：

a.三位整数编码。

三位整数是最少位数的地形编码，三位整数足够对全部地形要素进行编码。它主要参考地形图图式符号，对地形要素进行分类、排序、编码。按照 GB 7929—87《1:500 1:1000 1:2000 地形图图式》，地形要素分为十大类：测量控制点；居民地；工矿企业建筑物和公共设施；独立地物；道路及附属设施；管线及垣栅；水系及附属设施；境界；地貌与土质；植被。三位整数编码的优点是：编码位数最少，最简单，操作人员易于记忆和输入；按图式符号分类，符合测图人员的习惯；与图式符号一一对应，编码就带有图形信息；计算机可自动识别、自动绘图。

b.四位整数编码。

GB 14804—93《地形要素分类与代码》采用四位整数编码,地形编码制定的原则同前,只是考虑到系统的发展,多留一些编码空间,以便编码的扩展。此外,还考虑到与原图式中编号的相似性,原图式的编号有三位,在一个编号下还要细分几种类型,如图式中烟囱及烟道的编号为327,此编号下还分三种:烟囱、烟道、架空烟道。若采用三位编码,则按顺序依次编下去,而四位编码则可编为3271,3272,3273。三位编码比四位少一位,一些测图系统的野外测量编码仍采用三位整数编码,操作、记忆方便。在需要统一时,通过转换程序,即可以方便地将三位码转换为四位国标码。

c.无记忆编码。

无记忆编码在数字化测图软件中应用得越来越广泛。在数字测图软件中,将每一个地物编码和它的图式符号及汉字说明都编写在一个图块里,形成一个图式符号编码表,存储在计算机内,只要按一个键,编码表就可以显示出来;用光笔或鼠标点中所要的符号,其编码将自动送入测量记录中,用户无须记忆编码,随时可以查找,还可以对输入的实体的编码进行修改。

(二)地图数字化

地图数字化是将已有的地形图或影像图,通过数字化仪数字化,将图解的图形转换成数字信息的过程。

数字化仪地图数字化是从地图上采集数据,把地形图或地籍图放置于数字化仪桌面,鼠标跟踪每一个地形特征点,数字化设备精确测量鼠标的位置,产生数据形式的坐标数据。

扫描仪是自动化程度较高的输入地图数据的设备。一幅栅格数字影像图经计算机进一步处理后可改善影像质量,并能将栅格数据转换为矢量数据形式。

大部分属性数据通过键盘输入。在有些情况下,这些数据也可以从已有的数据库中以数字形式获取并输入系统。

地图数字化用的数字化仪及扫描仪,市场上种类较多,幅面大小不等,购买和使用时要认真阅读产品说明书,对其性能、精度指标和使用方法要有足够的了解和掌握。在此不予详述。

## 二、数据处理

数据处理是数字化测图系统中的一个非常重要的环节。因为数字化测图中数据类型涉及面广,信息编码复杂,其数据采集方式和通信方式呈多样化,坐标系统往往不尽一致,这对数据的应用和管理是不利的。因此,对数据进行加工处理,统一格式,统一坐标,形成结构合理、调用方便的分类数据文件,将是数字化测图软件中不可缺少的组成部分。数据处理软件通常由数据预处理模块和数据处理模块组成。

(一) 数据预处理

数据预处理的目的主要是对所采集的数据进行各种限差检验,消除矛盾并统一坐标系统。其具体内容大体上包括以下几个部分:

①原始数据的筛选、分类及检验。野外采集并传输到计算机内的原始数据要进行合理的筛选、科学的分类处理,并对外业观测值的完整性以及各项限差进行检验。②对于未经平差计算的外业成果实施平差计算,从而求出点位坐标。③对于带高程的坐标数据进行过滤,剔除几乎重合的数据和粗差数据,进行必要的数据加密等。④统一坐标与图纸变形改正。

若利用原图数字化采集的数据,则应考虑图纸的伸缩变形的平面坐标的变换。平面坐标的变换是根据数字化四个图廊点的坐标采集和键盘输入的相应点高斯坐标的对应关系,求出坐标系的平移和旋转参数,最后使两坐标系统一。

在软件处理时,一般规定当图廊实际尺寸与理论尺寸相差±0.3mm 以上时,则需进行图纸伸缩变形的计算与改正。

经预处理后的数据信息,将形成具有一定格式的数据文件,如,控制点数据文件、地物点数据文件、地形点数据文件、界址点数据文件等。

(二) 数据文件

经预处理之后的数据,已进行了分类,形成了各自的文件。但这些数据文件还不能直接用来绘图,真正可用来绘图的文件,尚需进一步处理。数据处理模块主要应包含以下几个部分:

1.地物点数据文件

地物点数据文件做进一步处理,检验其地物信息编码的合法性和完整性,组成以地物号为序的新的数据文件,并对某些规则地物进行直角化处理,以方便图形数据文件的形成。

2.界址点数据文件

界址点测量的数据结构一般采用拓扑结构,界址点信息编码亦应按此结构的要求设计和输入。在数据处理时,软件首先对信息编码的正确性进行检验,然后自动连接成界址链。这种数据结构,不仅体现了多边形的形状,而且便于根据观测数据计算出各宗地的面积,通过输入界址链的左、右宗地号,可清楚地反映各宗地的毗邻关系。

3.DTM 数据文件

对于地形数据文件再做进一步处理,提取地形线,处理特殊地形。利用生成数字地面模型(DTM)的算法,生成一定数据结构的 DTM 数据文件。

**4.图形数据文件**

根据新组成的数据文件,由文件中的信息编码和定位坐标,再按照绘制各个矢量符号的程序,计算出自动绘制这些图形符号所需要的全部绘图坐标(高斯直角坐标)及相应的绘图仪抬落笔指令,最终形成图形数据文件。

## 三、图形输出

图形输出软件是数字化成图软件中的重要组成部分。各种测量数据和属性数据,经过数据处理之后形成了图形数据文件,数据是以高斯直角坐标的形式存放,而图形输出无论是在显示器上显示图形,还是在绘图仪上自动绘图,都存在一个坐标转换的问题。另外,还有图形截幅、绘图比例尺确定、图式符号注记及图廊整饰等内容,都是计算机绘图不可缺少的内容。

### (一)图形截幅

在数字化测量野外数据采集时,常采用全站仪等设备自动记录或手工键入实测数据,并未在现场成图,因此对所采集的数据范围需要按照标准图幅的大小或用户确定的图幅尺寸进行截取,对自动成图来说,这项工作就称为图形截幅。也就是将图幅以外的数据内容截除,把图幅以内的数据保留,并考虑成图比例尺和图名、图号等成图要素,按图幅分别形成新的图形数据文件。

图形截幅是根据四个图廊点的高斯直角坐标,确定图幅范围,然后,对数据的坐标项进行判断,利用在图幅矩形框内的数据及由其组成的线段图形,组成该图幅相应的图形数据文件,而在图幅以外的数据及由其组成的线段或图形,则仍保留在原数据文件中,以供相邻图幅提取。图形截幅的原理和软件设计的方法很多,常用的有四位码判断截幅、二位码判断截幅和一位码判断截幅等方式。

### (二)图形显示与编辑

要实现图形屏幕显示,首先要将高斯直角坐标形式存放的图形定位,并将这些数据转换成计算机屏幕坐标。高斯直角坐标系 $X$ 轴向北为正,$Y$ 轴向东为正;对于一幅图来说,向上为 $X$ 轴正方向,向右为 $Y$ 轴正方向。而计算机显示器则以屏幕左上角为坐标系原点$(0,0)$,$X$ 轴向右为正,$Y$ 轴向下为正,$X$、$Y$ 坐标值的范围则以屏幕的显示方式决定。因此,只需将高斯坐标系的原点平移至图幅左上角,再按顺时针方向旋转 $90°$,并考虑两种坐标系的变换比例,即可实现由高斯直角坐标向屏幕坐标的转换。

在屏幕上显示的图形可根据野外草图或原有地图进行检查,若发现问题,用程序可对其进行屏幕编辑和修改。经检查和编辑修改成准确无误的图形,软件能自动将其图形定位点的屏幕坐标再转换成高斯坐标,连同相应的信息编码保存于图形数据文件中,原来有误的图形数据自动被新的数据所取代,或组成新的图形数据文件,供自动绘图时调用。

### (三)绘图仪自动绘图

绘图仪绘图同样存在坐标系的转换问题,一般绘图仪坐标系的原点在图板中央,采用的是笛卡尔坐标系。当绘图仪通过 RS—232C 标准串行口与微机连通后,用驱动程序启动绘图仪,再经初始化命令设置,其坐标原点和坐标单位将被确定。绘图仪一个坐标单位为0.025mm,即 1mm＝40 个绘图单位。

实际绘图中,用户通过软件可自行定义并设置坐标原点和坐标单位,以实现高斯坐标系向绘图坐标系的转换,称为定比例。通过定比例操作,用户可根据实际需要来缩小或者扩大绘图坐标单位,以实现不同比例尺的不同大小图幅的自动输出。

经数据处理后形成的图形数据文件中,除图形定位点坐标、编码和自动连线信息外,还包括绘图仪的抬落笔指令。该数据文件又经图形截幅、屏幕编辑,而形成了新的绘图数据文件。利用这个新的绘图数据文件,即可由软件控制绘图仪自动输出图形。

由绘图仪根据绘图软件自动绘出图形之后,还需要进行文字注记和图幅的整饰,这同样由软件控制自动完成。其具体内容包括调用汉字库和图式符号库(包括字形变换和注记定位),以及内外图廓线、注记坐标线、坐标格网的自动绘制,还包括图名、图号和接合图表等内容的自动绘制。

# 第六章
# GPS系统及其应用

## 第一节  GPS 概述

### 一、早期的卫星定位技术

自 1957 年苏联发射了人类的第一颗人造地球卫星开始,美国海军就着手卫星定位方面的研究工作,卫星定位技术是利用人造地球卫星进行点位测量的技术。当初,人造地球卫星仅仅作为一种空间的观测目标,由地面观测站对它进行摄影观测,测定测站至卫星的方向,建立卫星三角网;也可以用激光技术对卫星进行距离观测,测定测站至卫星的距离,建立卫星测距网。这种对卫星的几何观测能够解决常规大地测量技术难以实现的远距离陆地海岛联测定位的问题。但是这种观测方法受卫星可见条件及天气的影响,费时费力,不仅定位精度低,而且不能测得点位的地心坐标。

### 二、卫星多普勒导航系统的应用及其缺陷

自从苏联卫星入轨后不久,美国詹斯·霍普金斯(Johns Hopkins)大学应用物理实验室的韦芬巴赫(G.C.Weiffenbach)和基尔(W.H.Guier)等学者在地面已知点位上,用自行研制的测量设备捕获和跟踪到了苏联卫星发送的无线电信号,并测得了它的多普勒频移,进而用它解算出了苏联卫星的轨道参数。依据这项实验成果,该实验室的麦克雷(F.T.Meclure)等学者,设想了一个"反向观测方案":若已知在轨卫星的轨道参数,地面上的观测者又测得该颗卫星发送信号的多普勒频移,则可测得观测者的点位坐标。这个设想成为第一代卫星导航系统的基本工作原理:将导航卫星作为一种动态已知点,利用测量卫星信号的多普勒频移,而实现海洋船舶等运动载体的导航定位。

1958 年 12 月,美国詹斯·霍普金斯大学应用物理实验室在美国海军的资助下,开始用

上述原理研制一种卫星导航系统,叫作美国海军卫星导航系统(Nary Navigation Satellite System,NNSS)。因为这些导航卫星沿着地球子午圈的轨道而运行(图6-1),故又称之为子午卫星(TRANSIT)导航系统。

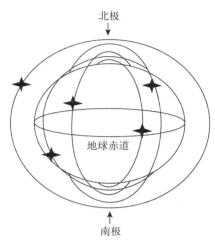

**图6-1　子午卫星系统**

从1959年9月发射了第一颗实验性子午卫星,至1961年11月,先后发射了9颗实验性子午卫星,经过几年的实验研究,解决了卫星导航的许多技术难题。1963年12月发射了第一颗子午工作卫星后,又陆续发射了5颗工作卫星,形成了由6颗工作卫星构成的子午卫星星座(图6-1)。在该星座信号的覆盖下,地球表面上任何一个观测者,至少每隔2h便可观测到该星座中的一颗卫星。卫星轨道距地面约为1070km,每一个近圆形轨道上分布着一颗子午卫星(轨道椭圆的偏心率很小,而近于圆形)。子午卫星沿轨道运行的周期约为107min。每一颗子午卫星均用400MHz和150MHz的微波信号做载波,向广大用户发送导航电文;子午卫星星座运行初期,导航电文是保密的。1967年7月29日,美国政府宣布,部分导航电文解密交付民用。自此,卫星多普勒定位技术迅速兴起。多普勒定位具有经济快速、精度均匀、不受天气和时间的限制等优点。只要在测点上能收到从子午卫星上发来的无线电信号,便可在地球表面的任何地方进行单点定位或联测定位,获得测站点的三维地心坐标。

在美国子午卫星导航系统建立的同时,苏联也开始建立了一个卫星导航系统——CICADA。该系统有12颗所谓宇宙卫星,从而构成CICADA卫星星座,它的轨道高度为1000km,卫星沿轨道运行的周期为105min,这颗卫星向外发送400MHz和150MHz的微波信号,但只有频率为150MHz的载波信号传送导航电文,而频率为400MHz的信号仅用于削弱电离层效应的影响。

NNSS和CICADA卫星导航系统虽然将导航和定位推向了一个新的发展阶段,但是它们仍然存在着一些明显的缺陷,比如卫星少、不能实行连续的导航定位。子午卫星导航系统采用 6 颗卫星,并都通过地球的南北极运行。地面点上空子午卫星通过的间隔时间较长,而且低纬度地区每天的卫星通过次数远低于高纬度地区。对于同一子午卫星,间隔时间更长,每天通过次数最多为 13 次。由于一台多普勒接收机一般需观测 15 次合格的卫星通过,才能达到 l0m 的单点定位精度;当各个测站观测了公共的 17 次合格的卫星通过,联测定位的精度才能达到 0.5m 左右。间隔时间和观测时间长,不能为用户提供实时定位和导航服务,而精度较低限制了它的应用领域。子午卫星轨道低,难以精密定轨,以及子午卫星射电频率低,难以补偿电离层效应的影响,致使卫星多普勒定位精度局限在米级水平(精度极限 0.5~1m)。

因此,子午卫星导航系统的应用受到了很大的限制。为了突破子午卫星导航系统的应用局限性,实现全天候、全球性和高精度的连续导航与定位,第二代卫星导航系统——GPS 全球定位系统便应运而生。卫星导航定位技术也随之兴起而发展到了一个辉煌的历史阶段,展现了极其广泛的应用前景。

## 三、GPS 全球定位系统的建立

美国国防部在总结了 NNSS 的劣势后,于 1973 年 12 月批准研制新一代导航定位系统导航卫星定时测距全球定位系统(Navigation Satellite Timing And/Ranging Global Positioning System NAVSAT/GPS)。它可以向数目不限的全球用户连续地提供高精度的全天候的七维状态参数和三维姿态参数(横摇、纵摇、航向),其主要目的是为陆、海、空三大领域提供实时、全天候和全球性的导航服务,并用于情报收集、核爆监测和应急通信等一些军事目的。

自 1974 年以来,GPS 计划经历了方案论证、系统论证和生产实验三个阶段。到 1994 年 3 月,全球覆盖率高达 98% 的 24 颗 GPS 卫星星座已布设完成。论证阶段共发射了 11 颗叫作 BLOCK I 的试验卫星,截至 1993 年 12 月 31 日,BLOCK I 试验卫星已经停止使用,因此,本章重点述及自 1989 年以来发射的 GPS 工作:E 星及其星座。

GPS 卫星星座基本参数是:卫星颗数为 21+3,卫星轨道面个数为 6,卫星高度为 20200km,轨道倾角为 55°,卫星运行周期为 11h58min(恒星为 12h),载波频率为 1575.42MHz 和 1227.60MHz。卫星通过天顶时,卫星可见时间为 5h7min,在地球表面上任何地点任何时刻,在高度角 15° 以上,平均可同时观测到 6 颗卫星,最多可达 9 颗卫星。

GPS 工作卫星的在轨质量是 843.68kg,其设计寿命为 7 年半。当卫星入轨后,星内机件靠太阳能电池和镉镍蓄电池供电。每个卫星有一个推力系统,以便使卫星轨道保持在适当位置。GPS 卫星通过 12 根螺旋形天线组成的阵列天线发射张角大约为 30° 的电磁波束,覆盖卫星的可见地面。卫星姿态调整采用三轴稳定方式,由四个斜装惯性轮和喷气控制装置构成三轴稳定系统,致使螺旋天线阵列所辐射的波速对准卫星的可见地面。

### 四、GPS 系统的独特优势及特点

1.GPS 系统能够实施全球性全天候的连续不断的导航定位测量

24 颗 GPS 工作星座分成 6 个轨道平面,它 4 倍于子午卫星的数量。在 2 万多公里的高空 GPS 卫星,从地平线升起至没落,持续运行 5 个多小时。每一个用户无论在任何地方都能够同时接收到来自 4~12 颗 GPS 卫星的导航定位信号,用以测定它的实时点位及其他状态参数,实现全球性全天候的连续不断的导航定位。

2.GPS 信号能够用于运动载体的七维状态参数和三维姿态参数测量

GPS 发送的导航定位信号,不仅携带着内容丰富的导航电文,而且调制着两个用于测量距离的伪随机噪声码;换言之,GPS 信号的两个载波,两个伪随机噪声码和导航电文,为运动载体的多参数和广用途测量奠定了坚实的技术基础。

3.测站间无须通视,定位精度高,观测时间短,操作简便

GPS 测量不要求测站之间互相通视,只需要测站上空开阔即可,因此可节省大量的造标费用。由于点间无须通视,点位位置可根据需要,可稀可密,选点灵活;GPS 技术能够达到毫米级的静态定位精度和厘米级的动态测量精度;随着 GPS 系统的不断完善,以及 GPS 接收机技术的发展,目前,20km 以内相对静态定位,仅需 15~20min,流动站观测时间仅需几秒钟,而且接收机自动化水平越来越高,有的已经达到"傻瓜化"的程度。

GPS 卫星能够为陆地、海洋和空间广大用户提供高精度多用途的导航定位服务 GPS 卫星所发送的导航定位信号,是一种可供无数用户共享的空间信息资源;陆地、海洋和空间的广大用户,只要持有一种能够接收、跟踪、变换和测量 GPS 信号的接收机,就可以全天候地测量运动载体的七维状态参数和三维姿态参数,其用途之广,影响之大,是其他接收设备所不及的。

# 第二节　GPS 的组成

GPS 由三大部分组成,即空间星座部分、地面监控部分和用户设备部分。

空间星座部分:GPS 工作卫星和备用卫星。

地面监控部分:控制整个系统和时间,负责轨道监测和预报。

用户设备部分:主要是各种型号的接收机。

## 一、空间星座部分

全球定位系统的空间部分使用 21 颗工作卫星和 3 颗随时可以启动的在轨备用卫星组

成 GPS 卫星星座,记作(21+3)GPS 星座,24 颗卫星均匀分布在 6 个轨道平面上(每个轨道面 4 颗),卫星轨道平面与地球赤道面的倾角均为 55°,各轨道的升交点的赤经相差 60°,在相邻轨道上,卫星的升交距角相差 30°。轨道高度约 20200km,均为近圆形轨道,运行周期约为 11h58min。卫星的分布使得在全球的任何地方、任何时间都可观测到 4 颗以上的卫星,并能保持良好定位解算精度的几何图形(DOP)。这就提供了在时间上连续的全球导航能力。

GPS 卫星采用铝蜂巢结构,主体呈柱形,直径为 1.5m。星体两侧装有两块双叶对日定向太阳能电池翼板,全长 5.33m,接受日光面积 7.2m$^2$。对日定向系统控制两翼帆板旋转,使板面始终对准太阳,为卫星不断提供电力,并给三组 15A 的镉镍蓄电池充电,以保证卫星在地影区能正常工作。在星体底部装有多波束定向天线,能发射 L$_1$ 和 L$_2$ 波段的信号。在星体两端面上装有全向遥测遥控天线,用于与地面监控网通信。此外,卫星上还装有姿态控制系统和轨道控制系统。工作卫星的设计寿命为 7 年半,但是,从卫星在轨工作的实际寿命可见,一般都能超过甚至远远超过设计寿命,并能正常工作。例如,PRN06 试验卫星自 1978 年 10 月 6 日入轨运行以来,直至 1991 年 4 月 1 日仍能正常工作。

(一)GPS 卫星的编号

每颗 GPS 卫星都有各自的编号,因为 GPS 工作卫星与试验卫星的编号方式相同,故以试验卫星为例介绍卫星的编号方式。

1.顺序编号
按照 GPS 卫星的发射先后次序给卫星编号。

2.PRN 编号
根据 GPS 卫星所采用的伪随机噪声码(PRN 码)的不同而编号。

3.IRON 编号
IRON 为 Inter Range Operation Number 的缩写,即内部距离操作码,它是由美国和加拿大联合组成的北美空军指挥部给定的一种随机编号,以识别他们所选择的目标。

4.NASA 编号
这是美国航空航天局在其(NASA)序列文件中给 GPS 卫星的编号。

5.国际识别号
它的第一部分表示该颗卫星的发射年代,第二部分表示该年中发射卫星的序列号,字母 A 表示发射的有效负荷。

在导航定位测量中,一般采用 PRN 编号。对广大用户而言,若需查询那一颗 GPS 卫星的有关数据,必须提供该颗卫星的识别号。

(二)GPS 卫星的作用

通过前一节对子午卫星的介绍以及本节对 GPS 卫星的了解,可以发现 GPS 卫星的许多

性能都远远优于子午卫星,GPS卫星的作用也更强大。在GPS系统中,GPS卫星的作用是:

①向广大用户连续发送定位信号。②接收和储存由地面监控站发来的卫星导航电文等信息,并适时地发送给广大用户。③接收并执行由地面监控站发来的控制指令,适时地改正运行偏差,启用备用卫星等。④通过星载的高精度铷钟和铯钟,提供精密的时间标准。

GPS卫星的核心部件是高精度的时钟、导航电文存储器、双频发射和接收机以及微处理机,而对于GPS定位成功的关键在于高稳定性的频率标准。这种高稳定性的频率标准由高精度的原子钟提供,因为$10^{-9}$s的时间误差将会引起30cm的站心距离误差。为此,每颗GPS工作卫星一般安装两台铷原子钟和两台铯原子钟,并计划未来采用更稳定的氢原子钟。GPS卫星虽然发送几种不同频率的信号,但是它们均源于一个基准信号(其频率为10.23GHz),所以只需启用一台原子钟,其余作为备用。卫星钟由地面站检测,其钟差、钟速连同其他信息由地面站注入卫星后,再转发给用户设备。

## 二、地面监控部分

为了确保GPS的良好运行,地面监控系统发挥了极其重要的作用。其主要任务是:监视卫星的运行;确定GPS时间系统;跟踪并预报卫星星历和卫星钟状态;向每颗卫星的数据存储器注入卫星导航数据。

地面监控部分包括一个主控站、三个注入站和五个监测站,其分布如图6-2所示。

图6-2 地面监控部分

(一)主控站

主控站设在美国本土科罗拉多斯平士(Colorado Spings)的联合空间执行中心(CSOC)。

主控站的任务除负责管理和协调整个地面监控系统的工作外,其主要任务是收集、处理本站和监测站收到的全部资料,编算出每颗卫星的星历和GPS时间系统,将预测的卫星星历、钟差、状态数据以及大气传播改正编制成导航电文传送到注入站;主控站还负责调整偏离轨道的卫星,使之沿预定轨道运行,检验注入给卫星的导航电文,监测卫星是否将导航电文发送给了用户。必要时启用备用卫星以代替失效的工作卫星。

### (二)注入站

三个注入站分别设在大西洋的阿森松岛、印度洋的狄戈加西亚岛和太平洋的卡瓦加兰。这三个地方均为美空军基地。

注入站又称地面天线站,它的主要设备包括:一台直径 3.6m 的抛物面天线,一台 C 波段发射机和一台计算机。

注入站的任务是将主控站发来的导航电文注入相应卫星的存储器。每天注入 3~4 次,每次注入 14 天的星历。此外,注入站能自动向主控站发射信号,每分钟报告一次自己的工作状态。

整个 GPS 的地面监控部分,除主控站外均无人值守。各站间用现代化的通信网络联系起来,在原子钟和计算机的精确控制下,各项工作实现了高度的自动化和标准化。

### (三)监测站

五个监测站除了位于主控站和三个注入站之处的四个站以外,还在夏威夷设立了一个监测站。监测站在主控站的遥控下自动采集定轨数据并进行各项改正,监测站的主要任务是为主控站提供卫星的观测数据。每个监测站均用 GPS 信号接收机对每颗可见卫星进行连续观测,以采集数据和监测卫星的工作状况,所有观测数据连同气象数据传送到主控站,用以确定卫星的轨道参数。

## 三、用户设备部分

用户接收设备典型情况下称作"GPS 接收机",GPS 接收设备由五个主要单元组成:天线单元、接收单元、处理器、输入/输出单元和一个电源。

GPS 接收机能够捕获到按一定卫星高度截止角所选择的待测卫星的信号,并跟踪这些卫星的运行,对所接收到的 GPS 信号进行变换、放大和处理,以便测量出 GPS 信号从卫星到接收机天线的传播时间,解译出 GPS 卫星所发送的导航电文,实时地计算出用户接收机所处的三维位置,甚至三维速度和时间。

GPS 卫星发送的导航定位信号,是一种可供无数用户共享的信息资源。对于陆地、海洋和空间的广大用户,只要用户拥有能够接收、跟踪、变换和测量 GPS 信号的接收设备,即 GPS 信号接收机,便可以在任何时候用 GPS 信号进行导航定位测量。根据使用目的的不同,用户要求的 GPS 信号接收机也各有差异,其结构、尺寸、形状和价格也大相径庭。例如,航海和航空用的接收机,要具有与存有导航图等资料的存储卡相接口的能力;测地用的接收机就要求具有很高的精度,并能快速采集数据;军事上用的,要附加密码模块,并要求能高精度定位。

目前世界上已有几十家工厂生产 GPS 接收机,产品也有几百种。这些产品可以按照原理、用途、功能等来分类:

①按接收机工作原理则分为码接收机、无码接收机、集成接收机以及干涉型接收机。②按接收机用途可分为导航型接收机、测地型接收机和定时型接收机。③按接收机的载波频率可分为单频接收机和双频接收机。④按接收机通道数可分为多通道接收机、序贯通道接收机和多路多用通道接收机。

# 第三节 GPS 定位的基本原理

## 一、概述

测量学中有测距交会确定点位的方法。与其相似,GPS 的定位原理也是利用测距交会的原理确定点位。GPS 卫星发射测距信号和导航电文,导航电文中含有卫星的位置信息。用户用 GPS 接收机在某一时刻同时接收三颗以上的 GPS 卫星信号,测量出测站点(接收机天线中心)P 至三颗以上 GPS 卫星的距离并解算出该时刻 GPS 卫星的空间坐标,据此利用距离交会法解算出测站 P 的位置。

在 GPS 定位中,GPS 卫星是高速运动的卫星,其坐标值随时间在快速变化着。需要实时地由 GPS 卫星信号测量出测站至卫星之间的距离,实时地由卫星的导航电文解算出卫星的坐标值,并进行测站点的定位。依据测距的原理,其定位原理与方法主要有伪距法定位、载波相位测量定位以及差分 GPS 定位等。对于待定点来说,根据其运动状态可以将 GPS 定位分为静态定位和动态定位。静态定位指的是对于固定不动的待定点,将 GPS 接收机安置于其上,观测数分钟乃至更长的时间,以确定该点的三维坐标,又叫绝对定位。若以两台 GPS 接收机分别安置于两个固定不变的待定点之间的相对位置,又叫相对定位。而动态定位则至少有一台接收机处于运动状态,测定的是各观测时刻运动中的接收机的点位。

利用接收到的卫星信号(测距码)或载波相位,均可进行静态定位。实际应用中,为了减弱卫星的轨道误差、卫星钟差、接收机钟差以及电离层和对流层的折射误差的影响,常采用载波相位观测值的各种线形组合(即差分值)作为观测值,获得两点之间高精度的 GPS 基线向量(即坐标差)。

## 二、伪距测量

伪距法定位是由 GPS 接收机在某一时刻测出它到四颗以上 GPS 卫星的伪距以及已知的卫星位置,采用距离交会的方法求定接收机天线所在点的三维坐标。所测伪距就是由卫星发射的测距码信号到达 GPS 接收机的传播时间乘以光速所得出的量测距离

$$\rho = ct \qquad (6-1)$$

由于卫星钟、接收机钟的误差以及无线电信号经过电离层和对流层中的延迟,实际测出的距离 $\rho'$ 与卫星到接收机的几何距离 $\rho$ 有一定差值,因此一般称量测出的距离为伪距。用 C/A 码(C/A 码定位误差为 20~30m,精度较低也称为民用码)进行测量的伪距为 C/A 码伪距;用 P 码(P 码定位误差约为 10m,精度比 C/A 码高,也称为军用码)测量的伪距为 P 码伪距。伪距法定位虽然一次定位精度不高,但因其具有定位速度快,且无多值性问题等优点,仍然是 GPS 定位系统进行导航的最基本的方法。同时,所测伪距又可以作为载波相位测量中解决整周数不确定问题(模糊度)的辅助资料。

由于测距码和复制码在产生的过程中均不可避免地带有误差,而且测距码在传播过程中还会由于各种外界干扰而产生变形,因而自相关系数往往不可避免地带有误差,而且测距码在传播过程中还会由于各种外界干扰而产生变形,因而自相关系数往往不可能达到"1",只能在自相关系数为最大的情况下来确定伪距,也就是本地码与接收码基本上对齐了。这样可以最大幅度地消除各种随机误差的影响,以达到提高精度的目的。

## 三、载波相位测量

利用测距码进行伪距测量是全球定位系统的基本测距方法。然而由于测距码的码元长度较大,对于一些高精度应用来讲其测距精度还显得过低,无法满足需要。如果观测精度均取至测距码波长的百分之一,则伪距测量对 P 码而言量测精度为 30cm,对 C/A 码而言为 3m 左右。如果把载波作为量测信号,由于载波的波长短, $\lambda_{L_1} = 19\text{cm}$ , $\lambda_{L_2} = 24\text{cm}$ ,测距就可达到很高的精度。目前的大地型接收机的载波相位测量精度一般为 1~2mm,有的精度更高。

# 第四节　GPS 技术的实施与应用

## 一、GPS 测量的技术设计

GPS 测量的技术设计是进行 GPS 定位的最基本性工作,它是依据国家有关规范《全球定位系统 GPS 测量规范》及 GPS 网的用途、用户的要求等,对测量工作的网形、精度及基准

等的具体设计。

（一）GPS网技术设计的依据

GPS网技术设计的主要依据是GPS测量规范(规程)和测量任务书。GPS测量规范(规程)是国家测绘管理部门或行业部门制定的技术法规。测量任务书或测量合同是测量施工单位上级主管部门或合同甲方下达的技术要求文件。这种技术文件是指令性的,它规定了测量任务的范围、目的、精度和密度要求,提交成果资料的项目和时间,完成任务的经济指标等。

在GPS方案设计时,一般首先依据测量任务书提出的GPS网的精度、密度和经济指标,再结合规范(规定)并现场踏勘具体确定各点间的连接方法,各点设站观测的次数、时段长短等布网观测方案。应全面考虑和平衡测站、卫星、仪器和后勤等各方面的因素。

（二）GPS网的精度、密度设计

1.GPS网的精度标准

1992年原国家测绘局制定的我国第一部“GPS测量规范”,将GPS的精度分为A～E五级,其中A、B两级一般是国家GPS控制网,C、D、E三级是针对局部性GPS网规定的。对于各类GPS网的精度设计主要取决于网的用途。用于地壳形变及国家基本大地测量的GPS网可参照表6-1的要求。用于城市或工程的GPS控制网,可根据相邻点的平均距离和精度参照《规程》中的二、三、四等和一、二级的要求,如表6-2所示。

表6-1　GPS测量精度分级

| 级别 | 主要用途 | 固定误差 $a$/mm | 比例误差 $b$/ppm.D |
|---|---|---|---|
| AA | 全球性的地球动力学研究、地壳形变测量和精度定轨 | ≤3 | ≤0.01 |
| A | 区域性的地球动力学研究和地壳形变测量 | ≤5 | ≤0.1 |
| B | 局部变形监测和各种精密工程测量 | ≤8 | ≤1 |
| C | 大、中城市及工程测量基本控制网 | ≤10 | ≤5 |
| D、E | 中、小城市及测图、物探、建筑施工等控制测量 | ≤10 | ≤10~20 |

在实际工作中,精度标准的确定要根据用户的实际需要及人力、物力、财力情况合理设计,也可参照本部门已有的生产规程和作业经验适当掌握。在具体布设中,可以分组布设,也可以越级布设,或布设同级全面网。

表 6-2　GPS 测量精度分级

| 级别 | 平均距离/km | $a$/mm | $b$/ppm.D | 最弱边相对中误差 |
|---|---|---|---|---|
| 二 | 9 | ≤10 | ≤2 | 1/120000 |
| 三 | 5 | ≤10 | ≤5 | 1/80000 |
| 四 | 2 | ≤10 | ≤10 | 1/45000 |
| 一级 | 1 | ≤10 | ≤10 | 1/20000 |
| 二级 | <1 | ≤15 | ≤10 | 1/10000 |

2.GPS 点的密度标准

不同的任务要求和不同的服务对象,对 GPS 点的分布密度要求也不相同。对于国家特级(AA、A 级)基准点及大陆地球动力学研究监测所布设的 GPS 点,主要用于提供国家级基准、精密定轨及高精度形变信息,所以布设时平均距离可达数百千米。而一般城市和工程测量布设点的密度主要满足测图加密和工程测量的需要,平均边长往往在几千米以内。具体要求如表 6-3 所示。

表 6-3　GPS 网中相邻点间距离　　　　　　　　　　　　　单位:km

| 级别 | A | B | C | D | E |
|---|---|---|---|---|---|
| 相邻点最小距离 | 100 | 15 | 5 | 2 | 1 |
| 相邻点最大距离 | 2000 | 250 | 40 | 15 | 10 |
| 相邻点平均距离 | 300 | 70 | 15~10 | 10~5 | 5~2 |

(三)GPS 网构成的几个基本概念

1.观测时段

测站上开始接收卫星信号到观测停止,连续工作的时间段,简称时段。

2.同步观测

同步观测指两台或两台以上接收机同时对同一组卫星进行的观测。

3.同步观测环

三台或三台以上接收机同步观测获得的基线向量所构成的闭合环,简称同步环。

4.独立观测环

由独立观测所获得的基线向量构成的闭合环,简称独立环。

5.异步观测环

在构成多边形环路的所有基线向量中,只要有非同步观测基线向量,则该多边形环路叫异步观测环,简称异步环。

6.独立基线

对于 $N$ 台 GPS 接收机构成的同步观测环,有 $J$ 条同步观测基线,其中独立基线数为 $N-1$。

7.非独立基线

除独立基线外的其他基线叫非独立基线,独立基线数之差即为非独立基线数。

(四)GPS 网的图形设计

1.图形设计原则

常规测量中对控制网的图形设计是一项非常重要的工作。而在 GPS 图形设计时,因 GPS 同步观测不要求通视,所以其图形设计具有较大的灵活性。在实际布网设计时还要注意以下几个原则:

①GPS 网作为测量控制网,其相邻点间基线向量的精度应分布均匀。②GPS 网的点与点间尽管不要求通视,但考虑到利用常规测量加密时的需要,每点应有一个以上通视方向。③为了便于 GPS 网点的观测和水准联测,GPS 网点一般应设在视野开阔和交通便利的地方。④为了顾及原有城市测绘成果资料以及各种大比例尺地形图的沿用,应采用原有城市坐标系统。对凡符合 GPS 网点要求的旧点,应充分利用其标石。⑤GPS 网一般应采用独立观测边构成闭合图形,如,三角形、多边形或附和路线,以增加检核条件,提高网的可靠性。

GPS 网的图形设计主要取决于用户的要求、经费、时间、人力以及所投入接收机的类型、数量和后勤保障条件等。根据不同的用途,GPS 网的图形布设通常有点连式、边连式、网连式及边点混合连接四种基本方式。也有布设成星形连接、附合导线连接、三角锁形连接等。选择什么样的组网,取决于工程所要求的精度、野外条件及 GPS 接收机台数等因素。

2.点连式

点连式是指相邻同步图形之间仅有一个公共点的连接。以这种方式布点所构成的图形,几何强度很弱,没有或极少有非同步图形闭合条件,一般不单独使用。

3.边连式

边连式是指同步图形之间由一条公共基线连接。这种布网方案,网的几何强度较高,有较多的复测边和非同步图形闭合条件。在相同的仪器台数条件下,观测时段数比点连式大大增加。

4.网连式

网连式是指相邻同步图形之间有两个以上的公共点相连接,这种方法需要 4 台以上的接收机。显然,这种密集的布图方法,它的几何强度和可靠性指标是相当高的,但花费的经费和时间较多,一般仅适用于较高精度的控制测量。

**5.边点混合连接式**

边点混合连接式是指把点连式与边连式有机地结合起来,组成 GPS 网,既能保证网的几何强度,提高网的可靠指标,又能减少外业工作量,降低成本,是一种较为理想的布网方法。

## 二、GPS 网的外业观测

在进行 GPS 外业工作之前,必须做好实施前的测区踏勘、资料收集、器材筹备、观测计划拟定、GPS 仪器检校及设计书编写等工作。

接受下达任务或签订 GPS 测量合同后,就可依据施工设计图踏勘、调查测区。主要调查了解交通情况、水系分布情况、植被情况、控制点分布情况、居民点分布情况;根据踏勘测区掌握的情况,收集各类图件,各类控制点成果,城市及乡、村行政区划表,测区有关的地质、气象、交通、通信等方面的资料,为编写技术设计、施工设计、成本预算提供依据。

### (一)外业观测计划的拟定

观测工作是 GPS 测量的主要外业工作。观测开始之前,外业观测计划的拟定对于顺利完成数据采集任务,保证测量精度,提高工作效益都是极为重要的。拟定观测计划的主要依据是:GPS 网的规模大小、点位精度要求、GPS 卫星星座几何图形强度、参加作业的接收机数量以及交通、通信和后勤保障(食宿、供电等)。

### (二)观测计划的主要内容

**1.编制 GPS 卫星的可见性预报图**

在高度角大于 15°的限制下,输入测区中心某一测站的概略坐标,输入日期和时间,应使用不超过 20d 的星历文件,即可编制 GPS 卫星的可见性预报图。

**2.选择卫星的几何图形强度**

在 GPS 定位中,所测卫星与观测站所组成的几何图形,其强度因子可用空间位置因子(PDOP)来代表,无论是绝对定位还是相对定位,PDOP 值不应大于 6。

**3.选择最佳的观测时段**

在卫星数大于 4 颗,且分布均匀,PDOP 值小于 6 的时段就是最佳时段。

**4.观测区域的设计与划分**

当 GPS 网的点数较多时,可实行分区观测。为了增强网的整体性,提高精度,相邻分区应设置公共观测点,且数量不得少于 3 个。

**5.编排作业调度表**

为提高工作效益,应编排作业调度表。作业调度表应包括观测时段、测站号、测站名称及接收机号等。

**(三)GPS测量的外业实施**

GPS测量外业实施包括GPS点的选埋、观测、数据传输及数据预处理等工作。

1.选点

由于GPS测量观测站之间不一定要求相互通视,而且网的图形结构也比较灵活,所以选点工作比常规控制测量的选点要简便。但由于点位的选择对于保证观测工作的顺利进行和保证测量结果的可靠性有着重要的意义,所以在选点工作开始前,除收集和了解有关测区的地理情况和原有测量控制点分布及标架、标型、标石完好状况,决定其适宜的点位外,选点工作还应遵守以下原则:

①点位应设在易于安装接收设备、视野开阔的较高点上。②点位目标要显著,视场周围15°以上不应有障碍物,以减小GPS信号被遮挡或障碍物吸收。③点位应远离大功率无线电发射源(如,电视台、微波站等),以避免电磁场对GPS信号的干扰。④点位附近不应有大面积水域或不应有强烈干扰卫星信号接收的物体,以减弱多路径效应的影响。⑤点位应选在交通方便,有利于其他观测手段扩展与联测的地方。⑥地面基础稳定,易于点的保存。⑦选点人员应按技术设计进行踏勘,在实地按要求选定点位。⑧网形应有利于同步观测边、点联结。⑨当所选点位需要进行水准联测时,选点人员应实地踏勘水准路线。⑩当利用旧点时,应对旧点的稳定性、完好性,以及觇标是否安全、可用性做一检查,符合要求方可利用。

2.标志埋设

GPS网点一般应埋设在具有中心标志的标石上,以精确标志点位,点的标石和标志必须稳定、坚固以利长久保存和利用。在基岩露头地区,也可直接在基岩上嵌入金属标志。

3.观测工作

(1)天线安置和量取仪器高。

天线的正确安置是保证GPS测量精度的重要条件。天线的定向标志线应指向正北,并顾及当地磁偏角的影响,以减弱相位中心偏差的影响。天线定向误差依定位精度不同而异,一般不应超过±3°~5°。

GPS天线架设不宜过低,一般应距地面1m以上。天线架设好后,在圆盘天线间隔120°的三个方向分别量取天线高,每次测量结果之差不应超过3mm,取其三次结果的平均值记入测量手簿中,天线高记录取值0.001m,并且在观测过程中,测量人员在保证仪器安全的情况下应远离天线,以减少多路径效应。

(2)开机观测。

观测作业的主要目的是捕获GPS卫星信号,并对其进行跟踪、处理和量测,以获得所需要的定位信息和观测数据。

天线安置完成后,在离开天线适当位置的地面上安放 GPS 接收机,当确认外接电源电缆及天线等各项连接完全无误后,方可接通电源,启动接收机进行观测。

接收机锁定卫星后,观测员可按照仪器使用说明及仪器提供的信息设定各项参数。注意:在未掌握有关操作系统之前,不要随意按键和输入,一般在正常接收过程中禁止更改任何设置参数。

4.外业观测注意事项

①当确认外接电源电缆及天线等各项连接完全无误后,方可接通电源,启动接收机。②开机后,接收机有关指示显示正常并通过自检后,方能输入有关测站和时段控制信息。③接收机在开始记录数据后,应注意查看有关观测卫星数量、卫星号、相位测量残差、实时定位结果及其变化、存储介质记录等情况。④一个时段观测过程中,不允许进行以下操作:关闭又重新启动;进行自测试(发现故障除外);改变卫星高度角;改变天线位置;改变数据采样间隔;按动关闭文件和删除文件等功能键。⑤每一观测时段中,气象元素一般应在始、中、末各观测记录一次,当时段较长时可适当增加观测次数。⑥在观测过程中要特别注意供电情况,除在观测前认真检查电池电量是否充足外,作业中观测人员不要离开接收机,听到仪器的低电压报警要及时予以处理,否则可能会造成仪器内部数据的破坏或丢失。对观测时段较长的观测工作,建议尽量采用太阳能电池板或汽车电瓶进行供电。

一个时段的测量结束后,检查仪器高、测站名是否正确输入,确保无误后关机,关电源,再迁站。

观测成果的外业检核是确保外业观测质量和实现定位精度的重要环节。所以外业观测数据在测区时要及时进行严格检查,对外业预处理成果要按规范要求严格检查、分析,根据情况进行必要的重测和补测。确保外业成果无误后方可离开测区。

## 三、GPS 网的内业成果处理

GPS 的内业处理比较简单,一般借助软件在计算机上处理,基本步骤如下:

### (一)基线解算(数据预处理)

对于两台及两台以上接收机同步观测值进行独立基线向量(坐标差)的平差计算叫基线解算,有的也叫观测数据预处理。

预处理的主要目的是对原始数据进行编辑、加工整理、分流并产生各种专用信息文件,为进一步的平差计算做准备。

### (二)观测成果的外业检核

对野外观测资料首先要进行复查,内容包括:成果是否符合调度命令和规范的要求;观测数据质量分析是否符合实际。然后进行下列项目的检核：

①每个时段同步边观测数据的检核。②重复观测边的检核。③同步观测环检核。④异步观测环检核。

对经过检校超限的基线在充分分析的基础上，进行野外返工观测。

（三）GPS网平差处理

在各项质量检核符合要求后，以所有独立基线组成闭合图形，以三维基线向量及其相应方差协方差阵作为观测信息，在此基础上进行GPS网的平差计算。

1.GPS网的无约束平差

利用基线处理结果和协方差阵，以一个点的WGS—84系三维坐标作为起算依据，进行GPS网的无约束平差。无约束平差提供各控制点在WGS—84系下的三维坐标，各基线向量三个坐标差观测值的总改正数，基线边长以及点位和边长的精度信息。

应该注意的是，由于起始点的坐标往往采用GPS单点定位的结果，其值与精确的WGS—84地心坐标有较大的偏差，所以平差后得到的各点坐标并非真正的WGS—84地心坐标。

2.GPS网的约束平差

实际工程中所使用的国家坐标或城市、矿区坐标，需要将GPS网的平差结果进行坐标转换而得到。

在无约束平差确定的有效观测量基础上，在国家坐标系或城市独立坐标系下进行三维约束平差或二维约束平差。约束点的已知点坐标，已知距离或已知方位，可以作为强制约束的固定值，也可作为加权观测值。平差结果应输出在国家或城市独立坐标系的三维或二维坐标、基线边长及方位中。

## 四、GPS在地形图测绘中的应用

近几年来，随着GPS载波相位差分技术（RTK）的发展，其实时定位结果达厘米级，在地形图的测绘中，它正逐步地得到广泛应用。

常规地形图测绘，一般是首先根据控制点加密图根控制点，然后在图根控制点上用经纬仪测图法或平板仪测图法测绘地形图。近几年发展到用全站仪和电子手簿采用地物编码的方法，利用测图软件测绘地形图。但都要求测站点与被测的周围地物地貌等碎部点之间通视，而且至少要求3~4人操作。

利用RTK技术进行地形图的测绘就可以克服上述困难，在RTK作业模式中，基准站与流动站在满足测图精度的情况下，测程一般可达10~20km，而且绘图人员均在现场，避免了由于绘图工作者不了解实际地形而造成的返工问题。

采用 RTK 技术进行测图时,基准站安置在已知坐标点上,并将差分数据通过数据链传递给流动站;流动站仅需一人背着仪器在要测的碎部点上待上 1~2s,接收来自卫星和基准站的数据,实时求出碎部点的三维坐标,在点位精度合乎要求的情况下,通过电子手簿或便携微机,将数据记录下来,并同时输入特征编码,在野外或回到室内,通过专业测图软件,即可得到所测的地形图。

用 RTK 技术测定点位不要求点间通视,仅需一人操作,便可完成测图工作,大大提高了测图的工作效率。

随着 RTK 技术的不断发展和系列化产品的不断出现,一些更轻小、更廉价的 RTK 模式的 GPS 接收机正在不断地被生产出来。现在有一些厂家还专门生产出了用于地形测量的 GPS 产品,称为 GPS Total Station(GPS 全站仪)。既有 GPS 功能,又有全站仪的功能,适宜在复杂的地形条件下使用。

# 第七章
# 渠道及线路测绘

修建渠道、架设输电线路、埋设输水管道或修筑道路等项工程,先将选择的路线,在地面上标定出其中心位置,然后沿路线方向测出其地面起伏状况,并绘制成带状地形图或纵横断面图,作为线路工程设计和土石方工程量计算的依据,这项工作称为线路测量(亦称路线测量)。

路线测量的内容一般包括:踏勘选线、中线测量、纵横断面测量、土方计算和断面的放样等。本章重点介绍渠道测量的一般方法,在此基础上,对道路测量、管道测量和输电线路测量予以简要介绍。

## 第一节 渠道测量

### 一、渠道选线测量

#### (一)踏勘选线

渠道选线的任务就是要在地面上选定渠道的合理路线,标定渠道中心线的位置。渠线的选择直接关系到工程效益和修建费用的大小,一般应考虑有尽可能多的土地能实现自流灌、排,而开挖和填筑的土、石方量及所需修建的附属建筑物要少,并要求中小型渠道的布置与土地规划相结合,做到田、渠、林、路布置合理,为采用先进农业技术和农田园田化创造条件,同时还要考虑渠道沿线有较好的地质条件,少占良田,以减少总体费用。

具体选线时除考虑其选线要求外,应依渠道大小的不同按一定的方法步骤进行。对于灌区面积大、渠线较长的渠道一般应经过实地查勘、室内选线、外业选线等步骤;对于灌区面积较小、渠线不长的渠道,可以根据已有资料和选线要求直接在实地查勘选线。

1.实地查勘

查勘前最好先在地形图(比例尺一般为 1∶10000 左右)上初选几条比较渠线,然后依次对所经地带进行实地查勘,了解和搜集有关资料(如土壤、地质、水文、施工条件等),并对渠线某些控制性的点(如渠首、沿线沟谷、跨河点等)进行简单测量,了解其相对位置和高程,以便分析比较,进而合理地选取渠线。

2.室内选线

室内选线是在室内从图上选线,即在适合的地形图上选定渠道中心线的平面位置,并在图上标出渠道转折点到附近明显地物点的距离和方向(由图上量得)。如该地区无适用的地形图,则应根据查勘时确定的渠道线路,测绘沿线宽 100～200m 的带状地形图,其比例尺视渠线的长度而定。

在山区丘陵区选线时,为了确保渠道的稳定,应力求挖方。因此,环山渠道应先在图上根据等高线和渠道纵坡初选渠线,并结合选线的其他要求对此线路做必要修改,定出图上的渠线位置。

3.外业选线

外业选线是将室内选线的结果转移到实地上,标出渠道的起点、转折点和终点。外业选线也还要根据现场的实际情况,对图上所定渠线做进一步论证研究和补充修改,使之更加完善。实地选线时,一般应借助仪器选定各转折点的位置。对于平原地区的渠线应尽可能选成直线,如遇转弯时,则在转折处打下木桩。在丘陵山区选线时,为了较快地进行选线,可用经纬仪按视距法测出有关渠段或转折点间的距离和高差。由于视距法的精度不高,对于较长的渠线为避免高程误差累积过大,最好每隔 2km～3km 与已知水准点校核一次。如果选线精度要求高,则用水准仪测定有关点的高程,探测出渠线的位置。

渠道中线选定后,应在渠道的起点、各转折点和终点用大木桩或水泥桩在地面上标定出来,并绘略图注明桩点与附近固定地物的相互位置和距离,以便寻找。

(二)水准点的布设与施测

为了满足渠线的探高测量和纵断面测量的需要,在渠道选线的同时,应沿渠线附近每隔 1km～3km 左右在施工范围以外布设一些水准点,并组成闭合水准路线,当路线不长(15km 以内)时,也可组成往返观测的支水准路线。水准点的高程一般用四等水准测量的方法施测,大型渠道可采用三等水准测量。

## 二、渠道中线测量

渠道中线测量的任务是根据选线所定的起点、转折点及终点,通过量距测角把渠道中心线的平面位置在地面上用一系列的木桩标定出来。

距离丈量,一般用皮尺或测绳沿中线丈量(用经纬仪目视定直线),为了便于计算路线长度和绘制纵断面图,沿路线方向每隔 100m、50m、20m 打一木桩,地势平坦、间隔大,反之间隔小,以距起点的里程进行编号,称为里程桩(整数)。如起点(渠道是以其引水或分水建筑物的中心为起点)的桩号为 0+000,每隔 100m 加打一木桩时,则以后各桩的桩号为 0+100;0+200 等,"+"号前的数字为千米数,"+"号后的数字是米数,如 1+500 表示该桩离渠道起点 1km 又 500m。在两整数里程桩间如遇重要地物和计划修建工程建筑物(如,涵洞、跌水等)以及地面坡度变化较大的地方,都要增钉木桩,称为加桩。其桩号也以里程编号,如图 7-1 中的 1+185、1+233 及 1+266 为路线跨过小沟边及沟底的加桩。里程桩和加桩通称中心线桩(简称中心桩),将桩号用红漆书写在木桩一侧,面向起点打入土中。为了防止以后测量时漏测加桩,还应在木桩的另一侧从起点桩依次编写序号,图 7-1 中的顺序号为 1,2,3,4,5,6。

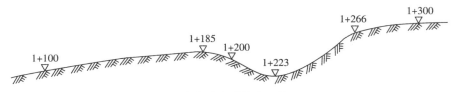

**图 7-1　路线跨沟时的中心桩设置图**

在距离丈量中为避免出现差错,一般需用皮尺丈量两次,当精度要求不高时可用皮尺或测绳丈量一次,在观测偏角时,用视距法对两相邻桩段进行检核。

当距离丈量到转折点,渠道从一直线方向转向另一直线方向,此时需要测角和测设曲线,将经纬仪安置在转折点,测出前一直线的延长线与改变方向后的直线间的夹角 I,称为偏角,在延长线左的为左偏角,在右的为右偏角,因此测出的 I 角应注明左或右。如图 7-2 中 $IP_1$ 处为右偏,即 $I_右 = 23°20'$。根据规范要求:当 $I<6°$,不测设曲线;$I = 6° \sim 12°$ 及曲线长度上 $L<100m$ 时,只测设曲线的三个主点桩;在 $I>12°$,同时曲线长度 $L>100m$ 时,需要测设曲线细部。

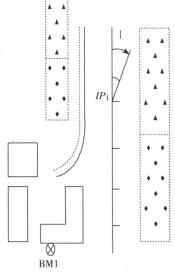

在量距的同时,还要在现场绘出草图,如图 7-2 所示,图中直线表示渠道中心线,直线上的黑点表示里程桩和加桩的位置,$IP_1$(桩号为 0+380.9)为转折点,在该点处偏角 $I_右 = 23°20'$,即渠道中线在该点处,改变方向右转 23°20'。但在绘图时改变后的渠线仍按直线方向绘出,仅在转折点用箭头表示集线的转折方向(此处为右偏,箭头画在直线右边),并注明偏角角值。至于

**图 7-2　渠道测量草图示例**

渠道两侧的地形则可根据目测勾绘。在山区进行环山渠道的中线测量时,为了使渠道以挖方为主,将山坡外侧渠堤顶的一部分设计在地面以下,如图 7-3 所示,此时一般要用水准仪

来探测中心桩的位置。首先根据渠首引水口高程,渠底比降、里程和渠深(渠道设计水深加超高)计算堤顶高程,而后用水准测量探测该高程的地面点。例如,渠首引水口的渠底高程为 74.81m,渠底比降为 1/2000,渠深为 2.5m,则 0+500 的堤顶高程为 74.81−500/2000+2.5 = 77.06(m),而后如图 7-4 所示,由 $BM_1$(高程为 76.605m)接测里程为 0+500 的地面点 h 时,测得后视读数为 1.482m,则 $P_1$ 点上立尺读数应为 76.605+1.48−77.06 = 1.027m,但实测读数为 1.785m,说明 $P_1$ 点位置偏低,应向高处(山坡里侧)移至读数恰为 1.027m 时,即得堤顶位置,钉下 0+500 里程桩。按此法继续沿山坡接测延伸渠线。

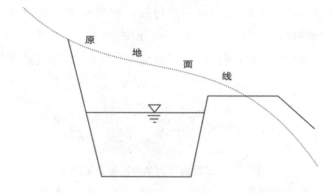

图 7-3　环山渠道断面图

图 7-4　环山渠道中心桩探测示意图

中线测量完成后,对于大型渠道一般应绘出渠道测量路线平面图,如图 7-5 所示,在图上绘出渠道走向、各弯道上的圆曲线桩点等,并将桩号和曲线的主要元素数值($I$、$L$ 和曲线半径 $R$、切线长 $T$)注在图中的相应位置上。

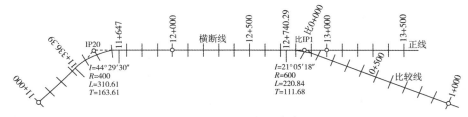

图 7-5　渠道测量路线平面图

## 三、渠道纵断面测量

渠道纵断面测量的任务,是测出中心线上各里程桩和加桩的地面高程,了解纵向地面高低起伏状况,并绘出纵断面图,其工作包括外业和内业。

(一)纵断面测量外业

渠道纵断面测量是以沿线测设的三、四等水准点为依据,按五等水准测量的要求从一个水准点开始引测,测出一段渠线上各中心桩的地面高程后,到下一个水准点进行校核,其闭合差不得超过 $\pm 10\sqrt{n}$ mm($n$ 为测站数)。

如图 7-6 所示,从 $BM_1$(高福为 76.605m)引测高程,依次对 0+000,0+100…进行观测,由于这些桩相距不远,按渠道测量的精度要求,在一个测站上读取后视读数后,可连续观测几个前视点(最大视距不得超过 150m),然后转至下一站继续观测。

这样计算高程时采用"视线高法"较为方便。其观测与记录及计算步骤如下:
(1)读取后视读数,并算出视线高程。

视线高程=后视点高程+后视读数

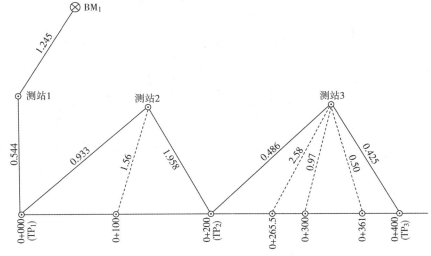

图 7-6　纵断面测量示意图

如图 7-6 所示,在第 1 站上后视 $BM_1$,读数为 1.245,则视线高程为 76.605+1.245=

77.850（m）。

（2）观测前视点并分别记录前视读数。

由于在一个测站上前视要观测多个桩点，其中仅有一个点是起着传递高程作用的转点，而其余各点只需读出前视读数就能得出高程，为区别于转点，称为中间点。中间点上的前视读数精确到厘米即可，而转点上的观测稍度将影响到以后各点，要求读至 mm，同时还应注意仪器到两转点的前、后视距离大致相等（差值不大于 20m）。用中心桩作为转点，要置尺垫于桩一侧的地面，水准尺立在尺垫上，并使尺垫与地面同高，即可代替地面高程。观测中间点时，可将水准尺立于紧靠中心桩旁的地面，直接测算地面高程。

## （二）纵断面图的绘制

纵断面图可用 AutoCAD 等绘图软件绘制，也可用坐标方格纸手工绘制。以水平距离为横轴，其比例尺通常取 1:1000～1:10000，依渠道长度而定；高程为纵轴，为了能明显地表示出地面起伏情况，其比例尺比距离比例尺大 10～50 倍，可取 1:50～1:500，依地形类别而定。图 7-7 所绘纵断面图其水平距离比例尺为 1:5000，高程比例尺为 1:100，由于各桩点的地面

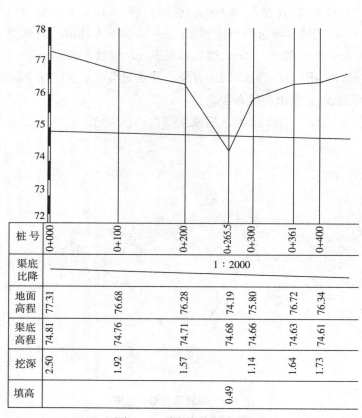

图 7-7　渠道纵断面图

高程一般都很大,为了节省纸张和便于阅读,图上的高程可不从零开始,而从某一适当的数值(如72m)起绘。根据各桩点的里程和高程在图上标出相应地面点的位置,依次连接各点绘出地面线。再根据设计的渠首高程和渠道比降绘出渠底设计线。至于各桩点的渠底设计高程,则是根据起点(0+000)的渠底设计高程、渠道比降和离起点的距离计算求得,注在图下"渠底高程"一行的相应点处,然后根据各桩点的地面高程和渠底高程,即可算出各桩点的挖深或填高量,分别填在图中相应位置。

## 四、渠道横断面测量

渠道横断面测量的任务,是测出各中心桩处垂直于渠线方向的地面高低情况,并绘出横断面图。其工作分为外业和内业。

### (一)横断面测量外业

进行横断面测量时,以中心桩为起点测出横断面方向上地面坡度变化点间的距离和高差。测量的宽度随渠道大小而定,也与挖填深度有关,较大型的渠道,挖方或填方大的地段应该宽一些,一般以能在横断面图上套绘出设计横断面为准,并留有余地。其施测的方法步骤如下:

1.定横断面方向

在中心桩上根据渠道中心线方向,用木制的十字直角器,如图7-8所示,或其他简便方法即可定出垂直于中线的方向,此方向即是该桩点处的横断面方向。

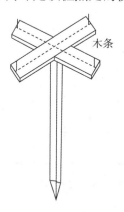

木条

图7-8　十字直角器

2.测出坡度变化点间的距离和高差

测量时以中心桩为零起算,面向渠道下游分为左、右侧。对于较大的渠道可采用经纬仪视距法或水准仪测高配合量距(或视距法)进行测量。较小的渠道可用皮尺拉平配合测杆读取两点间的距离和高差,如图 7-9 所示,读数一般取位至 0.1m。如 0+100 桩号左侧第 1 点的记录,表示该点距中心桩 3.0m,低 0.5m;第 2 点表示它与第一点的水平距离是 2.9m,低于第 1 点 0.3m;第 2 点以后坡度无变化,与上一段坡度一致,注明"同坡"。

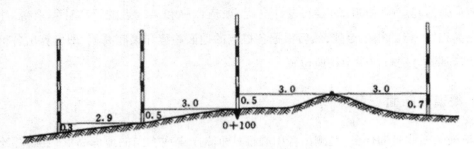

图 7-9　横断面测量示意图

(二)横断面图的绘制

横断面图仍以水平距离为横轴、高差为纵轴绘制。为了计算方便,纵横比例尺应一致,一般取 1∶100 或 1∶200,小型渠道也可采用 1∶50。绘图时,首先在适当位置定出中心桩点,如图 7-10 所示的 0+100 点,由该点向左侧按比例量取 3.0m,再由此向下(高差为正时向上)量取 0.5m,即得左侧第 1 点,同法绘出其他各点,用实线连接各点得地面线,即为 0+100桩号的横断面图。

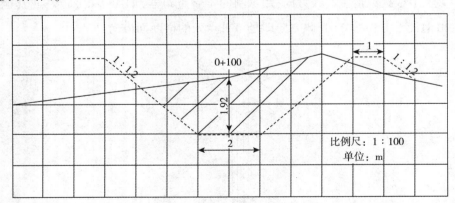

图 7-10　渠道横断面图

# 五、渠道边坡放样

边坡放样的主要任务是:在每个里程桩和加桩上将渠道设计横断面按尺寸在实地标定出来,以便施工。其具体工作如下:

（一）标定中心桩的挖深或填高

施工前首先应检查中心桩有无丢失，位置有无变动。如发现有疑问的中心桩，应根据附近的中心桩进行检测，以校核其位置的正确性。如有丢失应进行恢复，然后根据纵断面图上所计算的各中心桩的挖深或填高数，分别用红油漆写在各中心桩上。

（二）边坡桩的放样

为了指导渠道的开挖和填土，需要在实地标明开挖线和填土线。根据设计横断面与原地面线的相交情况。渠道的横断面形式一般有三种：图 7-11a 挖方断面（当挖深达 5m 时应加修平台）图 7-11b 为填方断面；图 7-11c 为挖填方断面。在挖方断面上需标出开挖线，填方断面上需标出填方的坡脚线，挖填方断面上既有开挖线也有填土线，这些挖、填线在每个断面处是用边坡桩标定的。所谓边坡桩，就是设计横断面线与原地面线交点的桩（图 7-12 中的 d，e，f 点），在实地用木桩标定这些交点桩的工作称为边坡桩放样。

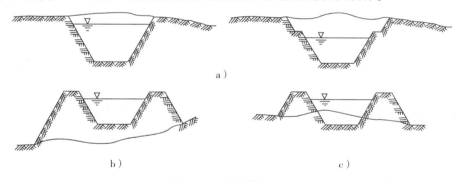

图 7-11　渠道横断面图

a) 挖方断面；b) 填方断面；c) 挖、填方断面

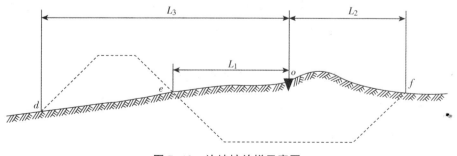

图 7-12　边坡桩放样示意图

标定边坡桩的放样数据是边坡桩与中心桩的水平距离，通常直接从横断面图上量取。

### 六、验收测量

为了保证渠道的修建质量,在渠道修建过程中,对已完工的渠段应及时进行检测和验收测量。渠道的验收测量一般是用水准测量的方法检测渠底高程,有时还需检测渠堤的堤顶高程、边坡坡度等,按渠道设计要求将检测结果记录归档,以备查验。

# 第二节　道路测量

道路测量的方法、步骤与渠道测量的基本相同,本节就其测量过程与渠道测量的不同点予以简要阐述。

## 一、道路测量工作概述

### (一)道路测量的基本过程

1.规划选线阶段
规划选线阶段是道路工程的初始阶段,一般内容包括图上选线、实地勘察和方案论证。

2.道路工程勘测阶段
道路工程的勘测通常分初测和定测两个阶段。初测阶段是在确定的规划线路上进行初步的勘测、设计工作。主要测量技术工作包括控制测量和带状地形图的测绘,目的是为道路工程设计、施工和运营提供完整的控制基准及详细的地形信息;定测阶段的主要测量技术工作有中线测量、纵横断面测量。

3.线路工程的施工放样阶段
根据施工设计图纸及有关资料,在实地放样线路工程的边桩、边坡及其他的有关点位,指导施工,保证线路工程建设的顺利进行。

4.工程竣工运营阶段
对竣工工程,要进行竣工验收,测绘竣工平面图和断面图,为工程运营及后续工程建设做准备。在运营阶段,还要监测工程的运营状况,评价工程的安全性。

### (二)道路测量的基本工作内容

道路测量的任务有两方面:一是为道路工程的设计与施工提供控制测量成果、地形图和纵横断面图资料;二是按规划设计位置要求将线路敷设于实地。主要包括下列各项工作:
①收集规划设计区域各种比例尺地形图、平面图和断面图资料,收集沿线水文、工程地

质以及测量控制点等有关资料。②根据设计人员在图上完成的初步设计方案,在实地标出线路的基本走向,沿着基本走向进行平面和高程控制测量。③根据线路工程的需要,沿着基本走向测绘带状地形图或平面图,在指定的测绘工程点上测绘地形图。④根据定线设计,把线路中心线上的各类点位测设到实地,称为中线测量。中线测量包括线路起止点、转折点、曲线主点和线路中心线里程桩、加桩等。⑤测绘线路走向中心线上各地面点的高程,绘制线路走向的纵断面图。根据线路工程的需要测绘横断面图。⑥根据线路工程的详细设计进行施工测量。工程竣工后,对照工程实体测绘竣工平面图和断面图。

## 二、渠道与道路的几点差异

### (一)横断面形状不同

渠道横断面多为凹梯形断面,而道路横断面为凸梯形断面,且两侧多有排水边沟。所以,施工放样和检查验收工作量不同。

### (二)坡度要求不同

大型石质渠道、土渠纵向坡度平缓,可为 $1/2000 \sim 1/500$;道路坡度则可平可陡(最大坡度有限定),相对而言,渠平不流水,路平易行车;渠陡易毁损,路陡能通行。因此,施工测量中对坡度的放样与监测要求的精度有所不同。

### (三)曲线类型不同

渠道弯道设置圆曲线,解决水流左、右转弯时的通畅问题,竖向无上、下坡交替出现的情况,若遇陡坡段,可设跌水缓冲;道路左、右转弯的平曲线要内加宽外加高,上、下坡常交替出现,要设置合理的竖曲线。因而,施工放样和检查验收的内容有所区别。

尽管道路测量与渠道测量有所不同,但在掌握了渠道测量知识的基础上,从事道路测量工作应无多大困难,问题是要明确具体任务的具体要求,寻求解决具体问题的方法,方可完成道路测量的任务。

# 第三节　管道测量

灌溉输水管道、防洪排水管道以及城市生活、生产用的供排水管道,多埋设于地下(亦有架空),一般属于地下构筑物。在较大的城镇及工矿企业中,各种管道常相互上下穿插,纵横交错。因此,在管道测量工作中要严格按照相关测量规范实施,并做到"步步有检核",以确保管道工程施工质量。

管道测量的主要任务与渠道测量、道路测量相类似。前期工作属线路测量工作,最终得到了设计的纵、横断面图;在地面上已测设了高程控制点、线路中心桩点。施工测量的主要任务是施工前的测量准备工作、管道施工放样工作和竣工测量工作。根据工程进度的要求,为施工测设各种基准标志,以便在施工中能随时掌握中线方向和高程位置。

## 一、施工前的测量准备工作

### (一)熟悉图纸和现场情况

施工前,要认真研究图纸,了解设计意图及工程进度安排。到现场找到各交点桩、转点桩、里程桩及水准点位置。

### (二)校核中线并测设施工控制桩

中线测量时所钉各桩,在施工过程中会丢失或被破坏一部分。为保证中线位置准确可靠,应根据设计及测量数据进行复核,并补齐已丢失的桩点。

在施工时,由于中线上各桩要被挖掉,为便于恢复中线和其他附属构筑物的位置,应在不受施工干扰、引测方便和易于保存桩位处设置施工控制桩。施工控制桩分中线控制桩和附属构筑物的位置控制桩两种。

### (三)加密控制点

为便于施工过程中引测高程,应根据原有水准点,在沿线附近每隔150m 左右增设一个临时水准点。

### (四)槽口放线

槽口放线就是按设计要求的埋深和土质情况、管径大小等计算出开槽宽度,并在地面上定出槽边线位置,划出白灰线,以便开挖施工。

## 二、管道施工放样

### (一)管道施工测量

#### 1.设置坡度板及测设中线钉

管道施工中的测量工作主要是控制管道中线设计位置和管底设计高程。为此,需设置坡度板。坡度板跨槽设置,间隔一般为 10~20m,编以板号。根据中线控制桩,用经纬仪把管道中心线投测到坡度板上,用小钉做标记,称作中线钉,以控制管道中心的平面位置。

2.测设坡度钉

为了控制沟槽的开挖深度和管道的设计高程,还需要在坡度板上测设设计坡度。为此,在坡度横板上设一坡度立板,一侧对齐中线,在竖面上测设一条高程线,其高程与管底设计高程相差一整分米数,称为下反数。在该高程线上横向钉一小钉,称为坡度钉,以控制沟底挖土深度和管子的埋设深度。具体做法是:用水准仪测得桩号为 2.492m,即为管底高程。为了使下反数为一整数分米数,坡度立板上的坡度钉应高于坡度板顶 0.008m,使其高程为 45.300m。这样,由坡度钉向下量 2.5m,即为设计的管底高程。

(二)顶管施工测量

当地下管道需要穿越其他建筑物时,不能用开槽方法施工,就采用顶管施工法。在顶管施工中要做的测量工作有以下两项:

1.中线测设

挖好顶管工作坑,根据地面上标定的中线控制桩,用经纬仪将中线引测到坑底,在坑内标定出中线方向。在管内前端水平放置一把木尺,尺上有刻画并标明中心点,用经纬仪可以测出管道中心偏离中线方向的数值,依次在顶进中进行校正。如果使用激光准直经纬仪,则沿中线方向发射一束激光。激光是可见的,所以管道顶进中的校正更为方便。

2.高程测设

在工作坑内测设临时水准点,用水准仪测量管底前、后各点的高程,可以得到管底高程和坡度的校正数值。测量时,管内使用短水准标尺。如果将激光准直经纬仪安置的视准轴倾斜坡度与管道设计中心线重合,则可以同时控制顶管作业中的方向和高程。

## 三、竣工测量

管道竣工测量包括管道竣工平面图和管道竣工纵断面的测绘。竣工平面图主要测绘管道的起点、转折点、终点、检查附属构筑物的平面位置和高程,测绘管道与附近重要地物(永久性房屋、道路、高压电线杆等)的位置关系。管道竣工纵断面图的测绘,要在回填土之前进行,用水准测量方法测定管顶的高程和检查坑内管底的高程,距离用钢尺丈量。有条件的单位可使用全站仪,采用三维坐标测量法进行管道竣工测量,将更为快捷方便。应用 GPS 定位测量,在有利的观测条件下功效更高。

# 第四节　输电线路测量

输电线路是电厂升压变电站和用户降压变电站间的输电导线。一般情况下,导线通过绝缘子悬挂在杆塔上,称为架空输电线路。由于输送电压等级不同,采用的导线规格、杆塔间距和架设方式也随之不同,具体要求在规范中有详细明确的规定。

架空输电线的路径、杆塔的排列、档距(两杆塔导线悬挂点间平距)、拉线的方向、驰度(悬挂点到下垂最低点的垂直距离)及限距(导线距地面和其他设施的最小安全距离)大小,必须按规范要求设计,通过测量在地面上实施。测量工作按内容和工序分为选线、定线、平断面测量、杆塔定位和施工放样。现就各项工作与渠道测量的不同点予以介绍。

## 一、路径的选择

架空输电线所经过的地面,称为路径。

为了节省建设资金,便于施工和安全运行,在输电线路的起讫点间必须选择一条合理的路径。选择路径时,要综合考虑和注意的问题主要有:

①路径要短而直、转弯少而转角小、交叉跨越不多,当导线最大驰度时不小于限距。②当线路与公路、铁路以及其他高压线路平行时,至少相间一个安全倒杆距离(最大杆塔高度加3m)。③当线路与公路、铁路、河流以及其他高压线、重要通信线交叉跨越时,其交角应不小于30°。④线路应尽量设法绕过居民区和厂矿区,特别应该远离油库、危险品仓库和飞机场。⑤线路应尽量避免穿越林区,特别是重要的经济林区和绿化区。如果不可避免时,应严格遵守有关砍伐的规定,尽.量减少砍伐数量。⑥杆塔附近应无地下坑道、矿井、滑坡、塌方等不良地质条件;转角点附近的地面必须坚实平坦,有足够的施工场地。⑦沿线应有可通车辆的道路或通航的河流,便于施工运输和维护、检修。选线工作方法及过程与渠道选线基本相同。

## 二、定线测量

路径方案确定之后,应在实地标出线路的起讫点、转角点和主要交叉跨越点的大体位置。定线测量的任务,除了正式标定这些点的中心位置外,还必须定出方向桩和直线桩,测定转角大小,并在转角点上定出分角桩。

## 三、平断面测量

平断面测量的工作内容包括:测定各桩位高程及其间距,计算从起点至各桩位的累积距离;测定路径中线上桩位到各碎部点的距离和高差,绘制出纵断面图和平面示意图;测绘可能小于限距的危险点和风偏断面。

（一）桩位高程和间距的测定

平断面测量之前,应先用水准测量从邻近的水准点引测线路起点的高程。线路上其他各桩位的高程和间距,可用视距高程导线测定。

（二）路径纵断面图的测绘

架空输电线路径中线的纵断面图和渠道纵断面图的绘制方法大致相同,其不同点在于:
①在断面图上除了反映地面的起伏状况外,还应显示出线路跨越的地面突出建筑物的高度。如果地面建筑物恰好位于路径中线上,称为正跨;如果地面建筑物仅被输电线路的边线(即左右两边的导线)所跨,称为边跨。②当线路跨越其他高压线和通信线时,除了以电杆符号表示出它们的顶高外,还应注明高压线的伏数和通信线的线数,并注明上线高。③被跨越的河流、湖泊、水库,应调查和测定最高洪水位,并在图中表示出来。

（三）危险点、边线断面和风偏断面的测绘

1.危险点
凡是靠近路径中线的地面突出物体,其至导线的垂距可能小于限距,称为危险点。

2.边线断面
当边线经过的地面高出路径中线地面 0.5m 以上时,须测绘边线断面。因边线断面的方向与路径中线平行,而位置比中线断面高,故可绘在中线断面的上方。在平面图上应显示出边线断面的左右位置。

3.风偏断面
当线路沿山坡而过,如果垂直于路径方向的山坡坡度在 1:3 以上时,导线因风力影响靠近山坡,需要测绘这个方向的断面,以便设计人员考虑杆塔高度或调整杆塔位置。这种垂直于路径方向的断面称为风偏断面。风偏断面测量宽度一般为 15m,用纵横一致的比例尺(高程和平距一般都为 1:500)绘在相应中线断面点位旁边的空白处。

（四）平面示意图的测绘

平面示意图绘在断面图下面的标框内,路径中线左右各绘 50m 的范围,比例尺为 1:5000,即和断面图的横向(距离)比例尺一致。平面示意图上应显示出沿路径方向的地物、地貌的特征,注出村庄、河流、山头、水库等的名称,以便施工时能据此找到杆位。

比较重要的交叉跨越地段,还要根据要求测绘专门的交叉跨越平面图,采用的比例尺一般为1:500。

杆塔定位测量是在平断面测绘的基础上,根据图上反映的地痕情况,合理地安排杆塔位置,选择适当的杆型和杆高,称为排杆。杆位确定后,则可以在实地标定出竖立杆塔的位置。

线路施工包括基础开挖、竖立杆塔和悬挂导线三道工序,与之对应的测量工作有施工基面(斜坡竖立杆塔时,作为计算基础埋深和杆塔高度的平面)测量、拉线放样和驰度放样。线路施工规范对以上工作都有各自明确的要求,限于篇幅,不再述及。

# 第八章
# 河道测绘

## 第一节　概述

为了开发和利用河流水力资源,进行防洪、灌溉、航运和水力发电等工程的规划与设计,必须知道河流水面坡降和过水断面的大小,了解水下地形。河道测量的主要任务和目的,就是进行河道纵横断面测量和水下地形测量,为工程规划与设计提供必需的河道纵横断面图和水下地形图。

河道纵断面图是河道纵向各个最深点(又称深泓点)组成的剖面图,图上包括河床深泓线、归算至某一时刻的同时水位线、某一年代的洪水位线、左右堤岸线以及重要的近河建筑物等要素。河道横断面图是垂直于河道主流方向的河床剖面图,图上包括河谷横断面、施测时的工作水位线和规定年代的洪水位线等要素。河道横断面图及其观测成果同时也是绘制河道纵断面图和水下地形图的直接依据。

在河道测量中,除了部分陆上测量工作外,主要是水下部分的测量工作。由于观测者不能直接观察到水下地形情况,因此,不能依靠直接测定地形特征点来绘制河道纵横断面图和水下地形图。同时,水下地面点的平面位置和高程也不像陆地表面那样可以直接测量,而必须通过水上定位和水深测量进行确定。在深水区和水面很宽的情况下,水深测量和测深点平面位置的确定是一项比较困难的工作,需要采用特殊的仪器设备和观测方法。因此,本章在介绍河道纵横断面和水下地形测量前,先介绍水位测量和水深测量。

## 第二节　水位测量

水位即水面高程,水位测量就是测定水面高程的工作。在河道测量中,水下地形点的高程是根据测深时的水位减去水深求得的。因此,测深时必须进行水位测量,这种测深时的水位称为工作水位。由于河流水位受各种因素的影响而时刻变化,为了准确地反映一个河段上的水面坡降,需要测定该河段上各处同一时刻的水位,这种水位称为同时水位或瞬时水位。此外,由于大量降雨或融雪影响,河水超过滩地或漫出两岸地面时的水位,称为洪水位。洪水位是进行水利工程设计和沿河安全防护必不可少的基本依据,在河道测量时必须进行洪水调查测量,提供某一年代的最大洪水高程。

## 一、工作水位的测定

在进行河道横断面或水下地形测量时,如果作业时间很短,河流水位又比较稳定,可以直接测定水边线的高程作为计算水下地形点高程的起算依据;如果作业时间较长,河流水位变化不定时,则应设置水尺随时进行观测,以保证提供测深时的准确水面高程。

水尺一般用搪瓷制成,长 1m,尺面刻画与水准尺相同。设置水尺时,先在岸边水中打入一个长木桩,然后在桩侧钉上水尺。设立水尺的位置应考虑以下要求:

①应避开回流、壅水的影响。②设在风浪影响最小之处。③能保证观测到测深期间任何时刻的水位。④尺面应顺流向岸,便于观读和接测零点高程。

水尺设置好后,根据邻近水准点用四等水准连测水尺零点的高程。水位观测时,将水面所截的水尺读数加上水尺零点高程即为水位。

## 二、同时水位的测定

测定同时水位的目的是为了了解河段上的水面坡降。

对于较短河段,为了测定其上、中、下游各处的同时水位,可由几人约定按时刻分别在这些地方打下与水面齐平的木桩,再用四等水准测量从临近水准点引测确定各桩速的离程,即得各处的同时水位。

在较长河段上,各处的同时水位通常由水文站或水位站提供,不需另行测定。如果各站没有同一时刻的直接观测资料,则须根据水位过程线和水位观测记录,按内插法求得同一时刻的水位。

## 三、洪水调查测量

进行洪水调查时,应请当地年长居民指点亲身目睹的最大洪水淹没痕迹,回忆发水的具体日期。洪水痕迹高程用五等水准测量从临近水准点引测确定。

洪水调查测量久般应选择适当河段进行,选择河段应注意以下几点:

①为了满足某一工程设计需要而进行洪水调查时,调查河段应尽量靠近工程地点。②调查河段应当稍长,并且两岸最好有古老村落和若干易受洪水浸淹的建筑物。③为了准确推算洪水流量,衡查段内河道应比较顺直,各处断面形状相近,有一定的落差;同时应无大的支流加入,无分流和严重跑滩现象,不受建筑物大量引水、排水、阻水和变动回水的影响。

在弯道处,水流因受离心力的作用,凹岸(外弯)水位通常高于凸岸(内弯)水位而出现横比降,其两岸洪水位之差有的可达 3m 以上。因此,根据弯道水流的特点,应在两岸多调查一些洪水痕迹,取两岸洪水位平均值作为标准洪水位。

# 第三节　水深测量

水深即水面至水底的垂直距离。为了求得水下地形点的高程,必须进行水深测量。水深测量常用的工具有测深杆、测深锤和回声测声仪等。

## 一、测深杆

测深杆简称测杆。一般用 4~6m,直径 5cm 左右的竹竿制成。杆的表面以分米为间隔,涂以红白或黑白漆,并注有数字。杆底装有一直径 10~15cm 的铁制底盘,用以防止测深时测杆下面影响测深精度。测杆宜在水深 5m 以内、流速和船速不大的情况下使用。目前,有些单位用玻璃钢代替竹竿,具有轻便实用的特点。用测深杆测深时,应在距船头 1/3 船长处作业,以减少波浪对读数的影响。测杆斜向上游插入水中,当杆端到达河底且与水面成垂直时读取水面所截杆上读数,即为水深。

## 二、测深锤

测深锤又称水铊,由重为 4~8kg 的铅锤和长约 10m 的测绳组成,。铅锤底部通常有一凹槽,测深时在槽内涂上黄油,可以黏取水底泥沙,借以判明水底泥沙性质,验证测锤是否到达水底。测绳由纤维制成,以分米为间隔,系有不同标志,在整米处扎以皮条,注明米数。测深锤适用于水深 10m 以内、流速小于 1m/s 的河道测深时,将铊抛向船首方向,在铊触水底、测绳垂直时,取水深读数。

## 三、回声测深仪的构造

（一）发射器

发射器一般由振荡电路、脉冲产生电路、功放电路所组成。在中央控制器的控制下，周期性地产生一定频率、一定脉冲宽度、一定电功率的电振荡脉冲，由发射换能器按一定周期向水中发射。

（二）发射换能器

发射换能器是将电能转换成机械能，再由机械能通过弹性介质转换成声能的电—声转换装置。它将发射器每隔一定间隔送来的有一定脉冲宽度、一定振荡频率和一定功率的电振荡脉冲转换成机械振动，并推动水介质以一定的波束角向水中辐射声波脉冲。

（三）接收换能器

接收换能器是将声能转换成电能的声—电转换装置。它可以将接收的声波回波信号转变为电信号，然后再送到接收器进行信号放大处理。现在许多测深仪器都采用发射与接收合一的换能器，为防止发射时产生的大功率电脉冲信号损坏接收器，通常在发射器、接收器和换能器之间设置一个自动转换电路。发射时，将换能器与发射器接通，供发射声波用；接收时，将换能器与接收器接通，切断与发射器的联系，供接收声波用。

（四）接收器

接收器将换能器接收的微弱回波信号进行检测放大，经处理后送入显示设备。在接收器电路中，采用了现代相关检测技术和归一化技术，并用回波信号自动鉴别电路、回波水深抗干扰电路、自动增益电路，使放大后的回波信号能满足各种显示设备的需要。

（五）显示设备

显示设备的功能是直观地显示所测得的水深值。常用的显示设备有指示器式、记录器式、数字显示式、数字打印式等。显示设备的另一功能是产生周期性的同步控制信号，控制与协调整机的工作。

（六）电源部分

提供全套仪器所需的电源。

## 三、回声测深仪的安装与使用

（一）回声测深仪的安装

把换能器盒与一适当长度的钢管相连,电线从管内穿过,把钢管固定在船舷外,离船首 1/2～1/3 船身长的地方,以避开船首处水流冲击船壳产生的杂音干扰,同时避开船首水中气泡对声波传播速度的影响,此外,还须避开船机产生的杂音干扰。换能器应入水 0.5m 以上,并记录入水深度。换能器盒的长轴要平行于船的轴线。

（二）回声测深仪的使用

测深仪的型号很多,且随技术的进步而不断更新,不同型号仪器的具体操作方法有些不同,但一般都有下述几个步骤:

(1)连接换能器。把换能器盒的插头插入插孔。如果未接上换能器而接通电源,会因空载而烧坏仪器元件。

(2)接通电源。合上电源开关,若电源接反指示红灯亮,说明正负极接错,马上调过来即可。一般仪器都有电源接反保护装置。

(3)检查电源电压。要求在 11～13V 之间。

(4)试测。换能器放入水中,合上电源,仪器即开始工作,相应的记录纸上应有基位线及深度线,或者在显示器上应有基位显示和深度显示。

(5)调节。增益过小,回波信号过弱,深度记录会消失;增益过大,杂乱信号会干扰记录。所以在工作时要调节增益旋钮,使回波信号记录清晰为止。

(6)调节纸速。船速快、水下地形复杂时用快速挡;一般用慢速挡。

(7)深度转换。工作时应根据实际深度及时拨动"深度转换"纽,选择合适的量程段。

# 第四节　河道纵横断面测量

在河流规划和水利水电工程勘测设计时,为确定河流梯级开发方案,计算水库库容,推算回水曲线,河道整治、库区淤积的方量计算,水工试验模型的制作,河床变化规律的研究等方面都需要河道纵横断面资料,它是水利水电工程建设中一项不可缺少的测量资料。

## 一、河道横断面图的测绘

### (一) 断面基点的测定

代表河道横断面位置并用作测定断面点平距和高程的测站点,称为断面基点。在进行河道横断面测量之前,首先必须沿河布设一些断面基点,并测定它们的平面位置和高程。

1.平面位置的测定

断面基点平面位置的测定有两种情况:

(1)专为水利、水能计算所进行的纵、横断面测量。

通常利用已有地形图上的明显地物点作为断面基点,对照实地打桩标定,并按顺序编号,不再另行测定它们的平面位置。对于有些无明显地物可作为断面基点的横断面,它们的基点须在实地另行选定。再在相邻两明显地物点之间用视距导线测量测定这些基点的平面位置,并按量角器展点法在地形图上展绘出这些基点。根据这些断面基点可以在地形图上绘出与河道主流方向垂直的横断面方向线。

(2)无地形图可利用的情况。

在无地形图时,须沿河的一岸每隔 50~100m 布设一个断面基点。这些基点的排列应尽量与河道主流方向平行,并从起点开始按里程进行编号。各基点间的距离可按具体要求分别采用视距、量距或光电测距仪测距的方法测定;在转折点上应用经纬仪观测水平角(左角),以便在必要时按导线计算断面点的坐标。

2.高程的测定

断面基点和水边点的高程,应用五等水准测量从邻近的水准基点进行引测确定。如果沿河没有水准基点,则应先沿河进行四等水准测量,每隔 1~2km 设置一个水准基点。

### (二) 陆地部分横断面测量

在断面基点上安置经纬仪,照准断面方向,用视距法或其他方法依次测定水边点、地形变化点和地物点至测站点的平距及高差,并算出高程。在平缓的匀坡断面上,应保证图上 1~3cm 有一个断面点。每个断面都要测至最高洪水位以上,对于不可到达处的断面点,可利用相邻断面基点按前方交会法进行测定。

### (三) 水下部分横断面测量

横断面的水下部分,需要进行水深测量,根据水深和水面高程计算断面点的高程。水下断面点(水深点)的密度视河面宽度和设计要求而定,通常应保证图上 0.5~1.5cm 有一点,并且不要漏测深泓线点。这些点的平面位置(即对断面基点的距离)可用下述方法测定:

1.视距法

当测船沿断面方向驶到一定位置需测水深时,即将船稳住,竖立标尺,向基点测站发出信号,双方各自同时进行有关测量和记录(包括视距、截尺、天顶距、水深),并互报点号对照检查,以免观测成果与点号不符。断面各点水深观测完后,须将所测水深按点号转抄到测站记录手簿中。

2.断面索法

先在断面方向靠两岸水边打下定位桩,在两桩间水平地拉一条断面索,以一个定位桩作为断面索的零点,从拿点起每隔一定间距系一布条,在布条上注明至零点的距离。测深船沿断面索测探,根据索上的距离加上定位桩至零点的距,即得水深点至基点的距离。

## 二、河道纵断面图的绘制

河道纵断面图是根据各个横断面的里程桩号(或从地形图上量得的横断面间距)及河道探测点、岸边点、堤顶(肩)点等的高程绘制而成。在坐标纸上以横向表示距离,比例尺为1:1000~1:10000;纵向表示高程,比例尺为1:100~1:1000。为了绘制方便,事先应编制纵断面成果表r表中除列出里程桩号和深泓点、左右岸边点、左右堤顶的高程等外,还应根据设计需要列出同时水位和最高洪水位。绘图时,从河道上游断面桩起,依次向下游取每一个断面中的最深点展绘到图上,连成折线即为河底纵断面。按照类似方法绘出左右堤岸线或岸边线、同时水位线和最高洪水位线。

# 第五节　水下地形测量

在水利水电和航运工程建设中,除测绘陆上地形外,还需测绘河道、湖泊或海洋的水下地形,水下地形测量是在陆地控制测量基础上进行的。水下地形点平面位置和离程的相定方法与河道横断面水下部分的测量方法基本相同。

## 一、水下地形点的密度要求与布设方法

由于不能直接观察水下地形情况,只能依靠测定较多的水下地形点来探索水下地形的变化规律。因此,通常须保证图上1~2cm有一个水下地形点;沿河道纵向可以稍稀,横向应当较密;中间可以稍稀,近岸应当稍密;但必须探测到河床最深点。

## 二、水下地形 GPS 测深定位法

上述两种施测方法均无法进行大面积水域(如,水库、湖泊、海洋等)的水下地形测绘。

在 GPS 投入应用之前,对在大水域测量的船只一般采用无线电测距定位,即由船载主台向岸上不同位置设置的两副台发射无线电信号,副台接收并返回信号至主台,由电波行程的时间确定主副台间的距离。主台至两副台的距离交会即可确定主台位置。GPS 诞生后则被广泛应用于导航与定位,GPS 与测深仪结合,使水下地形测绘变得快速方便,自动化程度大为提高。

GPS 测深定位系统主要由 GPS 接收机、数字化测深仪、数据通信链和便携式计算机及相关软件组成,测量作业分三步进行,即测前准备、外业数据采集和数据后处理。

### (一)准备工作

在测区或测区附近选取 3 个有当地已知坐标的控制点,用静态或快速静态方式获取 WGS—84 坐标,由测得的 WGS—84 坐标与当地坐标推求转换参数,把转换参数和地球椭球投影参数等设置到控制器上。再把基准站控制点的点号和坐标输入控制器或者通过控制器输入基准站 GPS 接收机;把规划好的断面线端点点号、坐标值输入到移动站的控制器中或计算机中。

### (二)外业数据采集

根据现场具体情况规划好测量时间和任务分工,基准站仪器尽量减少搬迁,提高工作效率。将基准站 GPS 接收机天线安置在规划好的已知控制点上,连接好设备电缆,通过控制器启动基准站 GPS 接收机,这时设置好的基站数据链开始工作,发射载波相位差分信号。

在移动站上,将 GPS 接收机、数字化测深仪和便携计算机等连接好,打开电源,设置好记录设置、定位仪和测深仪接口、接收机数据格式、测深仪配置、天线偏差改正及延时校正后,就可以按照规划好的作业方案进行数据采集。

### (三)数据的后处理

数据后处理是指利用相应配套的数据处理软件对测量数据进行处理,形成所需要的测量成果——水下地形图及其统计分析报告等,所有测量成果可以通过打印机或绘图仪输出。

# 第九章
# 水工建筑物的放样及变形观测

## 第一节　水工建筑物的放样观测

防洪排涝、灌溉发电等工程需修建水工建筑物,由若干个水工建筑物组成一有机整体,称为水利枢纽,如图9-1所示。

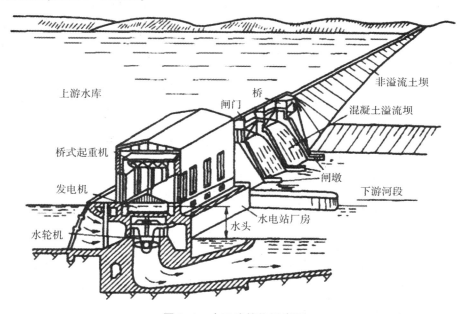

**图 9-1　水工建筑物示意图**

为了确保水工建筑物施工放样的质量,测量人员必须依据下列图纸资料进行工作:

①水工建筑物总体平面布置图、剖面图、细部结构设计图。②水工建筑物基础平面图、剖面图。③水工建筑物金属结构图、设备安装图。④水工建筑物设计变更图。⑤施工区域控制点成果。

要将设计图纸中任一水工建筑物测设到实地,都是通过测设它的主要轴线与一些主要点来实现的。测量人员要把水工建筑物具体转化为一些点、线,就必须熟悉水工建筑物的总体布置图、细部结构设计图等相关图纸,并详细核对相互部位之间的尺寸。在熟悉图纸与建立相关施工区域控制网的基础上,根据现场情况选择放样方法,并在放样过程中有可靠的校核。

本章以重力坝、拱坝、水闸、隧道为例,介绍水工建筑物施工中的具体放样工作。

## 一、重力坝的放样

图 9-2 是一般混凝土重力坝的示意图。它的施工放样工作包括:坝轴线的侧设,坝体控制测量、清基开挖线的放样和坝体立模放样等项内容。

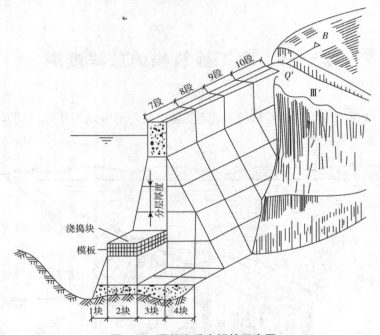

图 9-2　混凝土重力坝的示意图

### (一)坝轴线的测设

混凝土坝的轴线是坝体与其他附属建筑物放样的依据,它的位置正确与否,直接影响建筑物各部分的位置。一般先在图纸上设计坝轴线的位置,然后计算出两端点的坐标以及和附近三角点之间的关系,在现场用交会法测设坝轴线两端点。

### (二)坝体控制测量

混凝土坝的施工采取分层分块浇筑的方法,每浇筑一层一块就需要放样一次,因此要建立坝体施工控制网,作为坝体放样的定线网。坝体施工控制网一般有矩形网和三角网两种形式。

（三）清基中的放样工作

在清基工作之前,要修筑围堰工程,先将围堰以内的水排尽,再开始清基开挖线的放样。

开挖点的位置是先在图上求得,然后在实地用逐步接近法测定的。图 9-3 是通过某一坝基点的设计断面图,从图上可以查得由坝轴线到坝上游坡脚点 $A'$ 的距离,在地面上由坝基点 $p$ 沿断面方向量此距离,得 $A$ 点。用水准仪测得 $A$ 点的高程后,就可求得它与 $A'$ 点的设计离程之差 $h_1$。

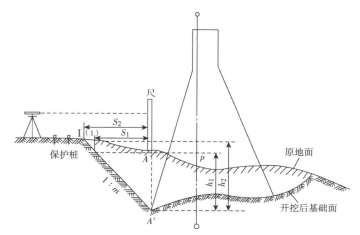

图 9-3　清基中的放样示意图

## 二、拱坝的放样

图 9-4 和图 9-5 为一种浆砌块石拱坝。拱坝的放样任务主要是:将拱的内外圆弧测设到实地上,以便清基施工,以后每层都要进行圆弧放样,才能保证工程质量。常用的放样方法有:直接标定法、圆心角、角度交会法。

图 9-4　拱坝示意图

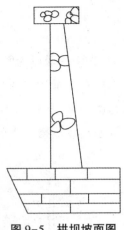

图 9-5　拱坝坡面图

（一）直接标定法

图 9-6 是小型的山谷拱坝平面示意图,其半径尺较小,可以在实地设置圆心 $O$ 的标志和墩台(墩台能随坝的升高而升高)。这样,就可由圆心 $O$ 用伸缩性小的绳尺划出圆弧来。它是小型拱坝放样时常用的一种在实地标定圆弧的简便方法。

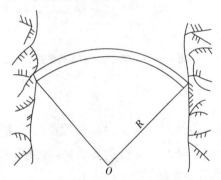

图 9-6　拱坝平面示意图

（二）角度交会法

角度交会法一般用在大中型拱坝的放样工作中,图 9-7 为一拱坝角度交会示意图。$O'$ 为拱圈的圆心,$R$ 为半径,$A$、$B$、$C$、$D$、$E$、$F$ 为施工控制点,Ⅰ、Ⅱ为坝轴线端点,拱圈上放样点的编号为 $1,\cdots,i-1,i,i+1,\cdots,n$。例如,用角度交会法测设放样点 $i$ 的位置时,先算出放样角 $\angle EDi$ 或 $\angle iDC$ 及 $\angle iED$ 或 $\angle FEi$,然后在控制点 $D$ 及 $E$ 上各安置一架经纬仪,用算出角度进行交会,就可定出 $i$ 点的位置。

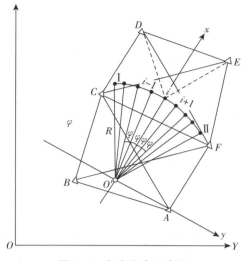

**图 9-7　角度交会示意图**

## 三、水闸的放样

水闸是具有挡水和泄水双重作用的水工建筑物,一般由闸身和上游、下游连接结构三大部分组成,如图 9-8 所示。闸身是水闸的主体,由闸门、闸底板、闸墩和岸墙等组成,闸身上还有工作桥和公路桥。闸身的进、出口和上、下游河岸及河床连接处均有连接构筑物,以防止水流的冲刷和振动,确保闸身的安全。上游、下游连接结构包括翼墙、护坦、消力塘、护坡及防渗设备等。

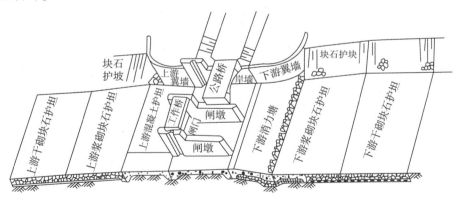

**图 9-8　水闸组成布置示意图**

水闸的施工放样主要包括:确定中心轴线和建立高程控制、闸塘(基坑)的放样、闸底板的放样。现以软土地基上的水闸为例,介绍施工放样的方法。

### (一)中心轴线(主轴线)的确定和离程控制的建立

由引河的中心轴线(纵轴)与闸身的中心轴线(横轴)决定闸的位置,并以此作为施工放样的平面控制线。

根据施工总平面图进行实地查勘,了解原有控制点情况,熟悉地形与周围环境。测设中心轴线时,一般先在图上由控制点计算纵横轴两端点的放样数据,然后到现场测设。由于测量、制图、晒图等误差的影响,还需要根据河流的流向或上、下游引河的情况进行适当调整,初步定出轴线两端点的位置。再将经纬仪安置在两轴线的交点上,测量两轴线的交角是否等于90°,如不等于90°,需进行调整,其方法是固定一根轴线,移动另一根轴线,使其满足垂直的条件,最后确定两轴线的端点。

中心轴线的位置确定后,用木桩固定下来,如图9-9所示,上、下、东、西中即为某闸纵横中心轴线桩。轴线桩必须设在施工开挖区以外,为了防止木桩受施工影响而移动或损坏,须在两轴线两端的延长线上再分别引设一木桩(图9-9中的东、西两木桩),用以检查轴线桩的位置。

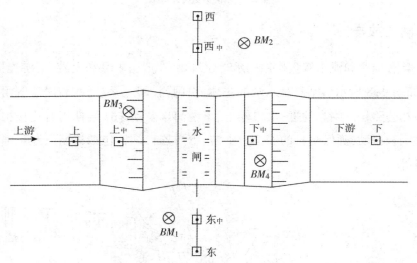

图9-9　中心轴线测设示意图

(二)闸塘的放样

闸塘的放样包括标定开挖线及确定开挖高程。

1.开挖线的放样

开挖线的位置,主要是根据闸塘底的周界和边坡与地面的交线来决定的。一般先绘制闸塘开挖图,计算放样数据,再到实地放样。开挖图可绘在毫米方格纸上,选用一定的比例尺,绘出闸塘底的周界,再按闸底高程、地面高程以及采用的边坡画出开挖线。

2.确定闸塘的高程

闸塘开挖到接近塘底高程时,一般要预留30~50cm的保护层,在闸底板浇筑前再挖,以防止天然地基受扰动而影响工程质量。

开挖闸塘的高程确定分为两步:第一步,控制保护层的高程,需要随时掌握开挖深度。第二步,控制挖去保护层后的高程。高程测设误差不得大于±10mm。

（三）闸底板的放样

闸底板是闸身及上、下游翼墙的基础,闸墩及翼墙浇筑或砌筑在闸底板上。闸孔较多的闸身底板需分块浇筑。

1.翼墙底板的放样

翼墙底板为矩形和梯形时,也需要先算出各顶点的坐标,再到实地放样。如果为圆弧形时,除算出曲线起点和终点的坐标外,还应算出圆心的坐标。圆弧放样时,如果画心与圆弧在同一平面上,且半径不大时,则可定出圆心,用半径在实地画圆。如果圆心与圆弧不在同一平面上,而半径较大画圆弧有困难时,可用偏角法测设圆弧。如果曲线上各点高差较大量距困难时,可用两架经纬仪分别安置在曲线起点(或终点)和圆心上,用圆心角和偏角交会得圆弧上各点的位置。

2.浇筑混凝土时的高程控制

测设浇筑混凝土底板的高程时,一般在模板的内侧,定出若干点,使它们的高程等于底板的设计高程,在模板内侧四周钉上小钉(间距3~5m),并涂以红漆作为标志。

3.闸底板弹线

所谓弹线,就是在闸底板上弹出浇筑或砌筑闸墩、翼墙的控制线及位置线,这项工作在底板混凝土开始凝固时,就可进行。在闸底板上弹线,一般必须弹出闸底板中心线和闸孔中心线两根相互垂直的墨线,另外再弹一条与底板中心线平行的控制闸门门槛的墨线。

## 四、隧道的放样

在隧道施工中,尤其是山岭隧道,为了加快工程进度,一般由隧道两端洞口进行相向开挖。大型隧道施工时,通常还要在两洞口间增加平洞、斜井或竖井,以增加掘进工作面,加快工程进度,如图9-10所示。

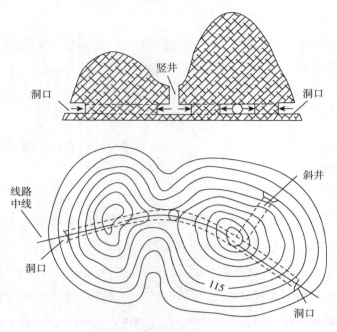

图 9-10  隧道的开挖示意图

隧道测量的任务是:准确测设出洞口、井口、坑口的平面位置和高程;隧道开挖时,测设隧道中线的方向和高程,指示掘进方向,保证隧道按要求的精度正确贯通;放样洞室各细部的平面位置与高程,放样衬砌的位置等。与地面测量工作不同的是,隧道施工的掘进方向在贯通之前无法通视,只能完全依据沿隧道中线布设的支导线来指导施工。因为支导线无外部检核条件,同时隧道内光线暗淡,工作环境较差,在测量工作中极易产生疏忽或错误,造成相向开挖隧道的方向偏离设计方向,使隧道不能正确贯通,其后果是必须部分拆除已经做好的衬砌,或采取其他补救措施,这样不但产生巨大的经济损失,还会延误工期。所以,在进行隧道测量工作时,除按规范要求严格检验校正仪器外,还应注意采取多种有效措施削弱误差,避免发生错误,使施工放样精度满足要求。具体要求可参考《公路隧道勘测规程》。

下面具体介绍洞外控制测量和隧道施工测量:

(一)洞外控制测量

为保证隧道工程在两个或多个开挖面的掘进中,施工中线在贯通面上的 $\delta_u$ 及 $\delta_h$ 能满足贯通度要求,符合纵断面的技术条件,必须进行控制测量。控制测量中的误差是指由测量误差引起在贯通面上产生的贯通误差,取上述容许误差的一半。由于贯通误差主要来源于洞外和洞内控制测量两个方面,因此,进行洞外控制测量精度设计时,要将贯通误差按误差传播定律分解为洞外和洞内的横向误差和高程误差,此过程称为贯通误差影响值的分配(图 9-11)。

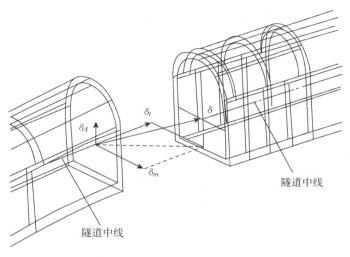

图 9-11　隧道贯通误差示意图

1.洞外平面控制测量

洞外平面控制测量的主要任务是:测定各洞口控制点的相对位置,作为引测进洞和测设洞内中线的依据。一般要求洞外平面控制网应包括洞口控制点。建立洞外平面控制的方法有:精密导线法、三角锁法和 GPS 法等。下面分别介绍这三种方法:

(1)精密导线法。

在洞外沿隧道线形布设精密光电测距导线来测定各洞口控制点的平面坐标。精密导线一般是采用正、副导线组成的若干个导线环构成控制网,如图 9-12 所示。主导线应沿两洞口连线方向敷设,每 1~3 个主导线边应与副导线联系。主导线边长一般不宜短于 300m,且相邻边长不宜相差过大。主导线须同时观测水平角和边长,副导线一般只测水平角。水平角观测宜用不低于 6" 级的经纬仪,以方向观测法为主。

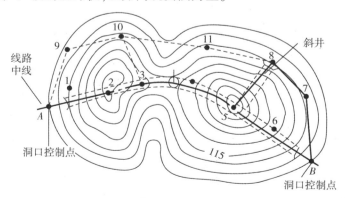

图 9-12　精密导线法示意图

（2）三角锁法。

在洞外沿隧道线形布设单三角形锁来测定各洞口控制点的平面坐标,如图 9-13 所示。邻近隧道中线一侧的三角锁各边宜尽量垂直于贯通面,避免较大的曲折,测量三角锁的求距角不宜小于 30°,起始边宜设在三角锁的中部(边角锁可以不做此要求)。

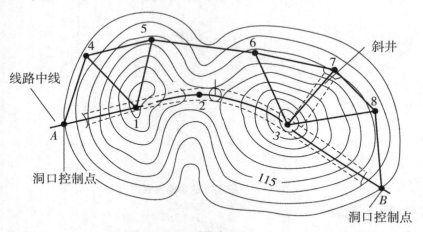

图 9-13　三角锁法示意图

（3）GPS 法

用 GPS 法测定各洞口控制点的平面坐标,如图 9-14 所示。由于各控制点之间可以互不通视,没有测量误差积累,因此特别适合于特长隧道及通视条件较差的山岭隧道。使用GPS 测量方法建立洞外平面控制网的依据是《公路全球定位系统(GPS)测量规范》中的3.1.1条款规定:根据公路及特殊桥梁、隧道等构造物的特点及不同要求,GPS 控制网分为一级、二级、三级、四级共四个等级。

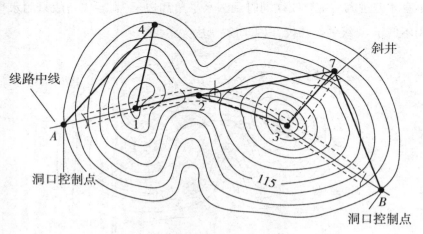

图 9-14　GPS 法意图

2.洞外高程控制测量

洞外高程控制测量的任务:按照测量设计中规定的精度要求,施测隧道洞口(包括隧道的进出口、竖井口、斜井口和坑道口)附近水准点的高程,作为高程引测进洞的依据。高程控制一般采用三、四等水准测量,当两洞口之间的距离大于 1km 时,应在中间增设临时水准点。

如果隧道不长,高程控制测量等级在四等以下时,也可采用光电测距三角高程测量的方法进行观测。三角高程测量中,光电测距的最大边长不应超过 600m,且每条边均应进行对向观测。高差计算时,应加入两差改正。

(二)洞内控制测量

洞内控制测量包括平面控制和高程控制,平面控制采用导线法,高程控制采用水准测量。洞内控制测量的目的是为隧道施工测量择供依据。

1.洞内导线测量

洞内导线通常是支导线,而且它不可能一次测完,只有掘进一段距离后才可以增设一个新点。一般每掘进 20~50m 就要增设一个新点。为了防止错误和提高支导线的稍度,通常是每埋设一个新点后,都应从支导线的起点开始全面重复测量。复测还可以发现已建成的隧道是否存在变形,点位是否被碰动过。对于直线隧道,一般只复测水平角。

洞内导线的水平角观测,可以采用 $DJ_2$ 级经纬仪观测 2 测回或 $DJ_6$ 级经纬仪观测 4 测回。观测短边的水平角时,应尽可能减少仪器地对中误差和目标偏心误差。使用全站仪观测时,最好使用三联架法观测。对于长度在 2km 以内的隧道,导线的测角中误差应不大于 $±5″$,边长测量相对中误差应小于 1/5000。

2.洞内水准测量

与洞内导线点一样,每掘进 20~50m 就要增设一个新水准点。洞内水准点可以埋设在洞顶、洞底或洞壁上,但必须稳固和便于观测。可以使用洞内导线点标志作为洞内水准点标志,也可以每隔 200~500m 设置一个较好的专用水准点。每新埋设两个水准点后,都应从洞外水准点开始至新点重复往返观测。重复水准测量还可以监测已建成隧道的沉降情况,这对在软土中修建的隧道特别重要。

# 第二节 水工建筑物的变形观测

## 一、概述

水工建筑物在施工及运行过程中,受外荷作用及各种因素影响,其状态不断变化。这种变化常常是隐蔽、缓慢、直观不易察觉的,多数情况下,需要埋设一定的观测设备或使用某些观测仪器,运用现代科学技术,对水工建筑物进行科学的检查和观测,并对观测资料进行整理分析,以便了解其工作状态是否正常,有无不利于工程安全的变化,从而对建筑物的质量和安全程度做出正确的判断和评价,便于及时发现问题,采取措施进行养护修理或改善运行方式,确保工程的安全运行,充分发挥工程效益,为保证施工质量及安全运用提供科学依据;同时也为设计、施工和科学研究积累资料。

变形观测按其观测对象可分为地表变形观测和基础变形观测两种。建筑物及其基础是水利枢纽变形观测的主要对象,通过变形观测了解水工建筑物与基岩相互作用的形式、边界变形的范围和深度和建筑物的外形变化。变形观测一般包括:水平位移、垂直位移、固结和裂缝观测。而混凝土坝除水平位移、垂直位移和裂缝观测外,还有挠度和伸缩缝观测。

建筑物变形观测的任务是对建筑物及其基础进行定期或不定期的观测,得出周期间的变化量。它的观测频率取决于建筑物及其基础变形值大小、变形速度及观测目的,通常要求观测的次数既能反映出变化的过程,又不遗漏变化的时刻。如对基础沉陷的观测频率:在荷载的影响下,基础下土层的逐渐压缩使基础的沉陷逐渐增加。一般施工期观测频率大,有三天、七天、十五天三种周期;竣工运行后观测频率可小些,有一个月、两个月、三个月、半年及一年等不同的周期。

变形观测精度要求取决于该工程建筑物预计的允许变形值的大小和进行观测的目的。如果变形观测的目的是为了使变形值不超过某一允许的数值而确保建筑物的安全,则其观测中的误差应小于允许变形值的 $1/20 \sim 1/10$;如果变形观测的目的是为了了解变形过程,则其观测中的误差应比这个数值小得多。

建筑物外部变形监测网即变形观测控制网,它是为建筑工程的变形观测布设的测量控制网。监测网中部分控制点应尽可能地埋设在变形影响之外或在比较稳固的基岩上(这种控制点称为基准点,它是测定变形点变形量的依据,每项工程至少建立三个基准点)。还有部分控制点应便于观测建筑物上的变形点(这种控制点是基准点和变形点之间的联系点,称为工作基点)。变形观测控制网一般是小型的、专用的、高精度的,具有较多的多余观测值的监测网。

水平位移监测网应根据观测任务的要求和目的以及现场条件,采用三角网、三边网、边角网、导线网和轴线等形式,一般采用独立坐标系。

垂直位移监测网可布设闭合环、结点或闭合水准路线等多种形式。

## 二、水工建物地位移观测

水工建筑物及其地基在荷载作用下将产生水平和竖直位移,建筑物的位移是其工作条件的反映,因此,根据建筑物位移的大小及其变化规律,可以判断建筑物在运用期间的工作状况是否正常和安全,分析建筑物是否有产生裂缝、滑动和倾覆的可能性。

水工建筑物的位移观测是在建筑物上设置固定的标点,然后用仪器测量出它沿直方向和水平方向的位移。对于水平位移,通常是用经纬仪按视准线法、小角度法、前方交会法和三角网法来进行观测。对于竖直位移,则采用水准仪4连通管测量其高程的变化。对于混凝土建筑物(如,混凝土坝、浆砌石坝等)还可用正垂线法、倒垂线法和引张线法进行水平位移的测量。在一些工程中也采用激光测量及地面摄影测量等方法进行水平位移的测量。为了便于对测量结果进行分析,竖直位移和水平位移的观测应该配合进行,并且在观测位移的同时观测上、下游水位。对于混凝土建筑物,还应同时观测气温和混凝土温度。

由于水工建筑物的位移,特别是竖直位移,在建筑物运用的最初几年最大,随后逐渐减小,经过相当一段时间后才趋于稳定。因此水工建筑物的位移观测在建筑物竣工后的2~3年内应每月进行1次,汛期应根据水位上升情况增加测次,当水位超过运用以来最高水位和当水位骤降或水库放空时,均应相应地增加测次。

### (一) 观测点的布置

为了全面掌握建筑物的变形状态,应根据建筑物的规模、特点、重要性、施工及地质情况,选择有代表性的断面布设测点,并且常常将观测水平位移的测点和观测竖直位移的测点设置在同一标点上。

1.测点的布置

对于土坝,应选择最大坝高处、合龙段、坝内设有泄水底孔处和坝基地形地质变化较大的坝段布置观测断面,观测断面的间距一般为50~100m,但观测断面一般不少于3个。每个观测横断面上最少布置4个测点,其中上游坝坡正常水位以上至少布置一个测点,下游坝肩上布置一点,下游坝坡上每隔20~30m布置一点,或者是在下游坝坡的马道上各布置一个测点。

对于混凝土垻或浆砌石埂,在坝顶下游坝肩及坝址处平行坝轴线各布置一个纵向观测断面,每个纵向断面上,应在各坝段的中间或在每个坝段的两端布置一个测点。对于拱坝,可在坝顶布置一个纵向观测断面,纵向观测断面上每隔40~50m设置一个测点,但是在拱冠、四分之一拱段和坝与两岩接头处必须设置一个测点。

水闸可在垂直水流方向的闸坝上布置一个纵向观测断面,并在每个闸墩上设置一个测点,或在闸墩伸缩缝两侧各设一个测点。

2.工作基点的布置

观测竖直位移的起测基点,一般布置在建筑物两岸便于观测且不受建筑物变形影响的岩基上或坚实的土基上,每一个纵向观测断面两端各布置一个。

观测水平位移的工作基点应布置在不受建筑物变形影响,便于观测的岩基上或坚实的土基上。对于采用视准线法观测的工作基点,一般设置在每个纵向观测断面的两端,为了校核工作基点在垂直坝轴方向的位移,在每一纵向观测断面的工作基点延长线上设置1~2个校核点。当建筑物长度超过500m或建筑物长度为折线形时,为了提高观测精度,可在每个纵向观测断面中间设置一个或几个等间距的非固定工作基点。对于采用三角网按前方交会法观测的工作基点,可选择在建筑物下游两岸,使交会三角形的边长在300~500m,最长不超过1000m,并使相邻两点的倾角不致太大。

(二)观测设备

1.位移标点

土工建筑物的位移标点,通常由底板、立柱和标点头三部分组成,对于有块石护坡的土工建筑物,可采用图9-15a所示的位移标点的立柱由直径为50mm的钢管制成,钢管的顶部焊接一块200mm×200mm×8mm的铁板,铁板表面刻画十字线或钻一小圆孔,以便观测水平位移,同时在十字线的一侧焊接一个铜的或不锈钢的标点头,用以观测竖直位移。立柱设置在用砖石砌成的井围中间,井内填砂、砂面在标点头以下10cm。立柱底部浇筑在厚度约40cm的混凝土底板内,底板的底部应在护坡层以下的土层内,在冰冻地区,则应设置在最深冰冻线以下,对于无块石护坡的土工建筑物,则可采用图9-15b所示的位移标点的结构比较简单,立柱和底板均用混凝土做成,在立柱顶面刻画十字线,在十字线一侧安设一个标点头。底板埋设深度不小于0.5m,在冰冻地区应埋设在冰冻线以下。

混凝土建筑物的位移标点比较简单,如图9-16所示。对于只需观测竖直位移的标点,一般只需用直径15mm、长80mm的铜螺栓埋入混凝土中,而将螺栓头露出混凝土外面5~10mm作为标点头。

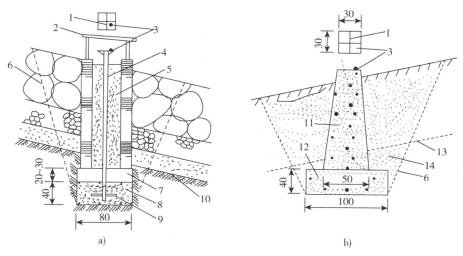

**图 9-15 土工建筑物的唯一标点**

a) ;b)

1—十字线;2—保护盖;3—标点头;4—直径 50mm 铁管;5—填砂;

6—开挖线;7—回填土;8—混凝土;9—铁销;10—坝体;

11—立柱;12—底板;13—最深冰冻线;14—回填土料

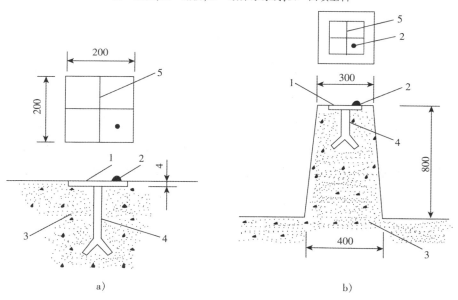

**图 9-16 混凝土建筑物的位移标点(单位:mm)**

a) ;b)

1—铁板;2—铜标头;3—混凝土;4—直径 20mm、长 200mm 的钢筋;5—十字线

**2.观测觇标**

观测水平位移的觇标可分为固定觇标和活动觇标。固定觇标通常设于后视工作基点上,用以构成视准线,多用于三角网法和视准线法的观测;活动觇标则设置在位移标点上,供

经纬仪瞄准用。

3.起测基点

起测基点可以设置在坚实的土基上,也可以设在岩基上。设在土基上的起测基点的结构如图9-17a所示,是在砖石井圈内浇筑一个混凝土墩,墩底厚度约60m,绸设在冰冻线以下50cm,井内回填细砂。混凝土墩顶埋设一个铜制标点头,标点头露出混凝土表面0.5~1.0cm,并高出地面50cm。设置在岩基上的起测基点如图9-17b所示,是在岩基中埋入一个混凝土墩,墩中埋设标点,上部设置保护盖。

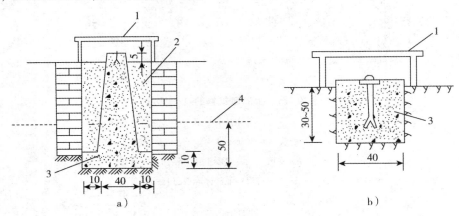

**图9-17 起测基点结构图(单位:cm)**

a)设在土基上的起测基点;b)设在岩基上的起测基点

1—保护盖;2—回填细砂;3—混凝土;4—冰冻线

4.工作基点

工作基点一般包括混凝土柱或混凝土墩和上部结构两部分,柱的顶面尺寸一般为0.3m×0.3m,柱的高度1.0~1.2m,底座部分的尺寸为1.0m×1.0m×0.3m,可直接浇在岩基上(图9-18),也可埋设在土基中(图9-19),或土工建筑物上,对于埋设在土基上的工作基点,基点底座应埋入冰冻线以下。上部结构为柱(墩)身与经纬仪或觇标连接部分,根据其连接形式的不同,可分为支承托架式,中心直插式和中心旋入式。工作基点是供安置经纬仪和觇标以构成视准线的,埋设在两岸上坡上的工作基点称为固定工作基点,埋设在建筑物上的工作基点则称为固定基点。

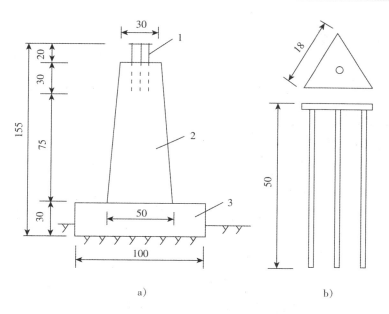

**图 9-18　设置在岩基上的工作基点(单位:cm)**

1—支承托架;2—柱身;3—底座

a)主视图;b)剖面图

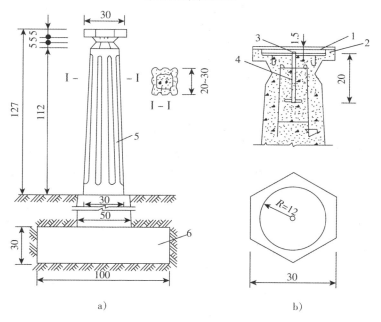

**图 9-19　设置在土基上的工作基点(单位:cm)**

1—保护盖;2—垫板,3—螺丝头;4—直径 16mm 的金属棒;

5—柱身;6—底座

a)主视图;b)剖面图

### 三、水平位移观测方法

#### (一)引张线法

引张线法观测水平位移,多用于混凝土坝、碎石坝等建筑物,这种观测方法所需设备简单,不需精密的测量仪器,可以在建筑物的廊道内进行观测,因此不受气候的影响。引张线法是在建筑物观测纵断面的两端,不受建筑物变形影响的地方设立 A、B 两个基点,在基点之间拉紧一根钢丝作为基准线,如图 9-20 所示,然后在建筑物上设立几个测点,观测各测点相对于基准线的偏差值,即为测点的水平位移。引张线法所需的基本设备有测线、端点装置和测点三部分。

测线一般是采用直径 0.2~1.2mm 的不锈钢丝做成,两端固定在端点装置上。为了保证观测精度,保护测线不受外部因素的影响,测线通常都放置在直径 10cm 的钢管或塑料管内。

端点装置由墩座、夹线装置、滑轮、线锤连接装置和重锤所组成,如图 9-21 所示。墩座一般用钢筋混凝土或金属做成,具有一定的刚度,并与地基牢固结合,以便能承受测线传来的张力。夹线装置,如图 9-22 所示是一块具有 V 形槽的混凝土板,槽口镶有铜片,以免损伤测线,槽顶盖有压板,并用螺丝旋紧,测线即被固定在 V 形槽内。

在安装夹线装置时,应使测线通过重锤经滑轮拉紧后高出 V 形槽底 2mm,并使 V 形槽中心线与测线一致,与墩座上的滑轮中心剖面在一个平面上。在非观测期间,重锤垫起,测线放松。

测点是一个固定在建筑物上的金属容器,每隔 20~30m 设置一个,其中设有水箱和标尺,如图 9-23 所示。水箱内盛水,水面设有浮船,用以支托测线。

标尺是一条长 15cm 的不锈钢尺,刻度至毫米,安置在一段槽钢表面,槽钢则固定在金属容器的内壁上,尺面水平,尺身与测线垂直。各测点的标尺应尽可能安盖在同一高程上,误差应控制在±5mm。

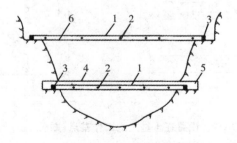

图 9-20　引线线示意图

1—引张线;2—测点;3—端点;4—廊道;5—隧洞;6—坝顶

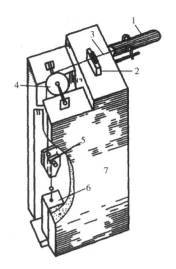

**图 9-21　端点装置**

1—保护管;2—夹线装置;3—钢丝测线;4—滑轮;5—线锤连接装置;6—重锤;7—钢筋混凝土墩

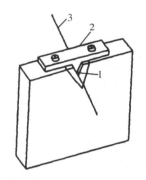

**图 9-22　夹线装置**

1—V 形槽,2—压板;3—钢丝

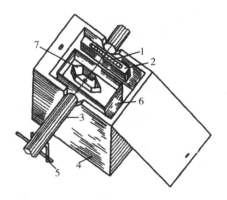

**图 9-23　测点结构**

1—标尺;2—槽钢;3—测线保护管;4—保护箱;

5—保护管支架;6—水箱;7—浮船

观测时将重锤放下,使测线张紧,然后将夹线装置旋紧,并在水箱中加水。观测方法有读数显微镜法和两用仪观测法。

(1)读数显微镜法。

先用肉眼在标尺上读取毫米以上整数,然后用读数显微镜观测毫米以下小数,即将显微镜的测微分划线对准该整数分划,读取测线左边缘和右边缘至该分划线的距离 $a$ 和 $b$,则钢丝(测线)中心线的读数为 $l=$ 整数读数$+(a+b)/2$。一个测点的观测通常进行三个测回,三个测回的误差应不大于 0.2mm。

(2)两用仪观测法。

首先将两用仪(图 9-24)安置在测点上,旋转底脚螺旋,使水准气泡居中,然后转动望远镜复合系统,使成上视位置,同时旋转微动对光螺旋,使望远镜光栏内的两根钢丝成像清晰,并重合,此时即可从读数镜内的游标尺上读出读数。

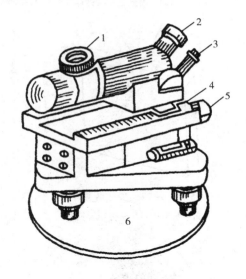

**图 9-24  两用仪**

1—物镜;2—目镜;3—读数放大镜;4—标尺;5—转动手轮;6—底盘

(二)正垂线法

正垂线法多用于混凝土坝的水平位移观测,其方法是在坝体竖井或宽缝的上部悬挂一条直径 0.8~1.0mm 的不锈钢丝,钢丝下部系有重为 10~15kg 的重锤,重锤悬浮在高 40~45cm,直径 40cm 的油箱内,箱内注入不冻的锭子油或变压器油。在重锤处于稳定状态时,钢丝则呈铅直位置;当坝体变形时,垂线也随着位移,因此若沿重线在不同高度设置观测装置,即可测得顶点相对于不同高程测点的水平位移。坝基点的读数与各高程测点读数之差,即为各高程测点与坝基测点的相对位移值,这种观测装置称为一点支承多点观测装置。如若沿垂线在坝体不同高程上埋设夹线装置,当垂线被某一高程的夹线装置夹紧,即可通过坝基观测点测得该点相对于坝基测点的相对位移,这种装置称为多点支承一点观测装置如图9-25b所示。

观测时将坐标仪放置在观测墩上,使仪器整平后照准垂线,然后读记纵横尺的观测值,取两次照准读数的平均值作为一次测回,每测点应进行两次测回,其误差应不大于0.1mm。

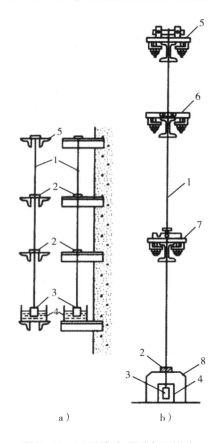

**图9-25　正垂线法观测水平位移**

a)—点支承多点观测装置;b)多点支承一点观测装置

1—垂线;2—观测仪器;3—垂球;4—油箱;

5—支点;6—固定夹装置;7—活动夹;8—观测墩

(三)倒垂线法

倒垂线法的装置如图9-26所示,是将垂线的下端锚固在新鲜基岩内,垂线的上端通过连杆连接一个外径 50cm、内径 25cm、高 33cm 的浮子,浮子悬浮在外径 60cm、内径 15cm、高 45cm 的金属油桶内,在测点处设置混凝土观测墩或金属变架观测平台,墩(或平台)的中间有直径 15cm 的圆孔,垂线从孔中穿过,墩顶(或平台面)装设观测仪器,当坝体变形时观测墩(或平台)随之位移,而垂线则不动,故通过观测仪器即可测出观测点的水平位移。

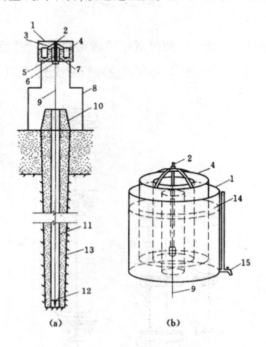

**图 9-26　倒垂线法观测装置**

a)倒垂线装置;b)浮体组

1—油桶;2—浮子连杆连接点;3—连接支架;4—浮子;5—浮子连杆;

6—夹头;7—油桶中间空洞部分;8—支承架;9—不锈钢丝;10—观测墩;

11—保护管;12—锚夹;13—钻孔;14—液面;15—出油管

**(四)竖直位移观测方法**

建筑物竖直位移的观测方法通常采用水准仪观测法和连通管观测法。

**1.水准仪观测法**

水准仪观测法是在建筑物两岸不受建筑物变形影响的地方设置水准基点或起测基点,在建筑物表面的适当部位设置竖直位移标点,然后以水准基点或起测基点的高程为标准,定期用水准仪测量标点高程的变化值,即得该标点处的竖直位移量。每次观测应进行两个测回(往返一次为一个测回),每次测回对测点应测读三次。

2.连通管法

连通管法观测竖直位移是用连通的水管将起测基点和各竖直位移标点相连接,水管内的水面是一条水平线,观测时可先量出水面与起测基点的高差,算出水面线的高程,然后再量出各位移标点与水面线的高差,由此即可算出各位移标点的高程。将前后两次所测得的位移标点的高程相减,即得两次观测间隔时间内的位移量。如将该次测得的位移标点高程与初测的位移标点高程相减,即得该标点的累计位移量。

连通管可做成固定式的(图9-27)和活动式的(图9-28)。活动式的连通管是由外径1.4cm、长120cm的玻璃管,内径1.2cm、长20m的胶管和刻有厘米分划的刻画尺所组成,观测时由两人各执一根刻画尺,分别直立在两个相邻的测点上,读出管内水位的高度,两测点读数之差即为两点的高差。

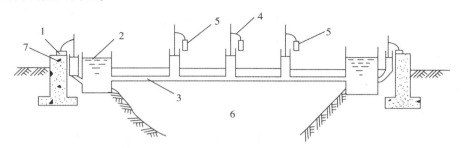

**图 9-27 固定式连通管布置示意图**

1—起测基点;2—水箱;3—埋设的连通管;4—水位测针;

5—竖直位移标点;6—建筑物;7—混凝土基础

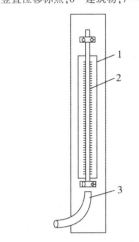

**图 9-28 活动式连通管**

1—刻画尺;2—玻璃管;3—胶管

(五)GPS和全站仪在大坝监测中的应用

近年来,随着GPS和全站仪在工程中的普遍应用,利用GPS和全站仪进行大坝变形观测也出现了很多新方法和新技术。

1.GPS 在大坝变形监测中的应用

美国陆军工程师协会和 Condor 公司于 2002 年 2 月在蒙大拿州西北的发电能力为 525MW 的 Libby 水电站大坝上安装了一套 3D tracker 实时 GPS 监测系统。

这个监测系统由布置在大坝坝顶的混凝土桩上的六个测点和两个 GPS 基准点构成。一个 GPS 基准点位于大坝左肩的山顶上,另一个位于大坝右肩上游与坝顶海拔基本相同的一块隆起的岩石上。这样操作人员能够很容易地给大坝上的每个测点分别建立两条独立的基线,同时也能通过计算两基准点间的基线完整地观测基准点。基线的长度从 100m 到 1km 不等。实时数据可以在位于 Libby 大坝的仪器室直接处理,也可以通过局域网传输给西雅图的美国陆军工程师协会办公室。在天空能见度比较高时,GPS 实时观测得到的数据水平观测和垂直观测的精度为 2~4mm,24h 时段观测精度能达到 1~2mm。工程师协会的工程师们将这些数据与通过其他技术(包括铅垂线和裂缝计)观测得到的数据相比较,第一年的观测结果显示 GPS 和铅垂线数据非常吻合。

运用这两个 GPS 基准点,能对大坝上的每个测点使用两套独立的方法计算。因为 GPS 的精度是绝对的,所以这两个独立的测量结果能不断地与系统标准精度比照,从而提供完整的观测。长期观测比照是由相关变形组成的。大坝上每个测点的两个独立过程之间的极小的误差增强了人们对测点测量精度的信心。两个独立方案之间的差别能提醒操作人员注意,并找出有偏差方案的成因。在 Libby 大坝,两个基准点的计算成果在 GPS 允许的误差范围内彼此吻合。

为了确保长期观测的精度,GPS 监测系统必须有稳定参照标石和为每个 GPS 基准点观测连续坐标的方法。如果所观测的建筑物有可能发生位移,基准点的精确测量结果必须能够正确诊断其是否真正发生,消除它传播错误信息的可能。对于 GPS 系统的表现可以从三个全面的指标来评价,分别是:系统错误分析、重复数据分析和计算结果精度分析。Libby 大坝都已明确这三个指标,这使操作人员监测大坝位移的精度达到几个毫米。

2.全站仪在大坝变形监测中的应用

瑞徕卡公司推出的新型测绘仪器——TCA 自动化全站仪,又称"测量机器人",它是以其独有的智能化、自动化性能让用户轻松自如地进行大坝外部变形的三维位移监测。徕卡 TCA 全站仪能够自动整平、自动调焦、自动正倒镜观测、自动进行误差改正、自动记录观测数据,而其独有的测量模式,使全站仪能进行自动目标识别,操作人员不再需要精确瞄准和调焦,一旦粗略瞄准棱镜后,全站仪就可搜寻到目标,并自动瞄准,大大提高工作效率。

自动极坐标实时差分测量系统主要是采用差分技术,它实际上是在一个测站上对两个观测目标进行观测,将观测值求差;或在两个测站上对同一目标进行观测,将观测值求差;或在一个测站上对一个目标进行两次观测求差,求差的目的在于消除已知的或未知的公共误差,以提高测量结果的精度。在大坝变形监测过程中,受到了许多误差因素的干扰,如,大气垂直折光,水平折光,气温,气压变化,仪器的内部误差等,直接求出这些误差的大小是极其困难的,故可采用差分的方法以减弱或消除这些误差,提高测量的精度。

自动极坐标差分测量系统由 TCA 自动化全站仪、仪器墩、通信及供电设备、控制计算机、监测点及专门软件组成。

在该系统中,控制机房内部的控制计算机通过电缆与监测站上的 TCA 自动化全站仪相连,全站仪在计算机的控制下,对基岩上的基准点及被监测物上的变形点自动进行测量,观测数据通过通信电缆实时输入计算机,用软件进行实时处理,结果按用户的要求以报表的形式输出,故监测人员在控制机房就能实时地了解全站仪的运行情况。

该系统的测量原理为:每个测量周期均按照极坐标的原理分别采集基准点和变形点的斜距、水平角、天顶距,将基准点的测量值与其真实值(通过建立基准网得到)相比,有差值,该差值可认为是受到各种因素影响的结果,但由于全站仪的自动化测量,测完一周期只需要10min,则可认为上述诸因素对基准点和变形点的影响是相同的,通过计算得到变形点的实际坐标,根据两周期的实际坐标差,就可求出变形点的三维位移量。

## 四、土坝的固结观测

为了掌握土坝在施工期和运用期的固结情况及其变化规律,需要进行土坝的固结观测。由于土坝单位厚度土层的固结量是随坝高而变化的,所以除了要观测坝体的总固结量之外,还要观测坝体不同高程处的沉陷量,以推算出坝体分层固结量。

土坝固结的观测,是在坝体中不同高处埋设横梁式固结管或深式标点,观测出各测点的高程变化,用以推算出坝体各分层的固结量。

固结观测的观测断面布置,应根据工程的重要性、地形地质情况、施工情况来决定,一般应选择在原河床断面、最大坝高断面和合拢段。每座坝至少应选择 2 个观测断面,每个断面埋设 2~3 根固结管或深式标点组。每根固结管或深式标点组的测点间距为 3~5m,最小间距不小于 lm,固结管最下一节横梁应该在坝基表面,以兼测坝基沉陷量。

深式标点:深式标点是由底板、与底板相连的标杆和套管三部分组成,底板是一块边长 1~1.5m,厚 40cm 的混凝土板,或厚 10mm 的铁板。标杆是一根直径 50mm 的铁管,下端固定在底板上,套管是直径 100mm 的铁管。当填土超过底板预计的埋设高程 50cm 时,挖一方坑埋设底板及第 1 节标杆,以及第 1 节套管,套管底距底板表面为 20~50cm,埋设完第 1 节标杆后,随即测出底板高程及第 1 节标杆顶部高程,并算得管顶到底板的距离。随着填土高度的增加,再依次埋设上部各节标杆及套管,标杆在套管内用弹性钢片或导环支持。每次安装标杆前应测出原标杆顶的高程,安装完新标杆后,再测出新标杆顶的高程,算出已安装的标杆长度,依次累计,到竣工时即可算得整个标杆的长度。每次用水准测量测出标杆顶高程后,减去标杆长度,即为底板高程,两次测得的底板高程差,即为间隔时间内底板的沉陷量。

### 五、水工建筑物的裂缝观测

#### (一)水工建筑物的裂缝观测

对于水工建筑物上的裂缝,当缝宽大于 5mm,或缝宽虽小于 5mm,但缝长和缝深较大,或者是穿过建筑物轴线的裂缝,以及弧形缝、竖直错缝,均须进行观测,掌握裂缝的现状和发展,以便分析裂缝对建筑物的影响和研究裂缝的处理措施。

水工建筑物的裂缝观测,首先应将裂缝编号,然后分别观测裂缝所在的位置、长度、宽度和深度。裂缝长度的观测,可在裂缝两端打入小木桩或用石灰水标明,然后用皮尺沿缝迹测量出缝的长度。裂缝宽度的观测,可选择有代表性的测点,在裂缝两侧每隔的 50m 打入小木桩,桩顶钉有铁钉,用尺量出两侧钉头的距离及钉头距缝边的距离,即可算出裂缝的宽度。钉头距离的变化量就是裂缝的变化量。裂缝深度的观测可采用钻孔取土样的方法进行观测,也可采用开挖深坑和竖井的方法观测裂缝的宽度、深度和两侧土体的相对位移。

#### (二)混凝土建筑物的裂缝观测

混凝土建筑物的裂缝观测包括裂缝的分布、裂缝的位置、长度、宽度和深度,对于漏水的裂缝,还应同时观测漏水的情况。裂缝的观测应与混凝土温度、气温、水温和建筑物上游水位等的观测同时进行。在裂缝发生的初期,一般每天观测一次,裂缝发展变慢后可减少观测次数;在气温和上游水位有较大变化时,应增加观测次数。

裂缝的位置和长度的观测,通常是在裂缝两端用油漆做上标志,然后将混凝土表面画上方格来进行量测。裂缝的宽度可用放大镜观测,并可在裂缝的两侧埋设标点,用游标卡尺测定标点的间距,以分析缝宽的变化。裂缝的浓度一般采用金属丝探测,也可采用直声波探伤仪、钻孔取样和孔内电视照相等方法观测。

### 六、混凝土建筑物伸缩缝的观测

混凝土建筑物伸缩缝的观测,一般是选择建筑物高度最大、地质条件复杂和进行应力应变观测的地段布置测点,测点可设置在建顶部和下游表面,以及廊道内每条伸缩缝上不少于两个测点。

伸缩缝的变化是通过在测点处埋设金属标点或差动式电阻测缝计来观测的。差动式电阻应变计的工作原理与电阻应变计相同,在浇筑建筑物混凝土的同时埋设。在埋设时,首先在较高的浇筑块中埋入套管,然后当低浇筑块的混凝土上升后,将测缝计旋入套管内,再回填混凝土。

## 七、建筑物变形观测资料的整理

（一）土工建筑物变形资料的整理

土工建筑物,例如土坝,在建成初期水库蓄水后,由于作用在上游坝坡上的水荷重、坝体土料的湿陷等的作用下,会产生向上游方向的水平位移,随后在水压力作用下又将产生向下游方向的位移。同时在自重及荷载作用下,也将产生竖直位移(沉陷)。而土料在固结过程中由于土层厚度的逐渐减小,上下游坝坡也会产生向坝址方向的水平位移。这些变形有其一定的规律性,如果变形是在一定的范围内,不会影响建筑物的正常工作和安全。所以将建筑物的变形观测资料加以整理,可以分析变形是否正常,对建筑物会产生什么样的影响,是否会危害建筑物的稳定和安全,以及需要产生什么样的安全保护措施。

1.水平位移观测资料的整理

土工建筑的水平位移观测资料通常可以按下列方式进行整理:

(1)水平位移过程线。

以观测标点的水平位移为纵坐标,以时间为横坐标,绘制水平位移过程线。在水平位移过程线图上,通常还画上相应的水库水位过程线,以便对照分析。

(2)累计水平位移变化曲线。

以历年水平位移值或相对值(历年水平位移累计值与坝高之比)为纵坐标,以时间为横坐标,绘制累计水平位移变化曲线。

(3)水平位移分布图。

以水平位移观测断面为横坐标,以水平位移为纵坐标,按一定比例尺将各测点的水平位移标于建筑物平面上,即可绘制成水平位移分布图。

(4)水平位移沿高程分布图。

以同一次观测的断面各高程测点的水平位移为横坐标,测点的高程为纵坐标,即可绘制成土坝水平位移沿高度的分布图。

2.竖直位移观测资料的整理

土工建筑物竖直位移观测资料可整理成以下形式:.

(1)竖直位移过程线。

以某一观测标点的累计竖直位移或相对竖直位移(竖直位移与现高比值的百分率)为纵坐标,时间为横坐标,绘制成竖直位移过程线。

(2)纵断面竖直位移分布图。

以纵向观测断面为横坐标,以断面上各测点竖直位移为纵坐标,绘制纵断面竖直位移分布图。

（3）横断面竖直位移分布图。

以横向观测断面为横坐标，以横断面上各测点竖直位移为纵坐标，绘制横断面竖直位移分布图。

（4）竖直位移等值线图。

在建筑物平面图内各测点位置上，标出其相应的竖直位移（沉陷）值，并将竖直位移相等的各点连成曲线，即可绘制成竖直位移等值线图。

（二）混凝土建筑物变形观测资料的整理

混凝土建筑物在自重、外荷载和温度变化的作用下将产生水平和竖直位移，特别是在水库水位升降或温度骤然变化时，都会立即产生变形，这些变形具有一定的特点和规律性，以混凝土坝为例。

①水平位移的变化具有一定的周期性，一般是每年夏季坝体向上游方向位移，冬季向下游方向位移。②水平位移随库水位的升降而变化，一般是同步发生的。而且水压力所引起的水平位移都是向下游方向的。③温度对坝体水平位移的影响，随坝型、坝体厚度、水库水位的不同而有一定的滞后作用，例如，新安江宽缝重力坝滞后 90 天，陈村重力拱坝滞后 30～90 天。④对水平位移而言，在坝体的上部，温度变化的影响较大，水压力的影响较小；在项体的下部，温度变化的影响减小，水压力的影响增大。⑤拱坝的切向位移和重力坝的纵向（沿坝轴向）位移远小于径向位移和上、下游方向的位移值，例如，陈村拱坝的切向位移为径向位移的 20%。⑥竖直位移的大小与建筑物的高度、水库的水位、温度的变化和坝基的地质情况有关。对于同一座现，最高坝段的竖直位移较岸坡坝段大；测点位置越高，竖直位移也越大。温度增高，混凝土膨胀，故坝体升高大于温度下降，混凝土收缩，故坝体下降。水库水位的变化将引起坝体温度和应力的变化，因而影响坝体竖直位移的变化。地质条件越好，竖直位移越小，反之则越大。

1.水平位移资料的整理

（1）水平位移过程线。

以时间为横坐标，以测点的水平位移为纵坐标，即可绘制成水平位移过程线。

（2）挠度曲线。

以横坐标表示水平位移，以纵坐标表示测点高程，即可绘制成表示同一垂线上各测点水平位移的挠度曲线。

（3）水平位移分布图。

以纵向观测断面为基线，将各测点的水平位移按一定比例尺标于图上，则可绘制成水平位移分布图。

2.竖直位移观测资料的整理

混凝土建筑物竖直位移观测资料可整理成竖直位移过程线、累计竖直位移变化曲线和竖直位移分布曲线。

3.伸缩缝观测资料的整理

伸缩缝宽度的观测资料通常整理成:

(1)伸缩缝宽度变化过程线。

以横坐标表示时间,纵坐标表示缝宽,即可绘制成伸缩缝宽度过程线。

(2)伸缩缝宽度与气温关系曲线。

伸缩缝宽度的变化与气温有密切关系,如以横坐标表示伸缩缝宽度,以纵坐标表示气温,即可绘制成伸缩缝宽度与气温的关系曲线。

# 第十章
# 小区域控制测绘

## 第一节　控制测量概述

### 一、控制测量的概念

测量工作可概括为"测绘"和"测设"两部分,无论哪部分测量工作,都必须保证一定的精度。由于测量会产生误差,且误差具有传递性和累积性,随着测量范围的扩大,将影响测量成果的准确性。为控制和减弱测量误差的累积和提高测量的精度与速度,测量工作必须按照"从整体到局部,先控制后碎部"的原则来开展,即先建立控制网,然后根据控制网进行碎部测量和测设。在测区内,按规范要求选定一些控制点,构成一定的几何图形,在测量中我们将这样的网络图形称为控制网,控制网中的已知点和未知点(几何图形的交点)称为控制点。按控制网的图形,以必要的精度和方法观测控制点之间的角度、距离、方向和高差。经平差计算出控制点的坐标和高程,作为测绘和测设的依据,这种工作称为控制测量。综上所述,控制测量的目的与作用:一是为测图或工程建设的测区建立统一的平面控制网和高程控制网;二是控制误差的积累;三是作为进行各种细部测量的基准。

### 二、控制网的分类

按内容不同,控制网由平面控制网和高程控制网两部分组成,前者是测量控制点的平面坐标,称这项工作为平面控制测量;后者是测定控制点的高程,称这项工作为高程控制测量。

按观测量和网形的不同,平面控制网分为三角网(锁)、测边网、边角网、导线网和 GPS 网,相应的控制测量过程称为三角测量、三边测量、边角测量、导线测量和 GPS 测量,其控制点又称为三角点、导线点、GPS 点。高程控制网分为水准网、三角高程网和 GPS 网,相应的控制测量过程称为水准测量、三角高程测量、GPS 测量,其控制点又称为水准点、三角高程点和

GPS 高程点。

按区域大小分为国家控制网（基本控制网）、城市控制网和小区域工程控制网（图根控制网）。

## （一）国家基本控制网

在全国范围内建立的平面控制网和高程控制网,称为国家基本控制网,作为全国地形测量和施工测量的基本依据。

1.基本平面控制网

在全国范围内建立的平面控制网,称为国家平面控制网。目的是在全国建立统一的坐标系统。

国家平面控制网由一、三、四等三角网组成,一等精度最高,按照从整体到局部、从高级到低级,分级布网逐级控制的原则布设。即一等网内布设二等,二等网内布设三等。

2.基本高程控制网

在全国范围内建立的水准网,称为基本高程控制网。目的是在全国建立统一的高程系统。由一、二、三、四等水准网组成,一等最高,逐级布设和控制。

## （二）工程控制网（图根控制网）

国家控制网为地形测图和大型工程测量提供了基本控制。但由于控制点的密度少,在小区域进行测绘和测设时常常不能满足要求,须在国家基本控制网的基础上加密,建立满足工程施工所需要的工程控制网。建网时尽量与国家控制网联测。远离国家控制网时,可建立独立控制网。如加密建立的小区域控制网仍不满足地形测绘和工程测量的需要,必须再进一步加密,以保证测区有足够的控制点用于测图和测设。这些直接用于测图的控制点称为图根点。

工程平面控制网一般分为三级:一级、二级基本控制网及图根控制网。

水利水电工程测量中,高程控制网一般分为三级:基本高程控制网（四等及四等以上水准网）,加密高程控制（五等水准及三角高程）和测站点高程控制。

## 三、控制网的建立方法

国家平面控制网建立方法主要有三角测量、导线测量、GPS 测量和天文定位测量。国家高程控制网建立方法主要采用水准测量方法。此外,还有三角高程测量方法、光电测距高程导线测量方法和 GPS 拟合高程测量等方法。工程平面控制网建立方法一般采用三角测量、小三角测量、导线测量、GPS 测量和经纬仪交会法测定。工程高程控制网建立方法主要有水准测量、三角高程测量和 GPS 拟合高程测量。本章主要介绍小区域首级控制或作为加密图根控制的经纬仪导线测量,交会定点测量及三、四、五等水准测量。其特点是不必考虑地球曲率对水平角和水平距离影响的范围。

# 第二节　导线测量

## 一、导线测量概述

测量中所讲的导线是将测区内选择的相邻控制点依次连成连续的折线,称为导线。组成导线的控制点称为导线点,每条折线称为导线边,相邻两条折线间所夹的水平角称转折角。导线测量的过程就是用测量仪器观测这些折线的水平距离和转折角及起始边的方位角。根据已知点坐标和观测数据,推算未知点的平面坐标。

导线测量的优点是:可呈单线布设,坐标传递迅速;且只需前、后两个相邻导线点通视,易于越过地形、地物障碍,布设灵活;各导线边均直接测定,精度均匀;导线纵向误差较小。导线测量的缺点是:控制面积小,检核观测成果质量的几何条件少;横向误差较大。

由于导线测量布设灵活,计算简单,适应面广,因而是平面控制测量常用的一种方法,主要用于带状地区、隐蔽地区、城建地区以及地下工程和线路工程等的控制测量。

按使用仪器和工具的不同,导线测量可分为:经纬仪视距导线、经纬仪量距导线、光电测距导线和全站仪导线四种。用经纬仪测量转折角的同时采用视距测量方法测定边长的导线,称为经纬仪视距导线。若用经纬仪测量转折角,用钢尺测定边长的导线,称为经纬仪量距导线。若用光电测距仪测定导线边长,用经纬仪测转折角,则称为光电测距导线。若用全站仪测量边长和角度,称为全站仪导线。

### (一)导线的布设形式

在测量生产实际工作中,按照不同的情况和要求,单一导线可以布设成:闭合导线、附合导线和支导线三种形式。

1.闭合导线

起始于同一导线点的多边形导线,称为闭合导线。

2.附合导线

布设在两高级边之间的导线,称为附合导线。

3.支导线

从一高级控制边 AB 出发,既不闭合到起始边 AB,又不符合另一已知边的导线,称为支导线。

当测区测图的最大比例尺为1∶1000时,一、二、三级导线的导线长度,平均边长可适当放大,但最大长度不应大于规定相应长度的2倍。

## 二、导线测量的外业工作

导线测量分为外业和内业两大部分。在野外选定导线点的位置,测量导线各转折角和边长及独立导线时测定起始方位角的工作,称为导线测量的外业工作。主要包括:选点及埋设标志、测角、量边和导线定向四个方面。

### (一)踏勘选点和建立标志

踏勘选点的主要任务就是根据实地情况和测图比例尺,在测区内选择一定数量的导线点。踏勘选点之前首先搜集测区内和测区附近已有控制点成果资料和各种比例尺地形图,把控制点展绘在地形图上,然后在地形图上拟定导线的布设方案,并到测区实地勘察测区范围大小、地形起伏、交通条件、物资供应及已有控制点保存等情况,以便修改以及落实点位和建立标志。如果测区范围很小,或者测区没有地形图资料,则要详细踏勘现场,根据已有控制点、测区地形条件及测图和施工测量的要求等具体情况,合理地选择导线点的位置。实地选点时需要注意下列事项:

①导线点选在土质坚实,便于保存和安置仪器之处。②相邻导线点之间通视良好,地势较平坦,便于观测水平角和测量边长。③导线点应选在周围视野开阔的地方,以便于碎部测量。④导线各边长度大致相等,以减小调焦引起的观测误差。⑤导线点分布要均匀,有足够的密度,便于控制整个测区。

导线点选定后,应按规范埋设点位标志和编号。临时性的导线点一般在地面上打入木桩,为完全牢固,在其周围浇灌一些混凝土,并在桩顶中心钉一小钉,钉头表示导线点标志。也可在水泥地面上用红漆划一圆,圆内点一小点,作为临时标志。

对于长期保存的永久性导线点,应埋设在石桩或混凝土桩上,桩顶刻"十"字或埋设刻"十"字的圆帽钉,作为永久性标志。

导线点应统一编号。为了便于寻找,应绘出导线点与附近固定而明显的地物关系草图,注明尺寸。

### (二)测角

导线的转折角一般采用测回法观测,《水利水电工程测量规范》中给定了导线转折角观测技术指标,见表6-3。表6-3 图根导线角度技术要求导线的转折角有左、右角之分,在导线前进方向左侧的水平角称为左角,右侧的水平角称为右角。

为防止差错,测角时应统一规定左角或右角。习惯上都观测左角。对于闭合导线应按逆时针方向编号,内角即为左角。

(三)边长测量

导线的边长(即控制点之间的水平距离)既可用鉴定过的钢尺丈量也可用光电测仪测定。

### 三、导线测量的内业工作

传统的内业工作指在室内进行数据的处理,主要包括检查观测数据、平差计算及资料整理等内容,由于计算机的广泛应用,传统的内业工作也可在现场完成。

计算前必须全面检查导线测量的外业记录,数据是否齐全正确,成果是否符合规范的精度要求,起算数据是否准确。然后绘制导线略图、坐标点号,弄清起始点和连接边。

由于测量工作不可避免含有误差,因此实际测角和测距的结果与理论得数值往往不符,致使导线的方位角和坐标增量不能满足已知条件,而产生角度闭合差和坐标增量闭合差。内业计算时须先进行闭合差的计算和调整,然后再计算各导线点的坐标。

# 第三节　三、四、五等水准测量

### 一、三、四、五等水准测量的技术要求

在水利水电工程测量中,除了建立平面控制网外,还常用三、四等水准建立精度较高的高程控制网和五等水准测量(又称图根水准测量)加密高程图根点。三、四、五等水准测量与普通水准测量工作方法基本相同,都需要拟定水准路线,选点、埋石和观测、记录、计算等。主要差别在于观测程序、记录计算方法、精度要求有所不同,三、四等水准测量中所有特点必须使用尺垫,且三等水准测量必须使测站数为偶数。五等可用双面尺也可用单面尺。

### 二、四等水准测量的观测方法

由于四等水准测量应用更为广泛,下面以四等水准测量为例,介绍其观测、记录、计算方法:

(一)一测站上的观测程序和记录方法

选择有利地形设站。在测站上安置好水准仪,分别照准前、后视尺,估读视距,使前、后视距之差不应超过3m,否则,应移动前视尺或水准仪以满足要求。然后按下列顺序观测记

录,观测、记录、计算顺序和计算成果:

(1)照准后视尺黑面读数:下丝(1)、上丝(2)、中丝(3)。

(2)照准后视尺红面读数:中丝(4)。

(3)照准前视尺黑面读数:下丝(5)、上丝(6)、中丝(7)。

(4)照准前视尺红面读数:中丝(8)。

四等水准测量的观测程序也可以简称为:后(黑)—后(红)—前(黑)—前(红)。

### (二)测站计算与校核

在测站上观测记录的同时,应随即进行测站计算与校核,以便及时发现和纠正错误,确认符合要求时,才可以迁站继续施测,否则应重新观测。迁站时前视标尺和尺垫不允许移动,将后视尺和尺垫移至下一站作为前视。

测站上的计算工作有以下三部分:

**1.视距部分**

$$后视距离(9)=[(1)-(2)]×100$$
$$前视距离(10)=[(5)-(6)]×100$$

前后视距差(11)=(9)-(10),其绝对值不得超过3m

前后视距累积差(12)=本站(11)+上站(12)

每测段视距累积差的绝对值应小于10m。

**2.高差部分**

同一水准尺黑红面中丝读数差不得超过3mm。

$$后视尺黑红面读数之差(13)=K+黑(3)-红(4)$$
$$前视尺黑红面读数之差(14)=K+黑(7)-红(8)$$

式中:$K$ 为尺常数,即 $A$ 尺或 $B$ 尺黑面与红面的起点读数之差。$K$ 值分别为 $K_A=4.687$m,$K_B=4.787$m。第二站因两水准尺交替,计算(13)时 $K$ 值取 $K_B=4.787$m,计算(14)时 $K$ 值取 $K_A=4.687$m。

$$黑面高差(15)=(3)-(7)$$
$$红面高差(16)=(4)-(8)$$

黑红面高差之差(17)=(15)-[(16)±0.100]=(13)-(14),其绝对值应小于5mm(校核使用)。

由于两水准尺的红面起始读数相差 0.100m,因此,测得的红面高差应加 0.100m 或减 0.100m 才等于实际高差,即上式中(16)±0.100,取"+"或"-",应根据前后视尺的 $K$ 值来确定。当后视尺常数 $K$ 为 4.687 时,则红面高差比黑面高差的理论值小 0.100m,则应加上 0.100m,即取"+"号,反之应减去 0.100m,即取"-"号。

高差中数(18)= 1/2[ (15)+(16)±0.100]

3.检核计算

一测段结束后或整个水准路线测量完毕,还应逐步检核计算有无错误,方法是:

先计算：$\sum$ (3)、$\sum$ (4)、$\sum$ (7)、$\sum$ (8)、$\sum$ (9)、$\sum$ (10)、$\sum$ (15)、$\sum$ (16)和 $\sum$ (18),然后用下式校核：

$$\sum (3) - \sum (7) = \sum (15)$$

$$\sum (4) - \sum (8) = \sum (16)$$

$$\sum (9) - \sum (10) = \sum 末站(12)$$

当测站总数为奇数时：$[ \sum (15) + \sum (16) ±0.100]/2 = \sum (18)$

当测站总数为偶数时：$[ \sum (15) + \sum (16) ]/2 = \sum (18)$

水准路线总长度 $L = \sum (9) + \sum (10)$

(三)高差闭合差的调整和水准点高程的计算

水准点高程的计算与普通水准测量计算方法一样,先进行高差闭合差的计算及调整。四等水准路线高差闭合差的限差为 $±20\sqrt{L}$ mm($L$ 为路线总长,以 km 计)。如满足要求,将闭合差反号按与测段长度成正比例的法则分配到各段高差中,然后计算各水准点的高程。

### 三、三、五等水准测量

三等水准测量一个测站上的观测程序为:后(黑)—前(黑)—前(红)—后(红);五等水准测量观测程序为:后—后—前—前。记录计算与四等水准基本相同,仅观测限差不同。

# 第十一章
# 水库的控制运用与库岸管理

水库的控制运用与库岸管理是保证水利水电枢纽工程安全与维持和提高水库使用效能的关键,库岸防护的工程措施、水库环境保护、水质污染防治及水土保持措施是必须熟知的知识,水库兴利运用控制的几种调度调节计算方法、水库防洪运用控制的方式是水库管理重要的技术内容,应知其机理,对水库泥沙淤积的形成机理与防淤排沙措施也应熟悉。通过本内容的学习,能初步进行水库管理与库岸防护的一般工作。

## 第一节　水库管理

### 一、水库的类型及作用

#### (一)水库的类型

水库可以根据其总库容的大小划分为大、中、小型水库,其中大型水库和小型水库又各自分为两级,即大(1)型、大(2)型,小(1)型、小(2)型。因此,水库按其规模的大小分为五等,如表 11-1 所示。

表 11-1　水库的分等指标

| 水库等级 | Ⅰ | Ⅱ | Ⅲ | Ⅵ | Ⅴ |
|---|---|---|---|---|---|
| 水库规模 | 大(1)型 | 大(2)型 | 中型 | 小(1)型 | 小(2)型 |
| 水库的总库容/亿 m³ | >10 | 10~1 | 1~0.1 | 0.1~0.01 | 0.01~0.001 |

注:总库容是指校核洪水位以下的水库库容。

水库具有防洪、发电、灌溉、供水、航运、养殖、旅游等作用,具有多种作用的水库为多目标水库,又称综合利用水库,只具有一种作用或用途的则为单目标水库。我国的水库一般都属于多目标水库。

根据水库对径流的调节能力,水库可分为日调节水库、周调节水库、季调节水库(或年调节水库)、多年调节水库。

根据水库在河流上位置的地形状况,水库可分为山谷型水库、丘陵型水库、平原型水库三类。

此外,水库还有地表水库和地下水库之分。

### (二)水库的作用

我国河流水资源受气候的影响,存在时空分布极不均衡的严重问题,水库是进行这种时空调节的最为有效的途径。水库具有调节河流径流,充分利用水资源发挥效益的作用。

水库能调节洪水,削减洪峰,延缓洪水通过的时间,保证下游泄洪的安全。

水库蓄水抬高水位,取得水头,可进行发电,并可改善河道航运和浮运条件,发展养殖业和旅游业。

## 二、水库与库区环境的关系

水库能给国民经济各个方面带来许多综合效益,也会对周围环境产生一定的影响,如,造成淹没、浸没、气候和生态环境变化等。

水库是人工湖泊,它需要一定的空间来储存水量和滞蓄洪水,因此会淹没大片土地、设施和自然资源,如,淹没农田、城镇、工厂、矿山、森林、建筑物、交通和通信线路、文物古迹、风景游览区和自然保护区等。

水库建成蓄水后,周围地区的地下水位会随之抬高,在一定的地质条件下,可能会使这些地区被浸没,发生土地沼泽化、农田盐碱化,还可能引起建筑物地基沉陷、房屋倒塌、道路翻浆、饮水条件恶化等问题。

河道上建成水库后,进入水库的河水流速降低,水中挟带的泥沙便在水库淤积,占据了一定的库容,影响水库的效益,缩短水库的使用年限。

通过水库下泄的清水,使下游河水的含沙量减少,引起河床的冲刷,从而危及下游桥梁、堤防、码头、护岸工程的安全,并使河道水位下降,影响下游的引水和灌溉。

随着水库的蓄水,水库两侧的库岸在水的浸泡下,岩土的物理力学性质发生变化,抗剪强度减小;或者是在风浪和冰凌的冲击和淘刷下,致使库岸丧失稳定,产生坍塌、滑坡和库岸再造。

修建水库蓄水以后,特别是大型水库,形成了人工湖泊,扩大了水面面积,也会影响库区的气温、湿度、降雨、风速和风向。

修建水库蓄水以后,原有自然生态平衡被打破,水温升高,对一些水生物和鱼类的生存可能有利,但隔断了洄游鱼类的路径,对其繁殖不利。

水库能为人们提供优质的生活用水和美丽的生活环境,但水库的浅水区,杂草丛生,是疟蚊的潜生地。周围的沼泽地也是血吸虫中间宿主丁螺繁殖的良好环境。

修建水库后,由于水库中水体的作用,在一定的地质条件下还可能产生水库诱发地震。

### 三、水库管理的任务与工作内容

水库管理是指采取技术、经济、行政和法律的措施,合理组织水库的运行、维修和经营,以保证水库安全和充分发挥效益的工作。

#### (一)水库管理的主要任务

水库管理的主要任务包括:①保证水库安全运行、防止溃坝;②充分发挥规划设计等规定的防洪、灌溉、发电、供水、航运以及发展水产改善环境等各种效益;③对工程进行维修养护,防止和延缓工程老化、库区淤积、自然和人为破坏,延长水库使用年限;④不断提高管理水平。

#### (二)水库管理的工作内容

水库管理工作可分为水库控制运用、工程设施管理和经营管理等方面。

**1.水库控制运用**

水库控制运用又称水库调度,是合理运用现有水库工程改变江河天然径流在时间和空间上的分布状况及水位的高低,以适应生产、生活和改善环境的需要,达到除害兴利、综合利用水资源的目的,是水库管理的主要生产活动。其内容包括:①掌握各种建筑物和设备的技术状况,了解水库实际蓄泄能力和有关河道的过水能力;②收集水文气象资料的情报、预报以及防汛部门和各用水户的要求;③编制水库调度规程,确定调度原则和调度方式,绘制水库调度图;④编制和审批水库年度调度计划,确定分期运用指标和供水指标,作为年度水库调节的依据;⑤确定每个时段(月、旬或周)的调度计划,发布和执行水库实时调度指令;⑥在改变泄量前,通知有关单位并发出警报;⑦随时了解调度过程中的问题和用水户的意见,据以调整调度工作;⑧搜集、整理、分析有关调度的原始资料。

**2.工程设施管理**

工程设施管理包括:①建立检查观测制度,进行定期或不定期的工程检查和原型观测,并及时整编分析资料,掌握工程设施的工作状态;②建立养护修理制度,进行日常的养护修理;③按照年度计划进行工程岁修、大修和设备更新改造;④出现险情时及时组织抢护;⑤依靠政策、法令保护工程设施和所管辖的水域,防止人为破坏工程和降低水库蓄泄能力;⑥进行水库水质监测,防止水污染;⑦建立水库技术档案;⑧建立防汛预报、预警方案。

# 第二节　库岸防护

水库蓄水之后,常常给库岸带来一系列的危害,例如,库岸淹没、浸没、库岸坍塌以及水库岸区环境的恶化等问题,这些问题严重时会使水库丧失功能而"夭折"。所以在水库运行管理中应对库岸经常进行检查,对出现的危害应及时进行治理,并采取有效的防护措施减少和避免危害的发生。

库区常用的防护措施一般有修建防护堤、防洪墙、抽水排站、排水沟渠、减压沟井、防浪墙堤、护岸、护坡加固、副坝等工程措施,以及针对库岸水环境的保护所采取的水体水质保护,水土流失治理等。本节就水库运用管理中通常涉及的库岸失稳的防治及水库水环境保护等问题进行讨论。

## 一、水库库岸失稳的防治

水库蓄水后,库岸在自重和水的作用下常常会发生失稳,形成崩塌和滑坡。

影响库岸稳定的因素很多,如,库岸的坡度和高度、库岸线的形状、库岸的地质构造和岩性、水流的淘刷、水的浸湿和渗透作用、水位的变化、风浪作用、冻融作用、浮冰的撞击、地震作用以及人为的开挖、爆破等作用,均会造成库岸的失稳。

### (一)岩质库岸失稳的防治

岩质库岸失稳的形态一般有崩塌、滑坡和蠕动三种类型。崩塌是指岸坡下部的外层岩体因其结构遭受破坏后脱落,使库岸上部岩体失去支撑,在重力或其他因素作用下而坠落的现象。滑坡是指库岸岩体在重力或其他力的作用下,沿一个或一组软弱面或软弱带做整体滑动的现象。蠕动现象可分为两种:对于脆性岩层,是指在重力或卸荷力作用下沿已有的滑动面或绕某点做长期而缓慢的滑动或转动;对于塑性岩层(如夹层),是指岩层或岩块在荷载做用下沿滑动面或层面作长期缓慢的塑性变形或流动。

最常见的岸坡失稳形态是滑坡,防治滑坡的方法有削坡、防漏排水、支护、改变土体性质、采用抗滑桩和锚固等措施。

1.削坡

当滑坡体范围较小时,可将不稳定岩体挖除;如果滑坡体范围较大,则可将滑坡体顶部挖除,并将开挖的石碴堆放在滑坡体下部及坡脚处,以增加其稳定性。

2.防漏排水

防漏排水是岸坡整治的一项有效措施,被广泛用于工程实践中。其具体措施是:在环绕滑坡体的四周设置水平和垂直排水管网,并在滑坡体边界的上方开挖排水沟,拦截沿岸坡流向滑坡体的地表水和地下水;对滑坡体表面进行勾缝、水泥喷浆或种植草皮,阻止地表水漏入滑坡体内。

3.支护

支护措施通常有挡墙支护和支撑支护两种。当滑坡体由松散土层或坡积层组成,或者是裂隙发育的岩层时,可在坡脚处修建浆砌石、混凝土或钢筋混凝土的挡墙进行支护;如果滑坡体是整体性较好的不稳定岩层,也可采用钢筋混凝土框架进行支护。

4.抗滑桩法

当滑动体具有明确的滑动面时,可沿滑动面方向用钻机或人工开挖的方法造孔,在孔内设钢管,管中灌注混凝土,形成一排抗滑桩,利用桩体的强度增加滑动面的抗剪强度,达到增强稳定性的目的。抗滑桩的截面有方形和圆形两种,其直径对于钻孔桩为 $30 \sim 50 \mathrm{cm}$,对于挖孔桩一般为 $1.5 \sim 2.0 \mathrm{m}$,桩长可达 $20 \mathrm{m}$。当滑动面上、下岩体完整时,也可采用平洞开挖的方法沿滑动面设置混凝土抗滑短桩或抗滑键槽,以增强滑动体的稳定性,也可取得良好的效果。

5.锚固措施

锚固措施是用钻机钻孔穿过滑坡体岩层,直达下部稳定岩体一定深度,然后在孔中埋设预应力钢索或锚杆,以加强滑坡体稳定的方法。在许多情况下,滑坡的防治常常需要同时采取上述几种措施,进行综合整治。

例如,黄坛口水库的左坝肩为一古滑坡体,岩石极为破碎,其范围自坝线下游伸入水库约 $300 \mathrm{m}$,面积 $2000 \mathrm{m}^2$,厚度 $60 \sim 70 \mathrm{m}$。采取的整治措施如下:

(1)削坡。

将滑坡体的上部岩体挖除一部分,回填至坡脚。

(2)防渗措施。

为防止库水渗入滑坡体内,在滑坡体的下部,沿边坡面修建了一道长 $300 \mathrm{m}$、顶部高程超过水库正常高水位的黏土心墙(铺盖),心墙底部与基础岩石连接,墙脚与坝头混凝土重力式翼墙相接,将整个滑坡体包裹封闭。

(3)排水措施。

沿滑坡体边界上方开挖排水沟,将顺坡流向滑坡体的地表水拦截排走;同时在滑坡体坡脚处设置一排排水管,将通过黏土心墙渗入的库水排至水库下游。

(4)防漏措施。

对滑裂体表面裂隙用黏土进行勾缝,防止雨水渗入滑坡体。

(5)监测工作。

为掌握滑坡体的动态,沿滑坡体的滑动方向布置了观测断面,监测滑坡体的位移及其水文地质情况。

(二)非岩质库岸失稳的防治

防治非岩质库岸破坏和失稳的措施有护坡、护脚、护岸墙和防波浪墙等。对于受主流顶冲淘刷而引起的塌岸,常采用抛石护岸;如果水下部分冲刷强烈,则可采用石笼或柳石枕护脚;对于受风浪淘刷而引起的塌岸,可采用干砌石、浆砌石、混凝土、土水泥等材料进行护坡;当库岸较高,上部受风浪冲刷,下部受主流顶冲,则可做成阶梯式的防护结构,上部采用护坡,下部采用抛石、石笼固脚,如图 11-1 所示;对于水库水位变化较大、风浪冲刷强烈的库岸,可采用护岸墙的防护方式;对于库岸较陡,在水的浸湿和风浪作用下有塌岸危险的,则可采用削坡的方法进行防护,当库岸较高时,也可采取上部削坡、下部回填,然后进行护坡的防护方法。

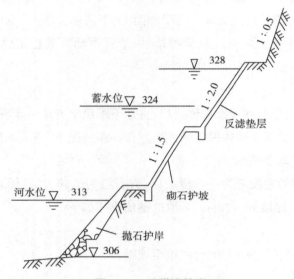

图 11-1　阶梯式护岸

抛石护岸具有一定的抗冲能力,能适应地基的变形,适用于有石料来源和运输方便的情况。石料一般宜采用质地坚硬,直径 20~40cm,质量在 30~120kg 的石块,抛石厚约为石块直径的 4 倍,一般不小于 0.8~1.2m。抛石护坡表面的坡度,对于水流顶冲不严重的情况,一般不陡于 1:1.5;对于水流顶冲严重的情况,一般不陡于 1:1.8。

干砌块石护岸是常用的一种护岸形式,其顶部应高于水库的最高水位,其底部应伸入水库最低水位以下,并能保护库岸不受主流顶冲。干砌块石层的厚度一般为 0.3~0.6m,下面铺设 15~20cm 的碎砾石垫层。

浆砌块石护岸较干砌石护岸坚固,能抵抗较大的风浪淘刷和水流顶冲,一般分为单层砌石和双层砌石两种,砌石层下面设有排水垫层,浆砌石层上还设有排水孔。

石笼护岸是用铅丝、竹篾、荆条等材料编织成网状的六面体或圆柱状,内填块石、卵石,将其叠放或抛投在防护地段,做成护岸。石笼的直径在 0.6~1.0m,长度为 2.5~3.0m,体积为 1.0~2.0m³。石笼护岸的优点是可以利用较小的石块,抛入水中后位移较小,抗冲能力较强,且具有一定的柔性,能适应地基的变形。

防护林护岸是选择库岸滩地的适当地段植树造林,做成防护林带,以抵御水库高水位时的风浪冲刷。

## 二、水库的水环境保护

### (一)对水库水环境保护的认识

水库水环境保护是现代经济社会赋予水库管理工作的一项全新内容,是现代水库管理的基本要求,是工程效益形成的基础保障,自然也是水利工程管理中一项不可忽视的重要工作。

水库水资源是指水库中蓄存的可满足水库兴利目标,即满足设计用途所需的所有水资源。水库水资源的兴利能力不仅取决于水库的建设任务和规模,水库所在河川径流在时间、空间上分布水量的变化,而且还取决于水质状况。然而,水库水资源却承受着库区工农业生产及旅游等产业带来的污染和水土流失引发淤积的威胁,并且,这些威胁在日趋加重,这类危害若继续并扩大,水库将面临功能丧失的危机。因此,为维护水库的安全,水库管理者应超脱狭隘的管理范围,"走上库岸",加强防治污染和水土保持工作,做好库岸的水环境管理。

水库水环境的管理具有一定的广泛性、综合性和复杂性,应运用行政、法律、经济、教育和科学技术等手段对水环境进行强化管理。

### (二)水库污染防治

#### 1.水库污染及其种类

水污染是指水体因某种物质的介入而导致其化学、物理、生物或者放射性等方面特性的改变,从而影响水的有效利用,危害人体健康或者破坏生态环境,造成水质恶化的现象。水污染通常有以下几种类型:

(1)有机污染。

有机污染又称需氧性污染,主要是指由城市污水、食品工业和造纸工业等排放含有大量有机物的废水所造成的污染。

(2)无机污染。

无机污染又称酸碱盐污染,主要来自矿山、黏胶纤维、钢铁厂、染料工业、造纸、炼油制革等废水。

（3）有毒物质污染。

有毒物质污染为重金属污染和有机毒物污染。

（4）病原微生物污染。

病原微生物污染主要来自生活、畜禽饲养厂、医院以及屠宰肉类加工等污水。

（5）富营养化污染。

生活污水和一些工业、食品业排出废水中含有氮、磷等营养物质，农业生产过程中大量氮肥、磷肥，随雨水流入河流、湖泊。

（6）其他水体污染。

主要包括水体油污染和水体热污染、放射性污染等。

水是否被污染，发生哪种污染，污染到什么程度，都是通过相应的污染分析指标判定衡量的。水污染正常分析指标包括：①臭味；②水温；③浑浊度；④电导率；⑤溶解性固体；⑥悬浮性固体；⑦总氧；⑧总有机碳；⑨溶解氧；⑩生物化学需氧量；⑪化学需氧量；⑫细菌总数。这些指标是管理中进行检查分析工作的重要依据。

2.水库污染危害的防治

水库中水体受到污染会产生一定的危害：一是对人体健康产生危害；二是对农业造成危害。

水库水环境污染防治应将工程措施和非工程措施相结合。

（1）工程措施。

工程措施包括三个方面：①流域污染源治理工程，主要是对工业污染、镇区污水、村落粪便等进行处理；②流域水环境整治与水质净化工程，主要是对河道淤泥和垃圾进行清理，对下游河道进行生态修复；③流域水土保持与生态建设工程，主要是对一些废弃的矿区和采石场进行修复处理，栽种水源涵养林。

（2）非工程措施。

非工程措施就是让各种有害物质和使水环境恶化的一切行为远离库区，为此可以采取以下措施：①法律手段，可依据国家有关水环境法律法规制定库区环境管理条例，通过法律强制措施对库区的不法行为进行制止；②经济手段，通过奖惩办法对积极采取防治库区污染措施的企业予以奖励，对污染严重的企业予以惩罚；③宣传教育手段，采取多种形式在库区进行宣传教育，提高库区群众的防治意识并发挥社会公众监督作用；④科技手段，应用科学技术知识，加强库区农业生产的指导工作，改善产业结构，减少和避免有害环境的生产方式。科学地制定水资源的检测、评价、标准，推广先进的生产技术和管理技术，制定综合防治规划，使环境建设和防治工作持久不懈。

（三）水库水土保持

1.水土保持及其作用

水库水土保持是一项综合治理性质的生态环境建设工程，是指在水库水土流失区，为防止水土流失,保护改良与合理利用水土资源而进行的一系列工作。

水土保持工作以保水土为中心,以水蚀为主要防治对象,必然对水库水资源生态环境产生更为全面的显著作用和影响,主要体现在以下几个方面:①增加蓄水能力,提高降水资源的有效利用;②削减洪水,增加枯水期流量,提高河川水资源的有效利用率;③控制土壤侵蚀,减少河流泥沙;④改善水环境,促进区域社会经济可持续发展。

2.水土保持的措施

水土流失的原因有水力侵蚀、重力侵蚀、风力侵蚀三种形式。水力侵蚀概括地说是地表径流对地面土壤的侵蚀和搬移。重力侵蚀是斜坡上的土体因地下水渗透力或因雨后土壤饱和引起抗剪强度减小,或因地震等原因使土体因重力失去平衡而产生位移或块体运动并堆积在坡麓的土壤侵蚀现象,主要形态有崩塌、滑坡、泄流等。风力侵蚀是由风力磨蚀、吹扬作用使地表物质发生搬运及沉积的现象,其表现有滚动、跃移和悬浮三种方式。

水土流失对水库水资源有极大的影响,主要包括:①加剧洪涝灾害;②降低水源涵养能力;③造成水库淤积,降低综合能力;④制约地方经济发展。

搞好水土保持应主要采取三个方面的措施:

(1)水土保持的工程措施。

在合适的地方修筑梯田、山边沟、撩壕等坡面工程,合理配置蓄水、引水和提水工程,主要作用是改变小地形,蓄水保土,建设旱涝保坡、稳定高产的基本农田。

(2)水土保持林草措施。

在荒山、荒坡、荒沟、沙荒地、荒滩和退耕的陡坡农地上,采取造林、种草或封山育草的办法增加地面植被,保护土壤免受暴雨侵蚀冲刷。

(3)水土保持农业措施。

通过采取合理的耕作措施,在提高农业产量的同时达到保水保土的目的。


# 第三节　水库控制运用


## 一、水库控制运用的意义

水库的作用是调节径流、兴利除害。但是,由于水库功能的多样性和河川未来径流的难以预知性,使水库在运用中存在一系列的矛盾问题,概括起来主要表现在四个方面:①汛期蓄水与泄水的矛盾;②汛期弃水发电与防汛的矛盾;③工业、农业、生活用水的分配矛盾;④在水资源的配置和使用过程中产生用水部门及地区间的不平衡而发生的水事纠纷问题。这就要求对水库应加强控制运用,合理调度。只有这样,才能在有限的水库水资源条件下较好地满足各方面的需求,获得较大的综合效益。如果水库调度同时结合水文预报进行,实现水库预报调度,这种情况所获得的综合效益将更大。

## 二、水库调度工作要求

水库调度包括防洪调度与兴利调度两个方面。在水情长期预报还不可靠的情况下,可根据已制定的水库调度图与调度准则指导水库调度,也可参考中短期水文预报进行水库预报调度,对于多沙河流上的水库,还要处理好拦洪蓄水与排沙关系,即做好水沙调度。水库群调度中,要着重考虑补偿调节与梯级调度问题。为做好调度的实施工作,应预先制定水库年调度计划,并根据实际来水与用水情况,进行实时调度。

水库年调度计划是根据水库原设计和历年运行经验,结合面临年度的实际情况而制定的全年调度工作的总体安排。

水库实时调度水库实时调度是指在水库日常运行的面临时段,根据实际情况确定运行状态的调度措施与方法,其目的是实现预定的调度目标,保证水库安全,充分发挥水库效益。

## 三、水库控制运用指标

水库控制运用指标是指那些在水库实际运行中作为控制条件的一系列特征水位,它是拟定水库调度计划的关键数据,也是实际运行中判别水库运行是否安全正常的主要依据之一。

水库在设计时,按照有关技术标准的规定选定了一系列特征水位,主要有校核洪水位、设计洪水位、防洪高水位、正常蓄水位、防洪限制水位、死水位等。它们决定水库的规模与效益,也是水库大坝等水工建筑物设计的基本依据。水库实际运行中采用的特征水位,在水利部颁布的《水库管理通则》中规定有:允许最高水位、汛末蓄水位、汛期限制水位、兴利下限水位等。它们的确定,主要依据原设计和相关特征水位,同时还须考虑工程现状和控制运用经验等因素。当情况发生较大变化,不能按原设计的特征水位运用时,应在仔细分析比较与科学论证的基础上,拟定新的指标,这些运行控制指标因实际情况需要随时调整。

1.允许最高水位

水库运行中,在发生设计的校核洪水时允许达到的最高库水位是判断水库工程防洪安全最重要的指标。

2.汛期限制水位

水库为保证防洪安全,汛期要留有足够的防洪库容而限制兴利蓄水的上限水位。一般根据水库防洪和下游防洪要求的一定标准洪水,经过调洪演算推求而得。

3.汛末蓄水位

汛末蓄水位指综合利用的水库,汛期根据兴利的需要,在汛期限制水位上要求充蓄到的最高水位。这个水位在很大程度上决定了下一个汛期到来之前可能获得的兴利效益。

4.兴利下限水位

兴利下限水位指水库兴利运用在正常情况下允许落到的最低水位。它反映了兴利的需要及各方面的控制条件,这些条件包括泄水及引水建筑物的设备高程,水电站最小工作水头,库内渔业生产、航运、水源保护及其他要求等。

## 四、水库兴利控制运用

水库兴利控制运用的目的,是在保证水库及上下游城乡安全及河道生态条件的前提下,使水库库容和河川径流资源得到充分运用,最大限度地发挥水库的兴利效益。水库兴利控制运用是水库管理的重要内容,其依据是水库兴利控制运用计划。

### (一)编制控制运用计划的基本资料

编制水库兴利控制运用计划需收集下列基本资料:①水库历年逐月来水量资料;②历年灌溉、供水、发电、航运等用水资料;③水库集水面积内和灌区内各站历年降水量、蒸发量资料及当年长期气象水文预报资料;④水库的水位与面积、水位与库容关系曲线;⑤各种特征库容及相应水位,水库蒸发、渗漏损失资料。

### (二)水库年度供水计划的编制

1.编制年度供水计划的内容

编制年度供水计划的内容主要是估算来水、蓄水、用水,通过水量平衡计算拟定水库供水方案。

2.编制的方法

目前常用的方法有两种:一是根据定量的长期气象及水文预报资料估算来水和用水过程,编制供水计划;二是利用代表年与长期定性预报相结合的方法。

### (三)水库兴利调度图

为了进行水库调度,必须利用径流的历时特性资料和统计特性资料,按水库运行调度的一定准则,预先编制由一组控制水库工作的蓄水指示线(调度线)组成的水库调度图。如当年有长期气象预报资料,估算出当年的来水、用水量,在水库已有蓄水量的情况下,通过调节计算绘制的水库兴利水位过程线,就是当年的兴利调度线。在缺乏长期水文、气象预报资料或水文气象预报精度尚不能满足要求的条件下,最常用的方法是绘制统计调度图来进行水库的兴利调度。

### 五、水库防洪控制运用

水库防洪调度是指利用水库的调蓄作用和控制能力,有计划地控制调节洪水,以避免下游防洪区的洪灾损失和确保水库工程安全。

为确保水库安全,充分发挥水库对下游的防洪效益,每年在汛前应编制好水库汛期控制运用计划。防汛控制运用计划应根据工程实际情况,对防洪标准、调度方式、防洪限制水位进行重新确定,并重新绘制防洪调度图。

1.防洪标准的确定

对实际工程状况符合原规划设计要求的,应执行原规划设计时的防洪标准。对由于受工程质量、泄洪能力和其他条件的限制,不能按原规划设计标准运行时,就应根据当年的具体情况拟定本年度的防洪标准和相应的允许最高水位,在拟定时应考虑以下因素:

(1)当年工程的具体情况和鉴定意见,水库建筑物出现异常现象时对规定的最高洪水位应予以降低。

(2)当年上、下游地区与河道堤防的防洪能力及防汛要求。

(3)新建水库在高水位考验时,汛期最高洪水位需加以限制。

2.防洪调度方式的确定

水库汛期的防汛调度是水库管理中一项十分重要的工作。它不但直接关系水库安全和下游防洪效益的发挥,而且也影响汛末蓄水和兴利效益的发挥。要做好防汛调度,必须重视并拟定合理可行的防洪调度方式,包括泄流方式、泄流量、泄流时间、闸门启闭规则等。

水库的防洪调度方式取决于水库所承担的防洪任务、洪水特性和各种其他因素。按所承担的防洪任务要求分为:①以满足下游防洪要求的防洪调度方式;②以保证水库工程安全而无下游防汛任务要求的防洪调度方式。

(1)下游有防洪要求的调度。

包括固定泄洪调度方式、防洪补偿调度方式、防洪预报调度方式三种。

①固定泄洪调度。

对于下游防洪区(控制点)紧靠水库,水库至防洪区的区间面积小,区间流量不大或者变化平稳的情况,区间流量可以忽略不计或看作常数。对于这种情况,水库可按固定泄洪方式运用。泄流量可按一级或多级形式用闸门控制。当洪水不超过防洪标准时,控制下游河道流量不超过河道安全泄量。对防洪区只有一种安全泄量的情况,水库按一种固定流量泄洪,水库下游有几种不同防洪标准与安全泄量时,水库可按几个固定流量泄洪的方式运用。一般多按"大水多泄,小水少泄"的原则分级。有的水库按水位控制分级,有的水库按入库洪水控制流量分级。当判断来水超过防洪标准时,应以水工建筑物的安全为主,以较大的固定泄量泄水,或将全部泄洪设备敞开泄洪。

②防洪补偿调度(或错峰调度)。

当水库距下游防洪区(控制点)较远,区间面积较大时,则对区间的来水就不能忽略,要充分发挥防洪库容的作用,可采用补偿调度(或错峰调度)方式。所谓补偿调节,就是指水库的下泄流量加上区间来水,要小于或等于下游防洪控制点允许的安全泄流量。为使下游防洪控制点的泄流量不超过,水库就必须在区间洪水通过防洪控制点时减少泄流量。

错峰调节是指当区间洪水汇流时间太短,水库无法根据预报的区间洪水过程,逐时段地放水时,为了使水库的安全泄流量与区间洪水之和不超过下游的安全流量,只能根据区间预报可能出现的洪峰,在一定时间内对水库关闸控制,错开洪峰,以满足下游的防洪要求。这实际上是一种经验性的补偿。例如,大伙房水库就曾经按照抚顺站的预报关闸错峰,即当连续暴雨3h,雨量超过60mm,或不足3h,雨量超过50mm时,关闸错峰。

③防洪预报调度。

防洪预报调度是利用准确预报资料进行调度工作的一种方式。对已建成的水库,考虑预报进行预泄,可以腾空部分防洪库容,增加水库的抗洪能力,或更大地削减洪峰,保证下游的安全。对具有洪水预报技术和设备条件,洪水预报精度和准确性高,且蓄泄运用较灵活的水库,可以采用防洪预报调度。短期水文预报一般指降雨径流预报或上下站水位流量关系的预报,其预见期不长,但精度较高,合格率较高,一般考虑短期水文预报根据防洪标准,按照采用的洪水预报预见期及精度,进行调洪演算。调洪演算所用的预泄流量是在水库泄流能力范围内且不大于下游允许泄流量。如果下游区间流量比较大时,应该是不超过下游允许泄量与区间流量的差值。通过调洪演算即可求出能够预泄的库容及调洪最高水位。

(2)下游无防洪要求的调度。

当下游无防洪要求时,应以满足水库工程安全为主进行调度。包括正常运用方式和非常运用方式两种情况的泄流方式,可采用自由泄流或变动泄流的方式进行。

①正常运用方式。

可以采用库水位或者入库流量作为控制运用的判别指示。按照预先制定的运用方式(一般为变动泄流,闸门逐渐打开)蓄泄洪水,控制库水位不高于设计洪水位。

②非常运用方式。

当库水位已达到设计洪水位并超过时,对有闸门控制的泄洪设施,可打开全部闸门或按规定的泄洪方式泄洪(多为自由泄流方式或启动非常溢洪道等方式),以控制发生校核洪水时库水位不超过校核洪水位。

(3)闸门的启闭方式。

①集中开启。

集中开启就是一次集中开启所需的闸门数量及相应开度。这种方式对下游威胁较大,只有在下游防洪要求不高或水库自身安全受到威胁时才考虑采用。

②逐步开启。

逐步开启有两种情况：一种是对全部闸门而言，分序开启；另一种是对单个闸门而言，是部分开启。如何开启主要根据下泄洪水流量大小来决定。

**3.防洪限制水位的确定**

防洪限制水位在规划设计时虽已明确，但水库在汛期控制运用阶段，还必须根据当年的情况予以重新确定调整。一般应根据工程质量、水库防洪标准、水文情况等因素来确定。

对于质量差的应降低防洪限制水位运行；问题严重的要空库运行；对于原设计防洪标准低的水库在汛期应降低防洪限制水位，以便提高防洪标准；对于库容较小，而上游河道枯季径流相对较大，在汛后短期内可以蓄满，则防洪限制水位可定得低一些。

对在汛期内供水有明显的分期界限，为了充分发挥水库的防洪及综合效益，在一定的条件下使防洪库容与兴利库容相结合使用，并根据预报信息提前预泄洪水或拦蓄洪尾等，对此可以采取分期防洪限制水位进行分期调度，即将汛期分为不同的阶段，分别计算各阶段洪量和留出不同的防洪库容，进而确定各阶段的防洪限制水位，分期蓄水，逐步抬高防洪限制水位。

分期防洪限制水位的确定方法有两种：

（1）从设计洪水位反推防洪限制水位。

将汛期划分为几个时段后，根据各分期的设计洪水，从设计洪位（或防洪高水位）开始按逆时序进行调洪计算，反推各分期的防洪限制水位及调节各分期洪水所需的防洪库容。

（2）假定不同的分期防洪限制水位。

计算相应的设计洪水位，经综合比较后确定各分期的防洪限制水位。对每一个分期设计洪水拟定几个防洪限制水位，然后对每一个防洪限制水位按规定的防洪限制条件和调洪方式，对分期设计洪水进行顺时序的调洪计算，求出相应的设计洪水位、最大泄流量和调洪库容。最后经综合分析后确定各分期的防洪限制水位。

**4.汛期防洪调度图**

水库汛期防洪调度图是防洪调度工作的工具，只要根据库水位在调度图中所处的位置，就可以按相应的调度规则来决定该时刻水库的下泄流量。防洪调度图可以决定整个汛期的调洪方式。防洪调度图由防洪限制水位线、防洪调度线、各种标准洪水的最高调洪水位线和由这些线所划分的各级调洪区所组成，根据调洪库容与兴利库容结合的情况，可分为三种。

**5.做好水文气象预报工作**

做好水文气象预报工作对于汛期的防汛调度十分重要，比如采用预泄或延泄措施，则要依据预报有无大洪水发生来确定；提前预泄或蓄水，也应根据预报的预见期，结合当时库水位及下游允许泄量来确定。

汛期水库水位应按规定的防洪限制水位进行控制。为了减少弃水，可根据水情预报条件、洪水传播时间和泄洪能力大小,使库水位稍高于当时防洪限制水位,通过兴利用水逐渐消落,但要确有把握在下次洪水到来前将库水位消落到防洪限制水位,对于没有预报条件、洪水传播时间短和泄洪能力小的水库,不宜这样运行。

# 第四节　水库泥沙淤积的防治

## 一、水库泥沙淤积的成因及危害

1.水库泥沙淤积的成因

河流中挟带泥沙,按其在水中的运动方式,常分为悬移质泥沙、推移质泥沙和河床质泥沙,它们随着河床水力条件的改变,或随水流运动,或沉积于河床。

河流上修建水库以后,泥沙随水流进入水库,由于水流流态变化,泥沙将在库内沉积形成水库淤积。水库淤积的速度与河水中的含沙量、水库的运用方式、水库的形态等因素有关。

2.水库泥沙淤积的危害

水库的淤积不仅会影响水库的综合效益,而且对水库上下游地区会造成严重的后果。其表现为:

①由于水库淤积,库容减小,水库的调节能力也随之降低,从而降低甚至丧失防洪能力。②加大了水库的淹没和浸没范围。③使有效库容减小,降低了水的综合效益。④泥沙在库内淤积,使其下泄水流含沙量减小,从而引起河床冲刷。⑤上游水流挟带的重金属有害成分淤积库中,会造成库中水质恶化。

## 二、水库泥沙淤积与冲刷

### (一)淤积类型

水流进入库内,因库内水的影响不同,可表现出不同的流态形式:一种为壅水流态,即入库水流由回水端到坝前其流速将沿程减小,呈壅水状态;另一种是均匀流态,即挡水坝不起壅水作用时,库区内的水面线与天然河道相同时的流态。均匀流态下水流的输沙状态与天然河道相同,称为均匀明流输沙流态。均匀明流输沙状态下发生的沿程淤积称为沿程淤积;在壅水明流输沙状态下发生的沿程淤积称为壅水淤积。对于含沙量大、细颗粒多,进入壅水段后,潜入清水下面沿库底继续向前运动的水流称为异重流,此时发生的沿程淤积称为异重流淤积。当异重流行至坝前而不能排出库外时,则浑水将滞蓄在坝前清水下形成浑水水库。

在壅水明流输沙流态中如果水库的下泄流量小于来水量,则水库将继续壅水,流速继续减小,逐渐接近静水状态,此时未排出库外的浑水在坝前滞蓄,也将形成浑水水库,在浑水水库中,泥沙的淤积称为浑水水库淤积。

### (二)水库中泥沙淤积形态

泥沙在水库中淤积呈现出不同的形体(纵剖面及横剖面的形状)。纵向淤积有三种,即三角洲淤积、锥体淤积。

1.三角洲淤积

泥沙淤积体的纵剖面呈三角形的淤积形态,称为三角洲淤积,一般由回水末端至坝前呈三角状,多发生于水位较稳定,长期处于高水位运行的水库中。按淤积特征分为四个区段,即三角尾部段、三角顶坡段、三角前坡段、坝前淤积段。

2.锥体淤积

在坝前形成淤积面接近水平为一条直线,形似锥体的淤积,多发生于水库水位不高、壅水段较短、底坡较大、水流流速较高的情况下。

影响淤积形态的因素有水库的运行方式、库区的地形条件和干支流入库的水沙情况等。

### (三)水库的冲刷

水库库区的冲刷分溯源冲刷、沿程冲刷和壅水冲刷三种。

1.溯源冲刷

当水库水位降至三角洲顶点以下时,三角洲顶点处形成降水曲线,水面比降变陡,流速加快,水流挟沙能力增大,将由三角顶点起由下游向上游逐渐发生冲刷,这种冲刷称为溯源冲刷。溯源冲刷有辐射状冲刷、层状冲刷和跌落状冲刷三种形态。当水库水位在短时间内下降到某一高程后保持稳定或当放空水库时会形成辐射状冲刷;如果冲刷过程中水库水位不断下降,历时较长,会形成层状冲刷;如果淤积为较密实黏性涂层时,会形成跌落状冲刷。

2.沿程冲刷

在不受水库水位变化影响的情况下,由于来水来沙条件改变而引起的河床冲刷,称为沿程冲刷。库水来水较多,而原来的河床形态及其组成与水流挟沙能力不相适应,从而发生沿程冲刷。它是从上游向下游发展的,而且冲刷强度也较低。

3.壅水冲刷

在水库水位较高的情况下,开启底孔闸门泄水时,底孔周围淤积的泥沙,随同水流一起被底孔排出孔外,在底孔前逐渐形成一个最终稳定的冲刷漏斗,这种冲刷称为壅水冲刷。壅水冲刷局限于底孔前,且与淤积物的状态有关。

### 三、水库淤积防治措施

水库淤积的根本原因是水库水域水土流失形成水流挟沙并带入库内。所以根本的措施是改善水库水域的环境,加强水土保持。关于水土保持措施已在前述内容中做了介绍。除此之外,对水库进行合理的运行调度也是减轻和消除淤积的有效方法。

### (一)减淤排沙方式

减淤排沙有两种方式:一种是利用水库水流状态来实现排沙;另一种是借助辅助手段清除已产生的淤积。

1.利用水流状态作用的排沙方式

(1)异重流排沙

多沙河流上的水库在蓄水运用中,当库水位、流速、含沙量符合一定条件(一般是水深较大、流速较小、含沙量较大)时,库区内将产生含沙量集中的异重流,若及时开启底孔等泄水设备,就能达到较好的排沙效果。

(2)泄洪排沙

在汛期遭遇洪水时,库水位壅高,将造成库区泥沙落淤,在不影响防洪安全的前提下,及时加大泄流量,尽量减少洪水在库内的滞洪时间,也能达到减淤的效果。

(3)冲刷排沙

水库在敞泄或泄空过程中,使水库水流形成冲刷条件,将库内泥沙冲起排出库外。有沿程冲刷和溯源冲刷两种方法。

2.辅助清淤措施

对于淤积严重的中小型水库,还可以采用人工、机械设备或工程设施等措施作为水库清淤的辅助手段。机械设备清淤是利用安在浮船上的排沙泵吸取库底淤积物,通过浮管排出库外;也有借助安在浮船上的虹吸管,在泄洪时利用虹吸作用吸取库底淤积泥沙,排到下游。工程设施清淤是指在一些小型多沙水库中,采用一种高渠拉沙的方式,即于水库周边高地设置引水渠,在库水位降低时利用引渠水流对库周滩地造成强烈冲刷和滑塌,使泥沙沿主槽水流被排出水库,恢复原已损失的滩地库容。

### (二)水沙调度方式

上述的减淤排沙措施应与水库的合理调度配合运用。在多泥沙河道的水库上将防洪兴利调度与排沙措施结合运用,这就是水沙调度。包括以下几种方式:

1.蓄水拦洪集中排沙

蓄水拦洪集中排沙又称水库泥沙的多年调节方式,即水库按防洪和兴利要求的常用方式拦洪和蓄水运用,待一定时期(一般为2~3年)以后,选择有利时机泄水放空水库,利用溯源冲刷和沿程冲刷相结合的方式清除多年的淤积物,达到全部或大部分恢复原来的防洪与兴利库容。在蓄水运用时期,还可以利用异重流进行排沙,这种方式适宜于河床比降大、滩地库容所占比重小、调节性能好、综合利用要求高的水库。

2.蓄清排浑

蓄清排浑又称泥沙的年调节方式,即汛期(丰沙期)降低水位运用,以利排沙,汛后(少沙期)蓄水兴利。利用每年汛初有利的水沙条件,采用溯源冲刷和沿程冲刷相结合的方式,清除蓄水期的淤积,做到当年基本恢复原来的防洪和兴利库容。

3.泄洪排沙

泄洪排沙即在汛期水库敞开泄洪,汛后按有利排沙水位确定正常蓄水位,并按天然流量供水。这种运行方式可以避免水库大量淤积,能达到短期内冲淤平衡,但综合效益发挥将受到限制。

一般以防洪季节灌溉为主的水库,由于水库的主要任务与水库的排沙并无矛盾,故可采用泄洪排沙或蓄清排浑运用方式;对于来沙量不大的以发电为主的水库,可采用拦洪蓄水与蓄清排浑交替使用的运用方式。

# 第十二章
# 土石坝的维护与管理

土石坝巡视检查的内容和要求、检查的方式与频次、检查报告的内容与资料要求是最基本的知识,必须熟悉。土石坝的养护范围、养护要求也是做好维护的必备知识,白蚁防治则是一种技能,应该熟练。土坝裂缝、渗漏、滑坡及护坡与混凝土面板的破坏是土石坝运行过程中几种主要的病害形式,对其病害的类型、特征、产生的原因是维护土石坝安全运行应具备的基础知识,病害的处理方法是应具备的基本技能,都应熟悉。

土石坝泛指由当地土料、石料或混合料,经过抛填、碾压等方法堆筑而成的挡水建筑物。

土石坝所用材料是松散颗粒,土粒间的联结强度低,抗剪能力低,颗粒间孔隙较大,因此易受到渗流、冲刷、沉降、冰冻、地震等的影响。在运用过程中,常常会因渗流而产生渗透破坏和蓄水的大量损失;因沉降导致坝顶高程不够和产生裂缝;因抗剪能力低、边坡不够平缓、渗流等而产生滑坡;因土粒间联结力小,抗冲能力低,在风浪、降雨等作用下而造成坝坡的冲蚀、侵蚀和护坡的破坏。土石坝的病害主要有裂缝、渗漏、滑坡、护坡损坏等类型。故要求土石坝有稳定的坝身、合理的防渗体和排水体、坚固的护坡及适当的坝顶构造,并应在水库的运用过程中加强监测和维护。

## 第一节　土石坝的巡视检查

巡视检查是监视工程安全运行的一种重要方法和手段,历史经验证明,很多工程失事前异常征兆的出现,多是由巡视检查人员,尤其是有工程经验的技术人员在巡视检查工作中首先发现的。即使监测仪器布置再多、自动化监测系统再齐全,也离不开技术人员的现场巡视检查。

每个工程的巡视检查工作应按 SL 551—2012《土石坝安全监测技术规范》的要求进行,根据工程的具体情况和特点,制定巡视检查的程序,程序应包括检查项目、检查顺序、记录格式、编制报告的要求及检查人员的组成职责等内容。

## 一、巡视检查内容

巡视检查应包括对坝体与监测设施进行的检查。

### (一)坝体检查

坝顶有无裂缝、异常变形、积水或植物滋生等现象,防浪墙有无开裂、挤碎、架空、错断、倾斜等情况。

迎水坡或护坡(面板)是否损坏,有无裂缝、剥落、滑动、隆起、塌坑、冲刷或植物滋生等现象,近坝水面有无冒泡、变浑或漩涡等异常现象。

背水坡及坝趾有无裂缝、剥落、滑动、隆起、塌坑、雨淋沟、散浸、积雪不均匀融化、冒水、渗水坑或流土、管涌等现象,排水系统是否通畅。

坝基排水设施的工况是否正常,渗漏水量、颜色、气味及浑浊度、酸碱度、温度有无变化,基础廊道是否有裂缝、渗水等现象。

坝体与岸坡连接处有无裂缝、错动、渗水等现象,两岸坝端区有无裂缝、滑动、崩塌、溶蚀、隆起、塌坑、异常渗水和蚁穴、兽洞等。

坝趾近区有无阴湿、渗水、管涌、流土或隆起等现象,排水设施是否完好。

坝端岸坡的绕坝渗水是否正常,有无裂缝、滑动迹象,护坡有无隆起、塌陷或其他损坏现象。

### (二)监测设施检查

监测设施主要检查以下内容:①边角网及视准线各观测墩;②引张线的线体、测点装置及加力端;③垂线的线体、浮体及浮液;④激光准直的管道、测点箱及波带板;⑤水准点;⑥测压管、量水堰等表露的监测设施;⑦各测点的保护装置、防潮防水装置及接地防雷装置;⑧埋设仪器电缆、监测自动化系统网络电缆及电源;⑨其他监测设施。

## 二、巡视检查要求

### (一)巡视检查一般要求

①从施工期到运行期均需进行巡视检查。②巡视检查应根据工程规模、特点及具体情况,制定巡视检查程序,携带必要的检查工具或具备一定的检查条件进行。③巡视检查中发现工程出现损伤,或原有缺陷有进一步发展,以及不安全征兆或其他异迹象,应立即向上级领导及有关部门汇报,并分析原因。

(二)巡视检查频次

1.日常巡视检查

(1)在施工期。

宜每周两次。

(2)水库第一次蓄水期或提高水位期间。

宜每天一次或两次(依库水位上升速率而定)。

(3)正常运行期。

可逐次减少次数,但每月不宜少于一次。

(4)汛期。

应增加巡视检查次数;水库水位达到设计洪水位前后,则每天至少应巡视检查一次。

2.年度巡视检查

每年汛期前后或枯水期(冰冻严重地区的冰冻期)及高水位低气温时,对大坝、边坡、地下洞室及其他水工建筑物等进行全面的巡视检查。

年度巡视检查除按规定程序对大坝各种设施进行外观检查外,还应审阅大坝运行、维护记录和监测数据等资料档案,每年不少于两次。

3.特殊情况巡视检查

在坝区及其附近区域发生有感地震、大坝遭受大洪水或库水位骤降、骤升,以及发生其他影响大坝、边坡、地下洞室等各种设施安全的特殊情况时,应及时进行巡视检查。

## 三、巡视检查方法

检查的方法主要依靠目视、耳听、手摸、鼻嗅、脚踩等直观方法,可辅以锤、钎、量尺、放大镜、石蕊试纸、望远镜、照相机、摄像机等工器具进行;如有必要,可采用坑(槽)探挖、钻孔取样或孔内电视、注水或抽水试验、化学试剂、水下检查或水下电视摄像、超声波探测及锈蚀检测、材质化验或强度检测等特殊方法进行检查。

## 四、巡视检查报告

每次巡视检查应做好记录,如发现异常情况,除应详细记述时间、部位、险情和绘出草图外,必要时应测图、摄影或录像。

现场记录必须及时整理,还应将本次巡视检查结果与以往巡视检查结果进行比较分析,如有问题或异常现象,应立即进行复查,以保证记录的准确性。

针对不同的检查采用不同的报告方式。

日常巡视检查中发现异常现象时,应立即采取应急措施,并上报主管部门。

年度巡视检查和特别巡视检查结束后,应提出简要报告,并对发现的问题及时采取应急措施,然后根据设计、施工、运行资料进行综合分析比较,写出详细报告,并立即报告主管部门。

年度巡视报告的内容包括:①检查日期;②本次检查的目的和任务;③检查组参加入员名单及其职务;④对规定项目的检查结果(包括文字记录、略图、素描和照片);⑤历次检查结果的对比、分析和判断;⑥不属于规定检查项目的异常情况发现、分析及判断;⑦必须加以说明的特殊问题;⑧检查结论(包括对某些检查结论的不一致意见);⑨检查组的建议;⑩检查组成员的签名。

各种巡视检查的记录、图件和报告等均应整理归档。

# 第二节 土石坝的养护

## 一、土石坝养护范围

土石坝养护的范围主要为坝顶及坝端的养护、坝坡的养护、排水设施的养护和观测设施的维护。

## 二、土石坝养护的基本要求

严禁在对土石坝安全有影响的范围内进行随意挖坑、取土、打井、建塘、爆破、炸鱼、种植作物、放牧、堆放重物、建筑房屋、行驶重车、敷设水管、修建渠道、停靠船只、装卸货物及高速行船等一切对工程安全有害的行为和活动。坝外表应保持整洁、美观,随时清除杂草和其他废弃物。

坝体构造各组成部分应经常保持完好。坝顶路面应平整,不应有坑洼,要有一定的排水坡度,以免积水。发现路面、防浪墙及坝肩的路缘石、栏杆、台阶等有损坏情况,应随时修复。坝顶上的灯柱如有歪斜、照明设备和线路损坏,要及时修补和调整。

上下游护坡应注意经常养护。块石护坡若发现石块有松动、翻动和滚动现象,以及反滤垫层有流失现象,应及时更换;若护坡石块尺寸过小难以抵抗风浪和淘刷,可在石块间部分缝隙中充填水泥砂浆或用水泥砂浆勾缝,以增强其抵抗力;混凝土护坡伸缩缝内的充填料若有流失,应将伸缩缝冲洗干净后按原设计补充填料;草皮护坡若有局部损坏,应在适当季节补植或更换新草皮。若有较大的漂浮物和树木应及时打捞,以免坝坡受到冲撞和损坏。

坝面排水系统、土坝与岸坡连接处的排水沟、山坡上的截水沟及其他导渗排水减压措施应经常保持完好,应防止土坝的导流和排水设备受下游浑水倒灌或回流冲刷,减压井的井口应高于地面,防止地表水倒灌。若有淤积、堵塞和损坏,应及时清除和修复。

按设计要求正确控制水库水位的降落速度,以免因水位骤降而产生滑坡。对于坝上游设有铺盖的土石坝,水库一般不宜放空,以防铺盖干裂或冻裂。

对各种观测设备和埋设仪器要妥善保护,禁止人为摇动、碰撞或拴系船只等,以保证各种设备能及时和准确地进行各项观测。

发现土坝坝体上有兽洞和蚁穴时,应分析原因,设法捕捉害兽和白蚁,并对兽洞及蚁穴进行适当处理。

在严寒地区,应采取适当破冰措施,以防冬季冰凌和冰盖对坝坡的破坏,对因冰冻作用而损坏的部分应及时更换。

### 三、土石坝白蚁的防治

当水库水位上升时,坝体中若有白蚁巢和蚁道将可能成为渗漏水流的通道,进而引起坝体塌陷和滑坡。故在此对土石坝白蚁的防治进行简要介绍。

白蚁分布极广,危害大,种类很多,我国发现的有200多种,按其生活习性大体可分为土栖、木栖和土木两栖白蚁三种类型,主要分布在南方各省。坝体中的主要是土栖白蚁。

要消灭白蚁,首先要了解白蚁的活动规律,发现蚁路,找出蚁巢,然后才能采取有效措施加以消灭。

白蚁喜潮湿、阴暗、不通风、有植物纤维食物的地方,是一种群居昆虫。其活动具有季节性,还有分群的特性。在坝体中的分布规律有:坝体背水坡多,迎水坡少;上半部多,下半部少;浸润线以上多,以下少;黏土及黏壤土中多,砂性土质少;荒野处多,人烟密集处少;早建的坝多,新建的少;两岸山坡有枯木、杂草处多,下游有坑塘的少。

#### (一)白蚁的查找

1.普查法

根据白蚁的生活习性,在坝体中的分布规律,在每年白蚁活动的旺盛季节(一般为3~6月和9~11月),组织人员有计划地寻找蚁道、泥线和泥被,翻开附近枯树、牛粪、木材等仔细察看,做好标记。找出蚁巢,认真处理。

2.引诱法

在有白蚁的地方打入一根长50cm的松、杉、刺槐、柏或桉树的带皮木桩,深入土中约1/3,或挖掘多个长40cm、宽40cm、深50cm的坑,坑距5~15m,在坑内堆放桉树皮、甘蔗渣、茅草根、新鲜玉米和高粱茎,上面盖上松土,每天早晚定时检查桩上有无白蚁筑的泥被,定期检查坑内是否有白蚁,并跟踪查找主巢位置。

### 3.锥探法

利用钢锥锥探坝体，下插时看坝体中是否有空洞，以判断坝内有无白蚁巢。

### (二)白蚁的预防

①严格控制上坝土料，彻底清基和清岸坡，做到无蚁窝、无树皮树根、无杂草，杜绝白蚁繁殖的条件。②保护和利用鸡群、青蛙、蝙蝠、蚂蚁等白蚁的天敌来消灭有翅成虫。③喷洒毒药。每年4—6月蚁群纷飞季节，在坝体的背水坡表面喷洒毒药，灭杀落地的有翅成虫，也可打洞灌毒，毒死刚落地的繁殖蚁，使其无法挖洞筑巢。④灯光诱杀。在蚁群纷飞的季节，在距坝15~30m外设置1~2排黑光灯(或汽油灯、煤油灯)，灯距150m左右，灯下放一装水的盆，盆四周2m范围内撒上六六六粉，灯距水面约40cm，水面上滴上火油，以杀灭跌落盆内的有翅成虫。⑤加强工程管理，禁止在坝体上堆放杂草、木材等，防止外来白蚁蔓延。

### (三)白蚁的灭治

#### 1.灌浆毒杀

通过在坝坡上钻孔，灌入加药物的毒泥浆，借自重压力或用手摇灌浆机将泥浆灌入蚁路和蚁巢，以毒杀白蚁，堵塞蚁路和蚁巢。注意钻孔深要超过蚁巢和蚁路，灌浆时应一次灌成，中途不能停顿，否则泥浆中水分被四围土体吸收后会堵塞蚁路。常用药物有敌敌畏、六六六粉、乐果等，用时按要求稀释。此法避免了开挖和回填工作，且不受季节影响，可长年进行。

#### 2.毒烟熏杀

用621烟雾剂250g、80%敌敌畏乳剂10g、6%可湿性六六六粉，或再加入10%的五氯酚钠，配制成药剂，放入密封的烟剂燃烧筒内，燃烧筒的一端设有输烟小铁管，插入蚁路内，四周用泥封紧，其另一端接在鼓风机上，摇动鼓风机，将烟雾通过蚁路灌入蚁巢内，经过7~8min，燃烧完毕后拔出输烟管，用泥封死洞口，再过3~5天，白蚁将全部被杀死。

#### 3.毒土灭杀

一般分为表土毒杀和深土毒杀。表土毒杀是在坝坡表面喷洒1%的五氯酚钠、六六六粉药液或80%敌敌畏乳剂稀释液，或从洞眼灌药入土，施药一星期后可将坝面15~20cm土层内和在表土活动的白蚁毒杀。深土毒杀是在坝坡上打深30cm、孔距30cm的孔，并在孔内灌上述药液，以毒杀20~30cm土层深度内白蚁和幼龄蚁。

#### 4.挖坑诱杀

在白蚁活动较多的坝坡附近，挖掘尺寸为30cm×50cm、深30cm的土坑，坑内放置松木、杉木、甘蔗渣等诱饵，洒上淘米水，上面盖上芦苇或破草席，每隔10天检查一次，如发现白蚁，则喷洒滴滴涕、五氯酚钠(浓度1.5%)等药物毒杀，并更换新的诱饵，继续诱杀。或对白蚁喷撒用亚砷酸86%、滑石粉10%、红铁氧4%配制成的药剂，使白蚁中毒回巢，并通过与其他白蚁互相舐舔传染中毒,杀灭白蚁。

5.开挖回填灭杀

当确定蚁道和蚁巢位置后,也可采用开挖的方法挖出蚁道和蚁巢,发现白蚁即喷药毒杀,然后将蚁巢分层填土夯实。此法工程量大,不易彻底,且破坏了坝体的原有结构,处理不好影响坝体安全,只适用于小规模灭杀白蚁。

# 第三节　土石坝的裂缝处理

## 一、裂缝类型和表现特征

### (一)裂缝类型

1.按部位分

可分为表面裂缝和内部裂缝。

2.按走向分

可分为纵向裂缝、横向裂缝、水平裂缝和龟纹状裂缝。

3.按成因分

可分为干缩裂缝、沉陷裂缝、滑坡裂缝、冻融裂缝、水力劈裂缝、溯流裂缝和振动裂缝。

在实际工程中,土石坝的裂缝常由多种因素造成,并以混合的形式出现。

### (二)表现特征

在水库的运行管理中,土石坝的裂缝是比较常见的,但是对裂缝初期表现特征及潜在危险往往了解和重视不够,从而造成严重后果。如细小的纵向裂缝可能是坝体滑坡的先兆,而细小的横向裂缝可能发展成为坝体的集中渗漏通道。因此,应熟悉掌握土石坝常见裂缝的表现特征,准确判断裂缝类型,及时采取有效措施加以维护。

1.纵向裂缝

其走向与坝轴线平行或接近平行,一般裂缝较长,缝口较宽,基本上是垂直地向坝体内部延伸,其长度一般可延伸数十米至数百米,缝深几米至十几米,缝宽几毫米至几十厘米,两侧错距不大于30cm。多发生在坝的顶部或内外坝肩附近。多出现在坝基压缩性较大的坝段、心墙坝和斜墙坝、透水料压缩性较大或碾压不密实的坝段、坝体跨越山脊和河谷极不规则的坝段等。要能正确区分沉陷裂缝和滑坡裂缝。

### 2.横向裂缝

其走向与坝轴线垂直或斜交，一般接近铅直或稍有倾斜地伸入坝体内。缝深几米至十几米，上宽下窄，缝口宽几毫米至十几厘米，偶尔可见更深、更宽的裂缝。缝两侧可能错开几厘米甚至几十厘米。多出现在土坝与岸坡连接的坝段、台地坝段、坝基压缩性较大的坝段土坝与刚性建筑物连接的坝段和分段施工的接合部位。横向裂缝具有极大的危险性，特别是贯穿性裂缝易造成集中渗流。

### 3.水平裂缝

其缝面平行或接近水平面，多发生在坝体内部，呈透镜状。常出现在心墙内、狭窄河谷的坝段内、土坝与刚性建筑物连接的坝段和深而窄的截水墙内。

### 4.龟纹状裂缝

龟纹状裂缝多出现在坝表面，呈龟纹状，缝面通常与坝表面垂直，缝深 $1\sim2cm$，缝口较窄，长度较短，其方向无规律、纵横交错，缝间距较均匀。

### 5.沉陷裂缝

沉陷裂缝一般接近直线，基本上是铅垂地向坝体内部延伸，错距不大；多发生在河谷形状变化较大、地基压缩性较大、合龙段、分期施工段、坝体与刚性建筑物连接段和坝下埋设涵管等部位。

### 6.滑坡裂缝

滑坡裂缝常出现在坝表面，裂缝中段大致与坝轴平行，两端弯曲向坝坡延伸，在平面上呈弧形，缝的发展过程逐渐加快，缝口有明显错动。在裂缝发展后期，可以发现在相应部位的坝面或坝基上有带状或椭圆状隆起。这些都是区别于纵向沉陷裂缝的重要标志。多发生在坝顶、坝肩、背水坝坡和排水不畅的坝坡下部。

### 7.干缩裂缝

干缩裂缝多出现在坝体表面，分布面广，没有固定方向，密集交错，有的呈龟裂状，缝的间距比较均匀，无上下错动。缝宽通常小于1cm，个别情况也可能较宽较深。一般与坝体表面垂直，上宽下窄，如果缝内土壤湿润，裂缝可变窄或呈楔形尖灭。

### 8.冻融裂缝

这种裂缝的深度不超过冰冻影响深度，表层破碎，有脱空现象，缝宽及缝深随气温而异，融化后裂缝会自行闭合。

### 9.振动裂缝

其走向平行或垂直坝轴线方向，裂缝多暴露坝面，缝长和缝宽与振动烈度有关，横向缝的缝口会随时间而逐渐变小或弥合，而纵向缝的缝口则无变化。

### 10.内部裂缝

内部裂缝隐藏在坝体内部，外表不易察觉，有的呈透镜状水平分布，有的呈上宽下窄状竖直分布。多发生在心墙的内部,狭窄河谷上的高坝内部,坝基局部含有高压缩性透镜体软弱夹层坝体底部,坝体与刚性建筑物连接部位的坝体内,混凝土防渗墙及坝内涵管顶部处的坝体内。

11.表面裂缝

其走向有垂直坝轴线方向的和平行坝轴线方向的,裂缝的缝口宽度较大,随深度逐渐变窄和消失。但有的表面裂缝呈龟裂状,缝长和缝口宽度均不大,分布也不深。

## 二、产生裂缝的原因

1.纵向裂缝

纵向裂缝主要因坝体在横向断面上不同土料的固结速度不同,由坝体、坝基在横断面上产生较大的不均匀沉陷所造成,有的是滑坡引起的。

2.横向裂缝

沿坝轴线纵剖面方向相邻坝段的坝高不同或坝基的覆盖厚度不同,产生不均匀沉陷,当不均匀沉陷超过一定限度时,即出现裂缝。

3.龟纹状裂缝

龟纹状裂缝主要由于干缩或冻融引起。

4.沉陷裂缝

沉陷裂缝由坝体或坝基的不均匀沉陷引起。

5.滑坡裂缝

滑坡裂缝由坝体滑动引起。

6.干缩裂缝

干缩裂缝由于坝体受大气和植物的影响,土料中水分大量蒸发,土体干缩而产生的,也是龟纹状裂缝。

7.冻融裂缝

冻融裂缝主要由冰冻而产生,如坝体土料在低温下已经冻结,当气温再骤然下降时,表层冻土要产生收缩而受到内部未降温土体的约束,或是当坝体土料已经冻结,气温又骤然升高而冰融,土体反复冻融,密实度降低,土体表面就会形成裂缝。

8.振动裂缝

振动裂缝由于坝体经受强烈振动或地震后产生的。

9.表面裂缝

上述各种裂缝在坝体表面上都可见到,故表面裂缝产生原因也是多方面的,根据其表现特征判断裂缝类型,再分析产生原因。

10.内部裂缝

①薄心墙坝,若坝壳的压缩性小而心墙的压缩性大,且心墙与坝壳间过渡布置不合理,则心墙下沉时受坝壳的约束产生拱效应,拱效应使心墙中的垂直应力减小,甚至使垂直应力由压变拉而在心墙中产生水平裂缝。②修建在狭窄峡谷中的坝,在地基沉陷过程中,上部坝体通过拱作用传递到两端,拱下部坝的沉陷量较大而产生拉应力在坝体内产生裂缝。③在局部高压缩性地基上的土石坝,因坝基局部沉陷量大,使坝底部发生的拉应变过大而产生横向或纵向的内部裂缝。④坝体和刚性建筑物连接部位,因刚性建筑物远比坝体土壤的压缩性小,使连接部位应力集中,产生内部底宽上窄的纵向裂缝。

### 三、裂缝处理

裂缝处理前,应先根据监测资料、裂缝特征和部位及现场探测结果,判断裂缝类型、分析产生原因,并采取针对性措施,进行有效处理。

各种裂缝对土石坝的影响是不同的,贯穿坝体的横向裂缝、内部裂缝及滑坡裂缝的危害最大,发现后应注意监测,采取措施及时处理。对深度小于1.0m、宽度小于0.5mm的纵向裂缝,或深度小于0.5m、宽度小于0.5mm的表面干缩裂缝和冰冻裂缝,可以只将缝口堵塞而不进行处理;有些正在发展中的、暂时不致发生险情的裂缝,可观测一段时间,待裂缝趋于稳定后再进行处理,但要做临时防护措施,防止雨水及冰冻影响。

对非滑动性裂缝,一般是在裂缝趋于稳定后采取开挖回填、灌浆和两者结合的处理方法。

#### (一)开挖回填

开挖回填是将发生裂缝部分的土料全部挖出,重新回填,是一种比较彻底的裂缝处理方法。该法施工简便,效果较好,适用于深度不大于3m的表面裂缝和防渗部位的裂缝。

开挖回填法又分为梯形楔入法、梯形加盖法和梯形十字法三种。梯形楔入法适用于非防渗部位的坝体所产生的纵向裂缝;梯形加盖法适用于均质坝迎水坡和防渗斜墙上出现的深度不大的纵向裂缝;梯形十字法适用于坝端和坝体出现的各种横向裂缝。

开挖前先向裂缝内灌白灰水,以显示缝的影响范围,开挖槽的长度和深度都应超过裂缝的长度和深度,如裂缝不深,可挖成梯形断面,然后回填符合要求的土料,回填时应先将坑槽周壁刨毛,然后分层填土夯实,每层填土厚度为0.1~0.15m,然后夯实为0.07~0.10m。当裂缝较深时,为了开挖方便和安全,可挖成阶梯形坑槽,阶梯高度以1.5m为宜,回填时逐级削去台阶,保持梯形断面。对于不太深的贯穿性横向裂缝,为了防止在沟槽侧面新老土结合处形成集中渗流,还应沿裂缝方向每隔2~4m挖2.0~2.6m宽的结合槽,与裂缝相交成十字形。

回填土料应根据坝体土料性质和裂缝特征来选用,对于较浅的小裂缝,可采用原来开挖出来的坝体土料回填;对于滑坡、干缩和冰冻裂缝,应采用含水量低于最优含水量1%~2%

的土料;对于沉陷裂缝,应采用含水量大于最优含水量 1%~2% 的塑性黏土。

### (二)灌浆处理

对于采用开挖回填法困难(或危及坝坡稳定,或工程量过大)的较深的非滑动性裂缝和内部裂缝,可采用灌浆处理法。试验证明,合适的浆液对坝体中的裂缝、孔隙或洞穴均既有良好的充填作用,同时在灌浆压力作用下对坝内土体有压密作用,使缝隙被压密或闭合。

灌浆的浆液应具良好的灌入性、流动性、析水性、收缩性和稳定性,以保证良好的灌浆效果,并使浆液灌入后能迅速析水固结,收缩性小,能与坝体紧密结合,具有足够的强度,并可避免因发生沉淀而堵塞裂缝入口及输浆管路。一般可以采用纯黏土浆,制浆材料宜采用粉粒含量为 50%~70% 的黏性土,浆液配比按水与固体的质量比为 1:1~1:2。但在灌注浸润线以下部位的裂缝时宜采用黏土水泥混合浆液,浆液中水泥掺量为干料的 10%~30%,以加速浆液的凝固和提高早期强度。在灌注渗透流速较大部位的裂缝时,为了能及时堵塞通道,可掺入适量的砂、木屑、玻璃纤维等材料。

灌浆孔的布置应根据裂缝的分布和深度来决定,对坝体表面裂缝,每条裂缝上均应布孔,孔位宜布置在长裂缝的两端和转弯处、裂缝密集处、缝宽突变处及裂缝交错处,并注意与导渗或观测设备之间应有不小于 3m 的距离,防止串浆。对坝体内部裂缝,可根据裂缝的分布范围、裂缝的大小、灌浆压力和坝体的结构等综合考虑灌浆孔的布置,一般应在坝顶上游侧布置 1~2 排,必要时可增加排数。孔距可根据裂缝大小和灌浆压力来决定,一般为 3~6m。布孔时,孔距应由疏至密,逐渐加密。孔深应超过缝深 1~2m。

灌浆压力一定要控制适当,一般情况下,应首选重力灌浆和低压灌浆。

灌浆技术发展很快,近年来已广泛应用于土质堤坝除险加固及裂缝和渗漏的处理。实践中已总结出 20 字的有效经验,即浆料选择"粉黏结合",浆液浓度"先稀后浓",孔序布置"先疏后密",灌浆压力"有限控制",灌浆次数"少灌多复"。

### (三)开挖回填与灌浆处理相结合

此法是在裂缝的上部采用开挖回填,裂缝的下部采用灌浆处理,一般是先开挖约 2m 深后立即回填。回填时预理灌浆管,然后在回填面上进行灌浆。适用于中等深度的裂缝,或水库水位较高,不宜全部开挖回填的部位,或全部采用开挖回填有困难的裂缝。

# 第四节　土石坝的渗漏处理

## 一、渗漏类型和表现特征

1.渗漏类型

(1)按渗漏部位分。

可分为坝体渗漏、坝基渗漏、接触渗漏和绕坝渗漏。

（2）按渗漏现象分。

可分为散浸和集中渗漏。

（3）按对坝体的危害分。

可分为正常渗漏和异常渗漏。

2.表现特征

（1）坝体渗漏。

其渗水沿着坝身土料中的孔隙向下游渗漏。

（2）坝基渗漏。

其渗水沿着坝基土体中的孔隙向下游渗漏。

（3）接触渗漏。

其渗水沿着坝与地基、两岸连接处及混凝土建筑物连接处等的孔隙向下游渗漏。

（4）绕坝渗漏。

其渗水沿着坝端两岸地基中的孔隙向下游渗漏。

（5）散浸。

其通常出现在下游坝坡面上，开始渗漏部位的坝面呈湿润状态，随着土体饱和软化，在坝面上会出现细小水滴和水流。

（6）集中渗漏。

其渗水通常是沿着渗漏通道、薄弱带或裂隙呈集中水股的形式流出。可出现在坝坡、坝基和岸坡上，对大坝的危害较大。

（7）正常渗漏。

其从原有导渗排水设备排出，渗流量较小，水流稳定，水质清澈见底，不含土壤颗粒。

（8）异常渗漏。

其往往渗水量较大，水质浑浊，透明度低，渗水中含有大量的土壤颗粒。其渗透坡降较大，易使坝体发生管涌、流土破坏，进而造成滑坡、垮坝事故。

## 二、产生渗漏的原因

1.坝体渗漏

①坝体结构型式和尺寸不合理，如，防渗体厚度小，渗径长度不足，排水体型不妥、尺寸过小，防渗体与下游坝体之间缺少良好过渡等，使水力坡降过大而被水流击穿。②坝体施工质量不符合要求，如，土料含沙砾太多，透水性太大，坝壳或防渗体土料碾压不实，分层填筑时结合面处理不当，冬雨季施工土料未处理好等。③不均匀沉陷引起裂缝（如地质不均）且未处理好，坝内涵管周围填土碾压不实，坝体与两岸接头处处理不好等都可能造成不均匀

沉陷引起坝体裂缝或涵管断裂而渗水。④管理不善造成排水体失效,或有白蚁等害虫害兽在坝内打洞营巢形成渗漏通道。⑤地震振动使坝体产生裂缝而渗漏。

### 2.坝基渗漏

①坝基地质情况勘探不明,如,对有压含水层未采取排水减压措施,沙砾石地基未设防渗设备或设而不足,地基表层强风化层及破碎带未处理等。②坝基防渗排水设备型不合理、尺寸不够,如,黏土铺盖厚度不够,防渗体与沙砾料间未设反滤层,防渗体未插入相对不透水层中等。③坝基防渗排水设备施工质量不符合要求,失去应有的效应。④管理不善,使黏土铺盖暴露出来受到日晒而开裂,或排水、减压、导渗设施被淤塞等。

### 3.接触渗漏

①坝体与坝基接触部位,或防渗体与坝基或地基相对不透水层的接触部位未彻底清基、未做接合槽或接合槽尺寸过小,没有足够的渗径长度。②土坝与两岸连接处岸坡过陡,清基不彻底。③土坝与混凝土建筑物连接处未设防渗刺墙或防渗刺墙长度不足。④坝下涵管未设截水环或截水环高度不足等。

### 4.绕坝渗漏

①两岸山头岩体单薄,基岩节理发育,岩石破碎,有裂隙、断层通过。②施工时两岸取土、动物打洞、植物根系腐烂成洞或风浪淘刷等原因破坏了岸坡的天然铺盖,形成渗流。

## 三、渗漏处理

### (一)渗漏检查及分析

#### 1.检查内容

检查内容主要包括坝体浸润线、渗流量和水质等。通过对上述内容的检查来分析判断是否存在异常渗漏,以便采取措施加以防护。

#### 2.异常渗漏的识别方法

①查看下游坝面是否有散浸现象。根据散浸特征来识别,有散浸,说明浸润线抬高,逸出点高于排水设施的顶点,可能导致渗透破坏或滑坡。②查看坝身、坝基或两岸山体中是否有集中渗流。根据集中渗流特征来识别,发现后要观测渗水量的变化情况和水的浑浊程度,要注意观察库水位上升期和高水位期。③查看坝后渗水水质情况,是否带出红、黄的松软黏状铁质沉淀物,是否由清变浊,或下游坝脚后是否有地基表面翻水冒砂。若有,是否产生管涌等渗透破坏的明显特征。④查看渗流量和测压管水位是否有异常变化。若在相同库水位时浸润线和渗流量没有变化,或者渗流量有逐年减小的趋势,则属正常渗水。若渗流量随时间增大,或者是库水位达到某一高度后浸润线抬高和渗流量突然增大,或突然减少和中断,超出正常变化规律,则是异常渗水的信号,应注意检查坝体上游面在该水位附近坝体有无裂

缝和孔洞、有无裂隙和断层及其他情况,并监测渗漏量的变化。

**(二)渗漏的处理**

土坝渗漏处理的基本方法是"上堵下排",即在坝的上游设置防渗设施,用以堵截渗水或延长渗径,以减小渗透流量并降低渗透坡降;在坝的下游设置排水和导渗设施,将渗水安全排出。

1.坝体渗漏处理

(1)斜墙法。

斜墙法即在上游坝坡补做或翻修加固原斜墙,防止坝体渗漏,适用于大坝施工质量差,造成了严重渗漏、管涌、管涌塌坑、斜墙被击穿、浸润线及其逸出点抬高、坝身普遍漏水等情况。具体按所用材料不同又可分为黏土斜墙、沥青混凝土斜墙及土工膜防渗斜墙。

①黏土斜墙。

修筑时应放空水库,揭去护坡,铲除表土,并挖松 10~15cm,将含水量过大的土体清除,然后填筑与原斜墙相同的黏土,分层夯实,保证新旧土层能很好结合。若无法放空水库,可用船只装运黏土至漏水部位,从水面向下均匀抛入水中,形成一个防渗层填充堵塞渗漏部位。若因集中渗漏,上游坝坡已形成塌坑或漏水喇叭口,但坝体其他部位仍然完好时,可将塌坑或漏水喇叭口局部挖出,并回填黏土,做成黏土贴坡。并在漏水口处预埋灌浆管,进行压力灌浆,封堵漏水通道。若坝体渗漏不太严重,原土料的性能是符合要求的,只是施工质量稍差,则可将原坝坡填土翻压来修建斜墙。

②沥青混凝土斜墙。

在缺少合适黏土料,且有一定数量合适的沥青材料时,可在上游坝坡修筑沥青混凝土斜墙。沥青混凝土抗渗水能力强,适应坝体变形和抗震性能好,工程量小,投资省,工期短,施工经验也较丰富,故近年来应用较多。

③土工膜防渗斜墙。

土工膜是一种人工合成材料,因其质量轻、运输量少、柔性及适应变形较好、耐腐蚀、铺设方便、易于操作、造价低等优点,再加上其品种越来越多,工艺也越来越先进,故应用也越来越广泛。在应用时,土工膜的厚度应根据承受水压力的大小而定,承受 30m 以上水头的,宜选用复合土工膜,膜厚度不小于 0.5mm;承受 30m 以下水头的,可选用非加筋聚合物土工膜,铺膜总厚为 0.3~0.6mm。铺完的土工膜上要回填不小于 0.5m 厚的砂或沙壤土保护层,并压实。注意土工膜与坝基、岸坡、涵洞等的连接处及土工膜本身的接缝处理,因为这是保证整体防渗效果的关键。

(2)灌浆法。

均质土坝或心墙坝由于施工质量差,坝体渗漏严重,无法采用斜墙法或水中倒土法进行处理时,可从坝顶钻孔采用劈裂灌浆法或常规灌浆方法进行处理,在坝内形成一道灌浆帷幕,阻断渗漏通道。劈裂灌浆法与裂缝处理所采用的常规灌浆方法在机理上有所不同,可参考施工技术课程内容。

（3）防渗墙法。

防渗墙法是在坝体上用专门的造孔机械造孔,造孔时用泥浆固壁,然后在泥浆下浇筑混凝土,形成一道直立的混凝土防渗墙。此法可在不降低库水位时施工,防渗效果比灌浆法更好。

（4）排水导渗法。

上面几种方法都是"上堵"的措施,而排水导渗法是"下排"措施,其作用是增强坝体的排水能力,将渗水顺利排向下游。根据导渗体结构型不同可分为以下几种:

①导渗沟法。

在坝坡面上开设浅沟,沟内用砂、砾、卵石或碎石按反滤层原则回填,做成排水导渗沟,以便将坝体渗水从排水导渗沟排出坝外。一般适用于散浸不严重,不致引起坝坡失稳或用于岸坡散浸的处理。

②导渗培厚法。

在坝坡上贴一层砂壳,再填土培厚坝体,要注意新老排水设备的连接,否则无效。适用于散浸特别严重,且坝坡较陡,坝身较单薄,采用一般导渗设施时无效的情况。

③导渗砂槽法。

导渗砂槽法即在渗漏的坝坡上钻孔,形成连锁井柱状的导渗槽,槽宽 0.2~0.3m,槽下端与滤水坝趾相连。并用导管向槽内送放级配良好的干净砂料,在距槽顶 0.5~1.0m 处用与坝体相同的土料回填封顶,再在上面做好护坡,以防雨水冲刷。适用于散浸严重、坝坡较缓、采用导渗沟无效的情况。

（5）封堵洞穴法。

对于由蚁穴或动物钻洞所引的坝体渗漏,应先探明洞穴位置,用石灰和药物塞进洞穴,然后将洞穴用黏土封堵密实。或者从坝坡面开挖探井直达洞穴,用黏土分层夯实,将洞穴封堵。

2.坝基渗漏处理

坝基的防渗措施分垂直防渗和水平防渗两种。

（1）垂直防渗措施有黏土截水墙、混凝土防渗墙、砂浆板桩、灌浆帷幕、高压定向喷射灌浆及垂直铺塑防渗等。

若土坝与坝基接触面产生接触渗漏,或者坝基不透水层埋深较浅（15m 以内）,渗漏严重,水库又能够放空进行施工,则可采用黏土截水墙法进行渗漏处理。当坝基透水层深度较大,采用黏土截水墙处理有困难时,可采用混凝土防渗墙进行处理。对于粉砂、淤泥等软基,若水头较低,施工时能放空水库,可采用砂浆板桩法等。对于坝基透水层较深,或地基中有大石块,修建防渗墙困难时,或基岩节理发育,岩石破碎,造成坝基严重渗漏时,或用来处理坝基接触渗漏时可采取灌浆法。高压定向喷射灌浆是采用高压射流冲击破坏被灌地层结构,使浆液与被灌地层的土颗粒掺混,形成设计要求的凝结体,适用于各种松散地层,是近年来发展起来的一项新技术。垂直铺塑技术是运用专门开沟造槽的机械,开出一定宽度和深度的沟槽,在沟槽内铺设土工膜,再用土回填沟槽,形成以土工膜为主体的垂直防渗墙。此技术是山东省水利科学研究院开发的,目前已成功完成的工程的槽宽仅为 20cm,深度达12m。

（2）水平防渗措施主要是黏土铺盖。

对于将地基表面天然覆盖层作为天然铺盖的斜墙坝和均质坝,当坝体防渗效果较好、天然铺盖遭到破坏时,或者是原有黏土铺盖防渗能力不足、坝基产生严重渗漏时,如果附近有适宜的黏土、水库又可放空的情况下,可以在原有铺盖或天然铺盖上用碾压法铺筑一层黏土铺盖防渗。当水库不可放空时,还可以用船上抛土的方法来修复铺盖。

排水导渗措施主要有排水沟、减压井、排水盖重等。当因坝基渗漏造成坝后长期积水,使坝基湿软,承载力降低,坝体浸润线抬高,或因坝基面有不太厚的弱透水层,坝后产生渗透破坏,而水库又不能降低水位或泄空,故无法在上游进行防渗处理时,则可采用在下游坝基设置排水沟的方法,排水沟有明沟和暗沟两种。在土坝上游黏土铺盖或天然铺盖遭到破坏,或长度不足且不能放空水库进行修补或增长时,坝基上部为较厚的弱透水层,下部为强透水层,无法采用其他防渗措施时,原有减压井失效,渗水压力增大时都可采用减压井措施。排水盖重法是在下游坝基覆盖层上渗水出露地段铺设反滤层,在反滤层上铺筑块石层或填筑土层,排走渗水,增加压重,加强其渗透稳定性。

各防渗排水措施的布置、结构型式和尺寸要求可参看有关《水工建筑物》教材。

3.绕坝渗漏处理

绕坝渗漏处理的基本原则仍是"上堵下排"。常用的措施有截水槽、防渗斜墙、黏土铺盖、堵塞回填、灌浆、排水导渗等。当岸坡表面覆盖层或风化层较厚,且透水性较大时,可在岸坡上开挖深槽,切断覆盖层或风化层,直达不透水层,并回填黏土或混凝土,形成防渗截水槽。当坝体是均质坝或斜墙坝,岸坡平缓,基岩节理发育,岩石破碎,渗漏严重,附近又有许多合适黏土时,可将上游岸坡清理后修筑黏土防渗斜墙来阻止绕坝渗漏。当上游坝肩岸坡岩石轻微风化,但节理发育或山坡单薄时,可以沿岸坡设置黏土铺盖来进行防渗。当岸坡存在裂缝和洞穴,引起绕坝渗漏时,则先将裂缝和洞穴清理干净,然后较小的裂缝用砂浆堵塞,较大的裂缝用黏土回填夯实,与水库相通的洞穴,先在上游面用黏土回填夯实,再在下游面按反滤原则堵塞,并用排水沟或排水管将渗水导向下游。当坝端基岩裂隙发育,渗漏严重时,可在顶端岸坡内进行灌浆处理,形成防渗帷幕。但应与坝体和坝基的防渗设施形成一个整体。另外,可在土质岸坡下游坡面出现散浸的地段铺设反滤排水,在渗水严重的岩质岸坡的下游岸坡及坡脚处打排水孔集中排水。

**4.岩溶地区的渗漏处理**

在岩溶发育地区筑坝,易造成严重渗漏。渗漏会带走溶洞或裂隙中的充填物,使渗漏进一步发展,库水大量流失,危及坝体和坝基安全。岩溶的处理措施包括地表处理和地下处理两种,地表处理主要有黏土或混凝土铺盖、喷水泥砂浆或混凝土等措施,地下处理主要有开挖回填、堵塞溶洞及灌浆等措施。

# 第五节　土石坝的滑坡处理

## 一、滑坡类型和表现特征

土石坝滑坡是指土石坝一部分坝坡在一定的内外因素作用下失去稳定,上部坍塌,下部隆起,发生相对位移的现象。

（一）滑坡类型

土坝的滑坡按其性质分为剪切性滑坡、塑流性滑坡和液化性滑坡三类;按滑动面形状不同可分为弧形滑坡、直线或折线滑坡及复合滑坡三类;按滑坡发生的部位不同分为上游滑坡和下游滑坡两类。这里主要介绍第一种分法的几类滑坡。

1.剪切性滑坡

主要是由于坝坡坡度较陡、填土压实密度较差、渗透水压力较大、受到较大的外荷作用、填土密度发生变化和坝基土层强度较低等因素,使部分坝体或坝体连同部分坝基上土体的剪应力超过了土体抗剪强度,因而沿该面产生滑动。

2.塑流性滑坡

主要发生在坝体和坝基为含水量较大的高塑性黏土的情况,这种土在一定的荷载作用下,产生蠕动作用或塑性流动,即使土的剪应力低于土的抗剪强度,但剪应变仍不断增加,当坝体产生明显的塑性流动时,便形成了塑流性滑坡。

3.液化性滑坡

在坝体或坝基为均匀的密度较小的中细砂或粉砂情况下,当水库蓄水后土体处于饱和状态时,如遇强烈振动或地震,砂土体积产生急剧收缩,而土体孔隙中的水分来不及排出,使砂粒处于悬浮状态,抗剪强度极小,甚至为零,因而砂体像液体那样向坝坡外四处流散,造成滑坡,故称液化性滑坡,简称液化。

### (二)表现特征

#### 1.剪切性滑坡

通常滑坡前在坝面上出现一条主要的纵向张开裂缝,缝深和缝宽均较大,裂缝两端逐渐向坝坡下部弯曲延伸成弧形,同时在这一主裂缝周围出现一些不连续的细小短裂缝,这是产生剪切性滑坡的预兆。随着滑坡的发展,主裂缝两侧便上下错开,错距逐渐加大。同时,坝坡脚或坝基出现带状或椭圆形的隆起,而且坝体向坝脚处移动。初期发展较慢,后期突然加快,移动距离可由数米至数十米不等,通常直到滑动力与抗滑力经过调整达到新的平衡为止。

#### 2.塑流性滑坡

滑坡时,开始坝上并无裂缝出现,而是坝面的水平位移和竖直位移不断增大,滑坡体的下部土被压出或隆起。若坝体中间有含水量较大的接近水平的软弱夹层,在沿该软弱层发生塑性流动时,滑坡体上部也会出现纵向裂缝和错距。这种滑坡的发展一般较缓慢。

#### 3.液化性滑坡

液化性滑坡通常都是骤然发生的,滑坡发生时间很短,事前没有预兆,大体积坝体转眼之间便液化流散。因此,很难进行观测和抢护。

## 二、产生滑坡的原因

坝体产生滑坡的根本原因在于坝体内部(如,设计、施工方面)存在问题等,而外部因素(如管理过程中水位控制不合理等)能够诱发、促使或加快滑坡的发生和发展。

### (一)勘测设计方面的原因

某些设计指标选择过高,坝坡设计过陡,或对土石坝抗震问题考虑不足;坝端岩石破碎或土质很差,设计时未进行防渗处理,因而产生绕坝渗流;坝基内有高压缩性软土层、淤泥层,强度较低,勘测时没有查明,设计时也未做任何处理;下游排水设备设计不当,使下游坝坡大面积散浸等。

### (二)施工方面的原因

施工时为赶速度,土料碾压未达标准,干密度偏低,或者是含水量偏高,施工孔隙压力较大;冬季雨季施工时没有采取适当的防护措施,影响坝体施工质量;合龙段坝坡较陡,填筑质量较差;心墙坝坝壳土料未压实,水库蓄水后产生大量湿陷等。

### (三)运用管理方面的原因

水库运用中若水位骤降,土体孔隙中水分来不及排出,致使渗透压力增大;坝后排水设备堵塞,浸润线抬高;白蚁等害虫害兽打洞,形成渗流通道;在土石坝附近爆破或在坝坡上堆放重物等也会引起滑坡。

另外,在持续暴雨和风浪淘涮下,在地震和强烈振动作用下也能产生滑坡。

## 三、滑坡处理

### (一)土石坝滑坡的检查和判断

滑坡是坝体常见的一种病害,除少数比较突然外,一般都是有征兆的,因此应加强平时的检查、观察,同时还应特别注意土坝在各种不利工作条件下的检查,如水库高水位时,持续特大暴雨时,解冻时期,强烈地震时,应特别注意下游坝坡的稳定性;水库初次蓄水时,水位骤降时,强烈地震时,台风袭击时,应特别注意上游坝坡的稳定性。

注意发现征兆并及时进行分析判断,以便采取有效措施。在检查时主要应由以下几方面的征兆来判断:

①从裂缝的平面形状来判断,滑动性裂缝的特征是,主裂缝的两端向坝坡下部延伸弯曲呈弧形,且主裂缝的两侧有错动。裂缝宽度一般在初期发展缓慢,后期逐渐加快,最后突然加大。而非滑动性裂缝宽度的变化是随时间逐渐减慢,最后趋于稳定。②从位移的发展规律来判断,滑坡的征兆是坝坡在短时间内出现持续且显著的位移,特别是在出现裂缝之后,位移逐渐增大,甚至骤然增大,坝的上部竖直位移向下,坝的下部,特别是坝脚处的竖直位移向上,坝下部的水平位移量大于坝上部的水平位移量。③从孔隙水压力的大小来判断,滑坡前,孔隙水压力往往会出现明显升高的现象。当实测孔隙水压力值高于设计值时,可能产生滑坡。④从测压管水位变化与库水位的变化关系上来判断,在水库正常运行情况下,坝体测压管的水位变化与库水位的变化是同步的或略有滞后的。如果在库水位变化不大的情况下,测压管内水位却逐渐升高,则表示坝体结构有问题,并对坝坡的稳定不利。

当判断坝坡有滑坡征兆时,应根据坝体土料实际的物理力学性质和坝体内浸润线位置,进行坝坡稳定验算,以便进一步采取相应处理措施。

### (二)土石坝滑坡的预防和处理

#### 1.滑坡的抢护

发现有滑坡征兆时,应分析原因,采取临时性的局部紧急措施,及时进行抢护。主要措施有:

①对于因水库水位骤降而引起的上游坝坡滑坡,可立即停止放水,并在上游坝坡脚抛掷沙袋或砂石料,作为临时性的压重和固脚。若坝面已出现裂缝,在保证坝体有足够挡水能力的前提下,可采取在坝体上部削土减载的办法,增强其稳定性。②对于因渗漏而引起的下游

坝坡的滑坡,可尽可能降低水库水位,减小渗漏。或在上游坝坡抛土防渗,在下游滑坡体及其附近坝坡上设置导渗排水沟,降低坝体浸润线。当坝体滑动裂缝已达较深部位,则应在滑动体下部及坝脚处用砂石料压坡固脚。

另外,还要做好裂缝的防护,避免雨水入渗,导走坝外地面径流,防止冰冻、干缩等。

2.滑坡的处理

当滑坡已经形成且坍塌终止,或经抢护已处于稳定状态时,应根据滑坡的原因、状况,已采取的抢护办法等,确定合理、有效的措施,进行永久性处理。滑坡处理应在水库低水位时进行,处理的原则是"上堵下排,上部减载,下部压重"。

①对于因坝体土料碾压不实、浸润线过高而引起的下游滑坡,可在上游修建黏土斜墙,或在坝体内修建混凝土防渗墙防渗,下游采取压坡、导渗和放缓坝坡等措施。②对于因坝体土料含水量较大、施工速度较快、孔隙水压力过大而引起的滑坡,可放缓坝坡、压重固脚和加强排水。当发生上游滑坡时,应降低库水位,然后在滑动体坡脚抛筑透水压重体,并在其上填土培厚坝脚,放缓坝坡。若无法降低库水位,则利用行船在水上抛石或抛沙袋,压坡固脚。③对于因坝体内存在软弱土层而引起的滑坡,主要采取放缓坝坡,并在坝脚处设置排水压重的办法。④对于因坝基内存在软黏土层、淤泥层、湿陷性黄土层或易液化的均匀细砂层而引起的滑坡,可先在坝脚以外适当距离处修一道固脚齿槽,槽内填石块,然后清除坝坡脚至固脚齿槽间的软黏土等,铺填石块,与固脚齿槽相连,并在坝坡面上用土料填筑压重台。⑤对于因排水设备堵塞而引起的下游滑坡,先是要分段清理排水设备,恢复其排水能力,若无法完全恢复,则可在堆石排水体的上部设置贴坡排水,然后在滑动体的下部修筑压坡体、压重台等。

对于滑坡裂缝也要进行认真处理,处理时可将裂缝挖开,把其中稀软土体挖出,再用与原坝体相同的土料回填夯实,达到原计划的容重要求。

例如,河北省某水库为碾压均质土坝,坝高51.5m。1974年6月,随着库水位的下降,陆续发现主坝南北两岸黄土台地上游铺盖有严重的塌沟、塌坑、洞穴和裂缝。过了2个多月,又发现主坝上游坡有两段明显裂缝,挖试坑检查,发现土体有下滑错动,并在裂缝范围上部有明显凹陷现象,在其下部有局部隆起。除此之外,其他坝段护坡存在不平整情况及相似的问题,分析判断坝坡局部滑动。根据钻探试验,分析滑坡原因主要是:地基中存在软弱层,且施工质量较差。采取的处理措施是:一是在两个裂缝滑坡段的上游坡,采用红土砾石压坡固脚至125m高程,并在底部铺卵石挤淤,用压力水冲淤,同时在压坡体内高程120m处垂直坝轴线布设卵石排水暗沟,并与原坝坡的卵石、沙砾层相连;二是采用开挖回填法处理坝坡裂缝;三是加固两岸上游铺盖等措施,效果良好。

# 第六节　土石坝护坡的修理

## 一、护坡破坏的形式及原因

常见的护坡破坏形式有脱落破坏、塌陷破坏、崩塌破坏、滑动破坏、挤压破坏、鼓胀破坏及溶蚀破坏等。

护坡破坏的原因是多方面的,主要原因有:

①雨水和风浪的冲刷作用。②护坡石料尺寸及质量不符合要求引起块石脱落、垫层被淘刷等。③护坡结构不合理、未设基脚,护坡范围或深度不够引起护坡滑移等。④护坡砌筑质量不好,如,缝隙较大、出现通缝等导致块石松动脱出破坏。⑤未设垫层或垫层级配不好,或未按反滤原则设计施工。⑥严寒地区护坡受冻胀作用及因冻融循环,坝土松软、护坡被架空而破坏。⑦在运用过程中,坝体出现渗漏塌陷、不均匀沉陷,遭遇水位骤降、地震及人为活动等都可能造成护坡破坏。

## 二、护坡破坏的修理

土石坝护坡的修理分为临时性紧急抢护和永久性加固修理两类。

### (一)临时性紧急抢护

当护坡遭受风浪或冰凌破坏时,为了防止破坏区扩大和险情的不断恶化,应及时采取临时性的抢护措施。

1.沙袋压盖抢护

当风浪不大,护坡局部松动脱落,但垫层未被淘刷时,可在破坏部位用沙袋压盖两层,压盖范围应每边超出破坏区 0.5~1.0m。

2.抛石抢护

当风浪较大,局部护坡已有冲失和坍塌的情况时,可先抛填 0.3~0.5m 厚的卵石或碎石垫层,再抛石块,石块大小应能抵抗风浪冲击和淘刷。

3.石笼抢护

当风浪很大,护坡破坏严重时,可采用竹笼填石、铅丝笼填石或竹笼间用铅丝扎牢后填以石块做成石笼,并用绳索将石笼一端系住,然后用木棍撬动,使其移至破坏部位。

### (二)永久性加固修理

护坡经临时紧急抢护而趋于稳定后,应认真分析研究护坡破坏原因,抓紧时机,创造条件进行永久性加固修理。

1.局部填补翻修

应先将临时抢护的物料全部清除,将反滤体按设计修复,然后铺砌护坡。若是干砌石护坡,应选择符合设计要求的石块沿坝坡自下而上砌筑,石块应立砌,砌缝应交错压紧,较大的缝隙则用小片石填塞楔紧。若是浆砌石护坡,先将松动的块石拆除并清理干净,再取较方整的坚硬块石用坐浆法砌筑,石缝中填满砂浆、捣实,并用高标号砂浆勾缝口。若是堆石护坡,下面要做好反滤层,其厚度不小于30cm,堆石层厚度一般为50~90cm。若是混凝土护坡,对于现浇板,则应将破坏部位凿毛清洗干净,再浇筑混凝土;对于预制板,若板块较厚,损坏又不大,可在原混凝土板上填补混凝土,如损坏严重,则应更换新板。若是草皮护坡,应先将坝体土料夯实,然后铺一层10~30cm厚的腐殖土,再在腐殖土上重铺草皮。若是沥青混凝土护坡,对1~2mm的小裂缝,可不必处理,气温较高时能自行闭合,对较大裂缝,可在每年1~2月裂缝张开最大的时候用热沥青渣油液灌注,对隆起和剥蚀部分则应凿开并冲洗干净,在风干后洒一层热沥青渣油浆,再用沥青混凝土填补。

2.混凝土盖面加固

若原来的干砌石护坡的块石较小或浆砌石护坡厚度较小,强度不够,不能抵抗风浪的冲击和淘刷,可将原有护坡表面和缝隙清理干净,并在其上浇一层5~7cm厚的混凝土盖面,并用沥青混凝土板分缝,间距3~5m。

3.框格加固

若干砌石护坡的石块尺寸较小,砌筑质量较差,则可在原护坡上增设浆砌石或混凝土框格,将护坡改造为框格砌石护坡,以增加护坡的整体性,避免大面积护坡损坏。

4.干砌石缝胶结

若护坡石块尺寸较小,或石块尺寸虽大,但施工质量不好,不足以抵御风浪冲刷时,可用水泥砂浆、水泥黏土砂浆、细石混凝土、石灰水泥砂浆、沥青渣油浆或沥青混凝土填缝,将护坡石块胶结成一体。施工时应先将石缝清理和冲洗干净,再向石缝中填充胶结料,并每隔一定距离保留一些细缝隙以便排水。

5.沥青渣油混凝土加固

若护坡损坏严重,当地缺乏石料,而沥青渣油材料较易获得,则可将护坡改建为沥青渣油块石护坡,或沥青渣油混凝土(板)护坡等。

# 第七节　混凝土面板堆石坝的病害处理

我国混凝土面板堆石坝起步较晚,从1985年开始到1990年底,建成了第一批7座坝高在 50～100m 的混凝土面板堆石坝。由于其适应性强,材料使用合理,安全可靠,故发展迅速。但这种坝的设计和施工技术目前主要靠已建工程的经验总结,缺乏成熟的理论和计算方法。因而加强对混凝土面板堆石坝的运行管理,既是保证坝体正常使用和安全运行的前提,同时又是改进和提高混凝土面板堆石坝技术水平的重要途径。

## 一、混凝土面板的病害形式及成因

从我国已建混凝土面板堆石坝的运行情况来看,病害形式及成因主要有以下几个方面:

### (一)面板裂缝问题

因防渗体面板与堆石体两种材料性质的差异及其他因素的影响,使两者变形不协调,导致混凝土面板产生裂缝,如果裂缝继续发展,也会产生严重后果。面板裂缝的成因主要是:①混凝土材料的品质不良及施工工艺不当,导致混凝土抗裂能力降低;②忽视温度控制,在寒潮或冬季形成过大温降和拉应力;③缺少必要的洒水养护,尤其在水库长期空库的情况下,使拉应力增大;④面板下的垫层坡面不平整,尤其是坡面的上下层堆石碾压交接处超填或欠填,形成对面板底面过大约束和应力集中;⑤坝体堆石的不均匀沉陷,引起面板过度变形;⑥坝体填筑后立即浇筑混凝土面板,没有错开堆石变形高峰期,若水库水位迅速上升,可加速坝体变形。

### (二)趾板裂缝问题

有的面板堆石坝,在趾板上发现许多裂缝,其产生原因主要是在采用滑模施工,趾板未设伸缩缝,同时也未对施工缝做出具体规定,当趾板混凝土因温度应力变形时,就受到地基及锚杆的约束,而产生裂缝。当帷幕灌浆采用高压浓浆施灌时,趾板可能被顶裂。另外,趾板混凝土养护不好,也会产生裂缝。

### (三)面板垂直缝混凝土局部损坏

如某混凝土面板堆石坝面板从防浪墙底部至水面一定距离内有混凝土破损,局部面板钢筋出露,甚至止水片也已局部破损,局部止水已与混凝土分离等破损现象。分析其原因,主要是坝体变形较大,面板随坝体堆石向河床移动,使河床中部面板受压,导致混凝土局部损坏。

### (四)止水破坏

无论是止水铜片,还是 PVC 止水及柔性填料止水,都存在止水部位混凝土不密实、不同止水段搭接不紧及施工中损坏等现象,均在不同程度上存在渗漏隐患。

## 二、混凝土面板的病害处理

### （一）面板裂缝的处理

对于开度在 0.3mm 以下的裂缝，一般不需处理，认为其蓄水后会自行愈合；开度在 0.3~0.5mm 的裂缝要做简单的嵌缝处理；开度大于 0.5mm 的裂缝可采用沿缝凿槽清洗干净后，填充优质嵌缝材料，然后封闭表面；对于较宽的贯穿性裂缝，可以采用环氧基液刷封、环氧砂浆嵌缝和凿槽充填止水材料等方法处理；对于裂缝密集带，可采用贴 GB 胶板或涂刷环氧材料保护膜的处理方法；国外对于漏水的裂缝还有在水下抛填粉质细砂或覆盖一层黏土进行止水处理的。

### （二）趾板裂缝的处理

可采用以下两种处理方法：一是在裂缝表面贴 GB 胶，对宽度超过 0.5mm 的缝先沿缝凿槽，回填干硬砂浆，表面再贴 GB 胶，还可在其上覆盖土工膜处理；二是可在其上面浇一层厚50cm 并配有直径 12mm、间距 15cm 单层钢筋网的 C25 混凝土等。

### （三）面板垂直缝混凝土局部损坏的处理

临时可采用凿出破损混凝土，再回填聚合物混凝土，表面填 SR 防渗盖片等处理方法。

### （四）止水破坏的处理

根据破坏的部位及程度不同，可采用 GB 封闭、土工膜处理及止水片修复等处理措施。

# 第十三章
# 工程地质测绘

本章介绍了工程地质勘察的任务和目的、工程地质测绘以及航片与卫片判释在工程地质测绘中的应用;详细介绍了物探、钻探、坑探等工程地质勘探方法;着重介绍了工程地质原位测试和工程地质的长期观测,试验包括静力荷载试验、静力触探试验、标准贯入试验、十字板剪切试验、旁压试验和波速试验;还介绍了工程地质勘察成果:工程地质图和工程地质报告书;针对工业与民用建筑、道路、桥梁、洞室工程等,详细介绍了勘察与评价要点。

## 第一节　　工程地质测绘概述

工程地质勘察是工程地质学的分支,是运用工程地质理论和各种勘察测试技术手段及方法,有效地查明建筑场区的工程地质条件,论证有关的工程地质问题,做出正确的工程地质评价,为工程的规划、设计、施工和正常使用提供地质资料及依据。工程地质勘察是工程建设的先行工作,其成果资料是工程项目决策、设计和施工等的重要依据。

总体上来说,工程地质勘察的任务是为工程规划、设计、施工提供可靠的地质依据和资料,以便充分利用有利的自然因素,避开或改造不利的地质环境,以保证工程建筑物的安全稳定、经济合理和正常运行。具体包括:

①查明建筑地区的工程地质条件;②选择地质条件优越的建筑场地;③分析研究与建筑有关的工程地质问题,并做出定性和定量评价,为建筑物的设计和施工提供可靠的地质依据;④根据建筑场地的工程地质条件,配合建筑物的设计与施工,提出有关建筑物的类型、结构、规模及施工方法的合理建议,以及保证建筑物安全和正常运行所应注意的地质要求;⑤为拟定改善和防治不良地质条件的措施方案提供地质依据;⑥预测工程兴建后对地质环境的影响,制定保护地质环境的措施。

工程地质勘察依据工程建设是分阶段进行的,一般与设计阶段的划分一致。一般的建设工程设计分为可行性研究、初步设计和施工图设计三个阶段。为了提供各个设计阶段所需要的工程地质资料,勘察工作也相应地划分为可行性研究勘察(选址勘察)、初步勘察、详细勘察三个阶段。结合不同工程类型的特点,工程地质勘察可相应地划分为各个勘察阶段(表13-1)。以下以工业与民用建筑为例说明各个勘察阶段的具体要求。

表13-1　工程地质勘察阶段划分

| 部门 | 阶段划分 | | | |
|---|---|---|---|---|
| 工程勘察 | 可行性研究勘测 | 初步勘测 | 详细勘测 | 补充勘测 |
| 城市建设 | 区域规划 | 总体规划 | 详细规划 | 施工 |
| 公路铁路 | 预可行性研究(定向) | 可行性研究(定线) | 初步设计(定段) | 施工 |
| 水工 | 流域规划(坝段) | 可行性研究(坝址) | 初步设计(坝线) | 施工 |
| 设计 | 规划 | 初步设计 | 技术设计 | 施工设计 |

## 一、选址勘察阶段

对于大型工程,选址勘察阶段是非常重要的环节,其任务是初步查明建设地区工程地质条件,论证区域稳定性,根据地质条件论证某项建设的技术可能性和经济合理性。一般通过取得几个候选场址的工程地质资料进行对比分析,对拟选场址的稳定性和适宜性做出工程地质评价。主要工作包括:

①搜集区域地质、地形地貌、地震、矿产、当地的工程地质、岩土工程和建筑经验等资料;②在充分搜集和分析已有资料的基础上,通过踏勘了解场地的地层、构造、岩性、不良地质作用和地下水等工程地质条件;③当拟建场地工程地质条件复杂,已有资料不能满足要求时,应根据具体情况进行工程地质测绘和必要的勘探工作;④当有两个或两个以上拟选场地时,应进行必选分析。

## 二、初步勘察阶段

该阶段是在所选定的建设场址内进行的。在搜集分析已有资料的基础上,根据需要和场地条件主要采用工程地质测绘并配合勘探工作、测试试验等工作,其中,勘察点、线间距取决于地基复杂程度等级,勘探孔深度根据工程重要性等级及勘探孔类别确定。初步勘察阶段应对产地内拟建建筑地段的稳定性做出评价,主要工作包括:

①搜集拟建工程的有关文件、工程地质和岩土工程资料以及工程场地范围的地形图,初步查明地质构造、地层结构、岩土工程特性、地下水埋藏条件等,初步判定水和土对建筑材料的腐蚀性;②查明场地不良地质作用的成因、分布、规模、发展趋势,并对场地的稳定性做出评价,对抗震设防烈度大于或等于6度的场地,应对场地和地基的地震效应做出初步评价;③对于季节性冻土地区,应调查场地土的标准冻结深度;④高层建筑初步勘察时应对可能采

取的地基基础类型、基坑开挖与支护、工程降水方案进行初步分析评价。

### 三、详细勘察阶段

详细勘察阶段应提出详细的岩土工程资料和设计、施工所需要的岩土参数；对建筑地基做出岩土工程评价，并对地基类型、基础形式、地基处理、基坑支护、工程降水和不良地质作用的防治等提出建议。采用的主要手段以勘探、原位测试和室内土工试验为主。详细勘察勘探点间距、深度取决于地基复杂程度、基础底面宽度、地基变形计算深度等，尤其是要注意高层建筑勘探点的布置和勘探孔深度。主要包括以下工作：

①搜集附有坐标和地形的建筑总平面图，场区的地面整平标高，建筑物的性质、规模、荷载、结构特点、基础形式、埋置深度、地基允许变形等资料；②查明不良地质作用的类型、成因、分布范围、发展趋势和危害程度，提出整治方案的建议，查明建筑范围内岩土层的类型、深度、分布、工程特性，评价和分析地基的稳定性、均匀性和承载力；③对于需要进行沉降计算的建筑物，提供地基变形计算参数，预测建筑物的变形特征，在季节性冻土地区，提供场地土的标准冻结深度；④查明埋藏的河道、沟浜、墓穴、防空洞、孤石等对工程不利的埋藏物，查明地下水的埋藏条件，提供地下水位及其变化幅度，判断水和土对建筑材料的腐蚀性。

基坑或基槽开挖后，岩土条件与勘察资料不符合或发现必须查明的异常情况时，应进行施工勘察。勘察的主要工作方法有施工验槽、钻探和原位测试等。

# 第二节　工程地质勘测

工程地质测绘是工程地质勘察中的一项基础性工作。工程设计之前，地质人员要详细查明拟定建筑区工程地质条件的空间分布规律，并按一定比例尺将其如实地反映在地形底图上，作为工程地质预测的基础，提供给设计部门使用。

工程地质测绘的具体内容，包括测区的地层岩性、地质构造、地形地貌、水文地质工程动力地质现象以及天然建筑材料等，它是包含工程地质条件全部要素的地表地质测绘。

### 一、工程地质测绘比例尺、范围和精度

（一）工程地质测绘比例尺

工程地质测绘比例尺主要取决于设计阶段、地质条件的复杂程度和建筑物的重要性。随设计阶段提高，建筑场地的位置越具体，范围逐渐缩小，对地质条件研究的详细程度越高，采用的测绘比例尺需要逐渐加大。而在同一设计阶段，比例尺选择又取决于建筑地区工程

地质条件的复杂程度和建筑物的类型、规模及其重要性。条件复杂,建筑物规模大而又重要者,就需采用较大的测绘比例尺。

踏勘及路线测绘,比例尺一般选为 1:500000~1:200000。工程规划的最初勘察阶段采用这种比例尺测绘,目的是查明区域工程地质概况,初步估计其对建筑物可能产生的影响。研究地区已有测绘资料或航空相片,检查验证。

小比例尺测绘,比例尺为 1:100000~1:50000,在规划或草图设计阶段采用,查明规划地区的工程地质条件,论述区域稳定性,为合理选择建筑物区提供地质依据。

中比例尺测绘,比例尺为 1:25000~1:10000,在初步设计选址前为选择建筑场地时采用,其目的是为查明建筑场区工程地质条件、初步分析存在的工程地质问题、合理选定建筑地点提供地质资料。

大比例尺测绘,比例尺为 1:10000~1:1000 或更大,初步设计选定建筑场地后采用,为最终选定建筑物类型、结构及施工方法提供地质资料。施工中地质编录和对专门性问题进行研究,常采用更大的比例尺。

### (二)工程地质测绘范围

工程地质测绘范围应比建筑区大,并视设计阶段、建筑物类型和规模,以及工程地质条件复杂程度和研究程度而定。

建筑物类型和规模大小对测绘范围的影响至关重要。大型水利工程的测绘范围必须足够大,而工业民用建筑与地质环境相互作用引起的变化范围小,测绘范围就不需要很大。

工程规划和草图设计阶段,一般都有若干比较方案,这种较大范围测绘是必要的。较高设计阶段,因建筑场地位置已确定,测绘面积可小很多。

工程地质条件复杂地区,构造形态复杂、断裂发育、地层零乱、岩溶和滑坡广泛分布、场地邻近地区有危及建筑物的物理地质作用的策源地(如泥石流的形成区)和强烈的地震震中等,都与区域稳定性有关或影响地基稳定性,须扩大测绘范围。而对已有足够可利用资料的区域则测绘范围可适当减小。

### (三)工程地质测绘精度

工程地质测绘精度,是指测绘中观察、描述工程地质条件的详细程度和精确程度,即工程地质条件在工程地质图上标示的详细程度和精确程度。

观察、描述的详细程度,用单位面积上的观测数目和观测路线长度来控制(表 13-2)。目前,不论测绘比例尺多大,都以图上每一平方厘米内应有一个点来控制平均观测点数目。但点不应是均布的,复杂地段多些,简单地段少些,且都应布置在关键地点,如各地质单元的界线点、泉点、自然地质现象或工程地质现象点等。

表 13-2 综合性工程地质测绘每平方千米内观测点数及观测路线平均长度

| 比例尺 | 简单 | | 中等 | | 复杂 | |
|---|---|---|---|---|---|---|
| | 观测点数 | 路线长度/km | 观测点数 | 路线长度/km | 观测点数 | 路线长度/km |
| 1:20 万 | 0.49 | 0.50 | 0.61 | 0.60 | 1.10 | 0.70 |
| 1:10 万 | 0.96 | 1.00 | 1.44 | 1.20 | 2.16 | 1.40 |
| 1:5 万 | 1.91 | 2.00 | 2.94 | 2.40 | 5.29 | 2.80 |
| 1:2.5 万 | 3.96 | 4.00 | 7.50 | 4.80 | 10.00 | 5.60 |
| 1:1 万 | 13.8 | 6.00 | 26.00 | 8.00 | 34.6 | 10.00 |

为保证图件的详细程度,还要求工程地质条件单元的划分与图件比例尺相适应,比例尺越大,划分的单元越小。一般来讲,图上宽度小于 2 mm 的单元就无法表示,故为读图方便,划分的最小单元的宽度规定为 2 mm,其实际宽度即为不小于 2 mm 乘图幅比例尺的分母。但对某些工程意义特别重要的单元体,如,断层破碎带、软弱夹层、宽大裂隙、填图标志层、重要隔水层等,则用"超"比例尺的方法标出。

为了保证精度,要求图上的界线精确无误。按规定,任何比例尺的图面上的界线误差不得超过 0.5 mm,例如,1:2000 比例尺的图幅上界线误差不得超过 1 m。为保证精度,中等和一般大比例尺测绘,以目测和半仪器法定点;详细的大比例尺测绘必须以仪器法定点。

## 二、工程地质测绘内容

工程地质测绘内容是研究与工程规划、设计和施工有关的各种地质条件,分析其性质和规律,并自始至终地预测工程活动与地质环境之间的相互作用。

### (一)地层、岩性研究

地层、岩性是研究各种地质现象的基础。应查明各类岩层的岩性、岩相、厚度、层序、接触及其分布变化规律,测定岩石的工程地质特征,确定地层时代和填图单位。

沉积岩地区应特别查明泥质岩类的成分、结构、层面构造、泥化和崩解特性等,更应着重弄清软弱夹层的厚度、层位、接触关系、分布情况和工程地质特性。应重视可溶岩类的岩溶现象。

岩浆岩地区应特别查明侵入岩的边缘接触面、原生节理、岩床、岩墙、岩脉,弄清风化壳的发育、分布、分带情况和软弱矿物富集带。

变质岩地区应特别查明软弱带或夹层(云母片麻岩、云母片岩、绿泥石片岩、石墨片岩、滑石片岩等)及岩脉的特性。弄清泥质片岩的风化、泥化和失水崩裂现象。应注意千枚岩、板岩的碳质、钙质等软弱夹层的特性和软化、泥化情况等。

工程地质测绘中地层划分单元,随比例尺不同而异。小比例尺工程地质测绘与一般地质测绘相同,划分为界、系、统、阶、带或群、组、段、层等地方性的地层单元。中等比例尺测绘地区划分到阶(或组)。大比例尺测绘地区,因测绘面积小,重点考虑工程地质条件的组合或岩性差异等条件,进行更详细的划分。

### (二)地质构造的研究

地质构造是评价大型建筑区域稳定性的首要因素,现代构造活动与活断层尤为重要,研究范围很广。工程地质测绘中,应结合地区地质条件与工程的关系进行研究:

①倒转构造地区,应注意存在缓倾角叠瓦式断裂的可能性。②褶曲发育或软硬岩层互层地区,应注意层间错动、层间破碎带、小褶曲和岩层塑流现象。③脆性岩层中,应注意局部地段断裂变窄、变宽、尖灭、再现。④塑性岩层中,应注意区别岩体蠕动与构造形成的褶曲。⑤研究结构面的组合形式与建筑物轴线或岸坡的相互关系,查明不稳定岩体的边界条件,分析其对建筑物区的渗漏、滑移和斜坡等稳定性的影响。⑥对挽近构造(特别是全新世的),应着重调查其活动性质、展布规律、延伸范围和破坏布、山地与平原突然接邻等),分析其是否与活断裂有关。地震基本烈度大于7度、现代地震频繁地区,则应根据工程需要和任务要求,配合地震部门进行地震地质调查。

工程地质测绘中研究节理有重要意义。应结合工程位置选择有代表性的地点,详细地统计节理,包括节理裂隙的产状、延伸情况、不同岩性中变化情况和发育程度、节理面形态特征和宽度、充填物成因和性质,并应鉴定各组节理的力学性质。应着重研究缓倾角节理在不同位置和不同构造部位的发育程度、各节理组的切割关系和组合形式,以及节理密集带的分布情况,并绘制节理玫瑰花图、节理极点图及节理等密度图。

### (三)第四纪地质的研究

#### 1.沉积层年代的确定

测绘中必须确定第四纪沉积层的相对年代或绝对年代,必须分析沉积层在空间与时间上的分布规律。正确地按其沉积年代划分沉积层,可帮助探寻其广泛范围内物理力学性质的共同特征,以作为取样和试验的依据。

#### 2.成因类型和相的研究

成因类型研究包括第四纪沉积层成因类型的划分及其工程地质性质的研究。大比例尺工程地质测绘中还必须注意相的变化及其工程地质性质的研究。

我国华北、西北地区的洪积层,地貌上多为洪积扇,可对其划分为上部、中部和下部三相来研究其工程地质特征。

冲积层必须划分出河床相、漫滩相和牛轭湖相等。河床相主要为砾土和砾石土,并夹有黏性土的透镜体,作为工业与民用建筑地基是良好的,但作为水工建筑地基,会产生渗漏和渗透稳定问题。漫滩相一般为黏性土,有时有粉、细砂土或泥炭夹层,土层厚度大而稳定,一般适于作为各种建筑物地基。若粉、细砂土分布较多,须注意渗透稳定问题。牛轭湖相因含大量有机质的黏性土和粉、细砂土,并常有泥炭层分布,因而也可能形成淡水泥灰岩,其工程地质性质比较复杂。

**3. 工程地质单元的划分**

大比例尺工程地质测绘还要求将沉积层划分为若干工程地质单元。首先按沉积层中不同粒度成分划分土的类型,再依据同一类型土的不同物理力学指标,进一步划分单元。

**(四)地貌的研究**

地貌是岩性、构造、新构造运动和外动力地质作用的综合结果,所以根据地貌有可能判断出岩性(如软弱夹层的部位)、构造及新构造运动的性质和规模,判明表层沉积的成因和结构,据此可了解动力地质作用(如,河流、滑坡、岩溶等)的发展史。相同地貌单元不仅地形特征相似,其表层地质结构、水文地质条件也常一致。地貌可作为工程地质分区的基础。

工程地质测绘中应研究地貌形态特征、成因类型和分布情况,地貌与第四纪地质、岩性、构造等的关系,河谷地貌发育史及熔岩区的地貌发育史,以及地貌与地表水、地下水关系等,这些多在中、小比例尺测绘中研究。大比例尺工程地质测绘,应着重于微地貌研究,这与工程的布置、基础类型及上部结构形式等直接相关。

**(五)水文地质条件的研究**

水文地质条件的研究应从岩性特征和地下水的分布、埋藏、类型、运动、水质、水量等入手,必须与自然地质现象及其对拟建工程的影响密切联系起来,判定滑坡成因,分析判定岩溶的发育程度,论证坝址与库区的渗漏,研究地下水对基础砌置深度和基坑开挖的影响,预测冻胀的可能性。

**(六)物理地质现象的研究**

研究物理地质现象包括其形态、规模、类型和发育规律;根据地层岩性、地质构造、地貌、水文地质和气候等因素,分析物理地质现象的成因、规律和发展趋势;分析物理地质现象对建筑物的影响,并为进一步的勘探工作提供依据。

**(七)其他**

工程区已有建筑物的调查,是工程地质测绘中特有的工作内容。某一地质环境内已建任何建筑物,对拟建工程来说都应是一项重要试验。研究该建筑物是否适应该地质环境,往往可得到很多在理论和实践上都极有价值的资料,它比用勘探、试验手段取得的资料更宝贵。应选择不同地质环境(好和不好的)中不同类型、结构的建筑物,研究其有无变形破坏的迹象,并详细分析其原因,以判明建筑物与地质环境的适应性。

对测区内旧矿井、旧坑道进行详细调研和资料搜集,尤其要重点搜集地面上是否有塌陷及其对已建工程是否有影响等资料,作为勘探、试验工作的补充。

### 三、航片与卫片判释在工程地质测绘中的应用

航片、卫片能真实、集中地反映大范围的地层岩性、地质构造、地貌形态和物理地质现象等,对其详加判释研究,并与测绘工作相结合,能起到减少工作量、提高精度和速度的作用。尤其在人烟稀少、交通不便的偏远山区,充分利用航片、卫片判释,更有特殊的意义。

这一方法,一般在工程初级勘察阶段的中、小比例尺工程地质测绘中效果较为显著。航片、卫片判释,必须与实地观察结合,互相印证,才能较好地发挥作用。判释地质体及地质现象,需依靠判释标志。卫片与航片的判释大同小异,判释标志是色调特征和形态(阴影、形状、大小),两者缺一不可。标志建立后,即可进行判释。

航片、卫片判释地质构造的效果最好,尤其在地形切割强烈、露头良好、中小型地貌发育的情况下判释较容易。水平岩层显露的轮廓线与地形轮廓线相似,呈花瓣状纹理,水系常呈放射状,色调多为深浅相间的环带形。倾斜岩层的地表露头线,服从"V"字形法则。断层明显呈现为线状分布,沿线出现三角面、垭口、断层沟槽、串珠状的洼地、山脊错位等,并常有一系列泉水;区域性大断裂还呈现出山地与平原截然相接的现象。利用红外扫描图像可较易判释大断层,发现隐伏大断裂;其两侧显示不同色调,表现为线性特征。

小比例尺卫片适于大地貌类型的研究,大比例尺卫片对中小地貌及物理地质现象的研究效果较好。卫片上滑坡形态很清楚,滑坡周界呈现深色色环,陡立滑坡壁色调较深。区域研究可看出滑坡分布规律,发现主要控制因素,还可根据滑坡形态的保留情况、色调和水系等,判释滑坡稳定性。泥石流的分布、规律及形成过程,也可进行判释研究,卫片判释对沙丘的分布范围、规模、成因类型及发展过程和趋势的研究,效果特别显著。

## 第三节　工程地质勘探

勘探工作是工程地质勘探的重要工作方法之一。工程地质勘探包括物探、钻探、坑探等。

### 一、物探

工程地质物探是利用专门仪器测定岩层物理参数,通过分析地球物理场的异常特征,结合地质资料,了解地下深处地质体的情况。物探一般包括电法、地震、重力、磁法和放射性等勘探。工程地质勘察中常用的是电法勘探和弹性波勘探。

#### (一)电法勘探

电法勘探是利用仪器测定人工或天然电场中岩土导电性的差异来区别地下地质情况的一种物探方法。常用的是直流电法中的电测深法和电测剖面法。

电测深法,一般在两个测点 $P$ 上,对称排列 $A$、$M$、$N$、$B$ 四个电极。$A$、$B$ 为供电电极,$M$、$N$ 为测量电极,$MN$ 的中点 $O$ 为测点。固定测点不动,逐渐增大电极的距离,就可以测得地下不同深度处的视电阻率,从而推断出不同深度的地质情况。用电测深法可以查明覆盖层、风化层、冻土层的厚度,查明含水层和古河道、掩埋冲积洪积扇的位置,查明溶洞大小的位置,查明滑坡体的滑床面位置,探寻天然建筑材料等(图 13-1)。

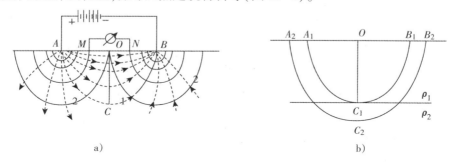

图 13-1　人工电场图

*a*)电流线分布;*b*)电极距加大、测深加大

$A$、$B$—供电电极;$M$、$N$—测量电极;$O$—测点

电测剖面法是保持 $A$、$M$、$N$、$B$ 电极距离固定不变,使整个装置沿剖面线移动,逐点进行视电阻率的测量,在不同测点的探测深度一定。剖面法所测得的视电阻率值就表示地下某一定深度范围内岩层沿剖面方向上的变化情况。电测剖面法主要用于查明陡倾的岩层、断层、含水层、古河道、暗河等的位置。

### (二)弹性波勘探

弹性波勘探包括地震勘探、声波和超声波勘探。它是用人工激发震动,研究弹性波在地质体中的传播规律,以判断地下情况和岩体的特性和状态。地震勘探是利用人工震源(爆破或锤击)在岩体中产生弹性波,可探测大范围内覆盖层厚度和基岩起伏,探查含水层,追索古河道位置,查寻断层破碎带,测定风化层厚度和岩土的弹性参数等。用声波法可探测小范围岩体,如,对地下洞室围岩进行分类,测定围岩松动圈,检查混凝土和帷幕灌浆质量,划分岩体风化带和钻孔地层剖面等。

## 二、钻探

钻探是工程地质勘察中获取地表下准确地质资料的重要手段。勘察中钻探工作应在测绘和物探的基础上进行,按勘察阶段、工程规模、地质条件复杂程度,有目的、有计划地布置勘探线、网,一般按先近后远、先浅后深、先疏后密的原则进行。

钻探完孔后,可把探测器放入井内进行地球物理测井工作。随着测井技术的飞跃发展,测井方法和它所能解决的地质问题也越来越多,测井资料解释的自动化程度也日益提高。目前常用的测井方法有电测井、声波测井、放射性测井、井中无线电透视、超声波及电视测井等。

(一)钻孔设计书的编制

钻孔设计书的内容包括:①钻孔附近地形、地质概况;②钻探目的及钻进中应注意的问题;③钻孔类型(直孔、斜孔)及其理由;④钻孔深度及说明可适当增减孔深的情况;⑤钻孔结构,包括钻进方法、开孔及终孔孔径、变径深度,说明可能遇到的地层情况、地质构造、物理地质现象及水文地质条件,并根据已有资料做出钻孔设计柱状图;⑥提出对钻进方法、钻进速度、固壁方法、孔壁光滑程度及孔斜弯曲度等方面的要求;⑦地质要求:包括岩芯采取率(一般地层不低于80%,软弱夹层、断层破碎带不低于60%),取样的间距、位置、规格和数量,水文地质试验项目、位置,水文地质观测要求(如水位的稳定标准等)及止水的要求;⑧钻孔结束后的处理,如是封孔,还是留做长期观测等;⑨提交成果,包括钻孔操作及水文地质日志图、钻孔柱状图、钻进观测及测试记录图表等。

(二)钻孔观测编录及资料整理

1.钻进过程的观察和记录

钻进中填写钻探日志时要认真记录钻进方法、钻头类型及规格、更换钻头情况及原因;①钻具突然陷落或进尺变快处的起讫深度,借以判断洞穴、软弱夹层及破碎带的位置和规模;遇有涌砂现象应注明涌砂深度、涌升高度及所采取的措施。②冲洗液的消耗量,回水颜色和冲击混合物成分,以及在不同深度的变化情况等。③发现地下水应注明初见水位及稳定水位、测量日期、经历时间,钻透含水层应标出其厚度,确定各含水层的顶底板标高、水位、涌水量、水质、含水层性质及各含水层的水力联系;孔壁坍塌掉块及钻具振动情况、钻孔歪斜情况、下钻难易度、钻孔止水方法及钻进中发生的事故等。④每次取出的岩芯应按顺序排列,按有关规定编号、整理、描述、装箱及保管。⑤注明所取原状土样、岩样的数量及深度,包装运输。⑥钻进中所做的各种试验,应按有关规定认真填写记录。

2.岩芯观察、描述和编录

包括确定岩石的成分、颜色、状态及产状,描述其所含矿物及颗粒成分、结构和构造。对疏松沙和黏土应观察其致密程度、稠度、含水量。对坚硬半坚硬岩石观察描述其坚硬程度、裂隙发育情况、风化程度及特征,并划分出不同的风化带。

3.**钻孔资料整理**

钻进工作全部完成后,进行钻孔资料整理,主要成果有:①钻孔柱状图;②钻孔操作及水文地质日志图;③岩芯素描图。

# 三、坑探

坑探是在建筑场地挖探井或探槽以取得直观资料和原状土样,这是一种不使用专用机具的常用勘探方法。坑探的种类包括试坑、浅井、探槽、斜井和平硐、竖井等。

### （一）试坑、浅井

试坑的深度不大，主要用于剥除覆土，揭露基岩。浅井是一种圆形或方形的铅垂掘进的山地工程，一般深 5~15 m 试坑或浅井开挖中必须及时收集地质资料，其内容要求与绘制地质剖面相同。坑井开挖完成后绘制柱状图，比例尺一般为 1:20~1:100。

### （二）探槽

探槽一般垂直岩层走向布置，宽 0.6~1m，长度视需要而定。较深的探槽在开挖中，严禁在下脚掏挖，以免塌方。

探槽开挖完成后，编制探槽展视图。探槽较长、深度较大时，展视图一般只画底与一壁。探槽很长而中心线又有转折或槽底坡度有变化时，可分段画出，并使壁、底平行。

### （三）斜井和平硐

斜井多用以了解地下一定深处的地质情况并取样，一般布置在平缓山坡或山坳处。平硐适用于较陡的基岩坡，常用以查明坝底两岸地质结构；尤其在岩层倾向河谷并有易于滑动的夹层，或断裂较发育的位置，可获较好的勘探效果，可为大型原位测试提供良好的条件。

探硐地质纵剖面图应配以具代表性的横剖面图。地质条件较复杂地段可绘制探硐展示图，采用三壁（顶、左、右）展开方式测绘。

### （四）竖井

在平缓山坡、漫滩、阶地，为了了解覆盖层厚度及性质、构造线、岩石破碎情况、岩溶、滑坡等，可开挖竖井；岩层倾角较缓时效果较好。竖井一般采用方形井口，铅直掘进，破碎的井段须进行井壁支护。掘进中应随时收集地质资料，并绘制竖井展示图或柱状图。

## 第四节　工程地质原位测试

所谓工程地质原位测试是指在岩土层原来所处的位置基本保持天然结构、天然含水量以及天然应力状态下，测定岩土的工程力学性质指标。最大特点是在原位应力条件下进行试验，不用取样，避免或减轻了对土样的扰动程度，测定土体的范围大，能反映微观、宏观结构对土性的影响，有些测试方法能连续测试，可以获取土层的完整剖面。工程地质现场原位测试的主要方法包括静力载荷试验、静力触探试验、十字板剪切试验、动力触探试验和地基土动力特性试验等。

## 一、静力载荷试验(PLT)

静力载荷试验是在拟建建筑场地上,在挖至设计的基础埋置深度的平整坑底放置一定规格的方形或圆形承压板,在其上逐级施加荷载,测定相应荷载作用 K 地基土的稳定沉降量,分析研究地基土的强度与变形特性,求得地基土容许承载力与变形模量等力学参数。

用静力载荷试验测得的压力 $p$(kPa)与相应的土体稳定沉降量 $s$(mm)之间的关系曲线,按其所反映土体的应力状态,一般可划分为三个阶段,如图 13-2 所示。

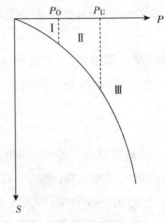

**图 13-2   $p$-$s$ 曲线**

第 I 阶段:从 $p$-$s$ 曲线的原点到比例界限压力 $p_0$。(亦称临塑压力)。该阶段 $p$-$s$ 曲线呈线性关系,故称之为直线变形阶段。在这个阶段内受荷土体中任意点产生的剪应力小于土的抗剪强度,土体变形主要由于土中孔隙的减少引起,土颗粒主要是竖向变位,且随时间渐趋稳定而土体压密,所以也称压密阶段。

第 II 阶段:从临塑压力到极限压力 $p_0$ 曲线由直线关系转变为曲线关系,其曲线斜率 $ds/dp$ 随压力 $p$ 的增加而增大。

这个阶段除土体的压密外,在承压板边缘已有小范围局部土体的剪应力达到或超过了土的抗剪强度,并开始向周围土体发生剪切破坏(产生塑形变形区土体的变形由土中孔隙的压缩和土颗粒剪切移动同时引起),土粒同时发生竖向和侧向变位,且随时间不易稳定,称之为局部剪切阶段。

第 III 阶段:达到极限压力 $p_0$ 以后,沉降急剧增加。这一阶段的显著特点是,即使不施加荷载,承压板也不断下沉,同时土中形成连续的滑动面,土从承压板下挤出,在承压板周围土体发生隆起并产生环状或放射状裂隙,故称之为破坏阶段。该阶段在滑动土体范围内各点的剪应力达到或超过土体的抗剪强度;上体变形主要由土颗粒剪切变位引起,土粒主要是侧向移动,且随时间不能达到稳定。

1.静力载荷试验的装置和技术要求

载荷试验的装置由承压板、加荷装置及沉降观测装置等部分组成。其中承压板一般为方形或圆形板;加荷装置包括压力源、载荷台架或反力架,加荷方式可采用重物加荷和油压千斤顶反压加荷两种方式;沉降观测装置有百分表、沉降传感器和水准仪等。

图 13-3 为几种常见的载荷试验设备。静力载荷试验的承压板,一般用刚性的方形或圆形板,其面积应为 2500 cm² 或 5000 cm²,目前工程上常用的是 70.7 cm× 70.7 cm 和 50 cm× 50 cm。对于均质密实的黏性土也可用 1000 cm² 的承压板。除了专门性的研究外,通常采用 5000 cm² 的承压板。

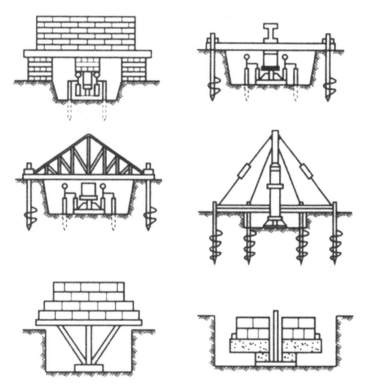

**图 13-3　几种常见的载荷试验设备**

为了排除承压板周围超载的影响,试验标高处的坑底宽度不应小于承压板直径(或宽度)的 3 倍,并应尽可能减小坑底开挖和整平对土层的扰动,缩短开挖与试验的间隔时间。而且,在试验开始前应保持土层的天然湿度和原状结构。当被试土层为软黏土或饱和松散砂土时,承压板周围应预留 20~30 cm 厚的原状土作为保护层。当试验标高低于地下水位时,应先将地下水位降低至试验标高以下,并将试坑底部敷设 5 cm 厚的砂垫层,待水位恢复后进行试验。承压板与土层接触处,一般应敷设厚度为 1 cm 左右的中砂或粗砂层,以保证底板水平,并与土层均匀接触。

试验加荷方法应采用慢速法或快速法。试验的加荷标准:试验的第一级荷载(包括设备质量)应接近卸去土的自重;每级荷载增量(即加荷等级)一般取被试地基土层预估极限承载力的1/10~1/8;施加的总荷载应尽量接近试验土层的极限荷载。荷载的量测精度应达到最大荷载的1%,沉降值的量测精度应达到0.01 mm。

各级荷载下沉降相对稳定标准一般采用连续2 h的每小时沉降量不超过0.1 mm,或连续1小时的每30 mill的沉降量不超过0.05 mm。

静力载荷试验过程中出现下列现象之一时,即可认为土体已达到极限状态,应终止试验:

(1)承压板周围的土体有明显的侧向挤出或发生裂纹;

(2)在24 h内,沉降随时间趋于等速增加;

2.静力荷载试验资料的应用

《建筑地基基础设计规范》(GB 50007—2011)中规定:地基承载力特征值是指由载荷试验确定的地基土压力变形曲线线性变形段内规定的变形所对应的压力值,其最大值为比例界限值。当根据载荷试验结果确定地基土承载力特征值时,通常采用下述两种方法:

(1)拐点判别法(又称为强度控制法、比例界限法);

(2)相对沉降判别法。

## 二、静力触探试验(CPT)

静力触探是通过一定的机械装置,将一定规格的金属探头用静力压入土层中,同时用传感器或直接量测仪表测试土层对触探头的灌入阻力,以此来判断、分析、确定地基土的物理力学性质。

### (一)静力触探试验主要技术要求和使用目的

静力触探仪主要由三部分组成:贯入装置(包括反力装置),其基本功能是可控制等速压贯入;另一部分是传动系统,目前国内外使用的传动系统有液压的和机械的两种;第三部分是量测系统,这部分包括探头、电缆和电阻应变仪(或电位差计自动记录仪)等。

静力触探仪按其传动系统可分为:电动机械式静力触探仪、液压式静力触探仪和手摇轻型链式静力触探仪。常用的静力触探仪探头分为单桥探头、双桥探头和孔压探头,可以根据实际工程所需测定的参数选用。探头圆锥面积一般为10 cm²或15 cm²,单桥探头侧壁长度分别为57 mm和70 mm,双桥探头摩擦套筒侧壁面积应为150 cm²、200 cm²或300 cm²,锥尖锥角应为60°。孔压静力触探探头除了具有双桥探头所需的各种部件外,还增加了由过滤片做成的透水滤器和一个孔压传感器。

现场测试前应先平整场地,放平压入主机,以便使探头与地面垂直;下好地锚,以便固定压入主机。需要注意的是新探头或使用一个月后的探头都应及时进行率定。在静力触探的整个过程中,探头应匀速、垂直地压入土层中,贯入速率控制在 1~2 cm/s。此外,孔压触探还可进行超孔隙水压力消散试验,即在某一土层停止触探,记录触探时所产生的超孔隙水压力随时间变化(减小)情况,以求得土层固结系数等。

静力触探试验适用于黏性土、粉土和砂土,设备地灌入能力必须能满足测试土性、深度等的需要,反力必须大于贯入总阻力。

(二)静力触探试验成果的应用

静力触探是应用很广的一种原位测试技术,其用途可归纳为以下几个方面:

1.根据贯入阻力曲线的形态特征或数值变化幅度进行土层划分和土类划分

静力触探测试表明:土类及其成因、时代、密实度不同,一般其锥尖阻力或比贯入阻力也会有明显不同;不同土类由于某种原因(如,砂层和老黏土)可能有相同的锥尖阻力(或比贯入阻力),而侧壁摩擦力和孔压值却大不相同。

2.估算地基土层的物理力学参数

土的室内试验指标(即土的物理力学性质指标)是经过钻探取样后,由室内试验获得的。工序多,成本高,加之应力释放等对土样不可避免的扰动,使这些指标产生不同程度的误差。因此,探讨用静力触探法来推求室内试验指标是一个多快好省的捷径,目前已有诸多触探参数与土的物理力学性质指标之间的经验关系。

3.求浅基承载力

土的原位测试法求地基承载力,一般采用载荷试验、旁压仪试验、静力触探试验等多种行之有效的方法,国内外都积累了丰富的经验。用静力触探法求地基承载力的突出优点是快速、简便、有效。

## 三、标准贯入试验(SPT)

标准贯入试验实质上仍属于动力触探类型之一,所不同之处在于其触探头不是圆锥形探头,而是标准规格的圆筒形探头(由两个半圆管合成的取土器),称之为贯入器。因此,标准贯入试验就是利用一定的锤击动能,将一定规格的对开管式贯入器打入钻孔孔底的土层中,根据打入土层中的贯入阻力,评定土层的变化和土的物理力学性质。

标准贯入试验的优点在于:操作简便,设备简单,土层的适应性广,而且通过贯入器可以扰动土样,对它进行直接鉴别描述和有关的室内土工试验。标准贯入试验可用于砂土、粉土和一般黏性土,最适用于 $N=2~50$ 击的土层。对不易钻探取样的砂土和砂质粉土物理力学性质的评定具有独特的意义。

(一)标准贯入试验设备规格和技术要求

标准贯入试验主要的技术要求包括:

（1）钻进方法。

为保证标准贯入试验用的钻孔的质量，应采用回钻钻进，当钻进至试验标高以上 15cm 处，应停止钻进。为保持孔壁稳定，必要时可用泥浆或套管护壁。如使用水冲钻法，应使用侧向水冲钻头，不能用底向下水冲钻头，以使孔底土尽可能少扰动。钻孔直径在 63.5～150 mm 之间，钻进时应注意以下几点：

①仔细清除孔底残土到试验标高。②在地下水位以下钻进或遇承压含水砂层时，孔内水位或泥浆面应始终高于地下水位足够的高度，以减少土的扰动。否则会产生孔底涌土，降低 $N$ 值。③当下套管时，要防止套管下过头、套管内的土未清除。贯入器贯入套管内的土，使 $N$ 值急增，不反映实际情况。④下钻具时要缓慢下放，避免松动孔底土。

（2）标准贯入试验所用的钻杆应定期检查，钻杆相对弯曲<1/1000，接头应牢固，否则锤击后钻杆会晃动。

（3）标准贯入试验应采用自动脱钩的自由落锤法，并减小导向杆与锤间的摩阻力，以保持锤击能量恒定，它对 $N$ 值影响极大。

（4）标准贯入试验可在钻孔全深度范围内等距进行。间距为 1.0 m 或 2.0 m，也可仅在砂土、粉土等试验的土层范围内等间距进行。

（二）标准贯入试验成果的应用

根据标准贯入试验的锤击数，可对砂土、粉土、黏性土的物理状态，土的强度、变形参数，地基承载力、单桩承载力，砂土和粉土的液化，成桩的可能性等做出评价。

## 四、十字板剪切试验（VST）

十字板剪切试验于 1928 年由瑞士的奥尔桑（J.Olsson）首先提出。我国于 1954 年开始使用十字板剪切试验以来，这种方法在沿海软土地区已被广泛使用。十字板剪切试验是快速测定饱和软黏土层快剪强度的一种简易而可靠的原位参试方法。这种方法测得的抗剪强度值，相当于试验深度处天然土层的不排水抗剪强度，在理论上它相当于三轴不排水剪切的总强度，或无侧限抗压强度的一半。

（一）十字板剪切试验的基本技术要求

（1）十字板尺寸。

常用的十字板为矩形，高径比（$H/D$）为 2。国外使用的十字板尺寸与国内常用的十字板尺寸不同。

（2）对于钻孔十字板剪切试验，十字板插入孔底以下的深度应大于 5 倍钻孔直径，以保证十字板能在不扰动土中进行剪切试验。

（3）十字板插入土中与开始扭剪的间歇时间应小于 5 min。

因为插入时产生的超孔隙水压力的消散，会使侧向有效应力增长。托斯坦桑发现间歇时间为 1 h 和 7 d 的试验所得不排水抗剪强度比间歇时间为 5 min 的，分别约增长 9% 和 19%。

（4）扭剪速率也应很好控制。

剪切速率过慢，由于排水导致强度增长。剪切速率过快，对于饱和软黏性土由于黏滞效应也使强度增长。一般应控制扭剪速率为（1°~2°）/10s，并以此作为统一的标准速率，以便能在不排水条件下进行剪切试验。测记每扭转 1° 的扭矩，当扭矩出现峰值或稳定值后，要继续测读 1 min，以便确认峰值或稳定扭矩。

（5）重塑土的不排水抗剪强度。

应在峰值强度或稳定值强度出现后，顺剪切扭转方向连续转动 6 圈后测定。

（6）十字板剪切试验抗剪强度的测定精度应达到 1~2 kPa。

（7）为测定软黏土不排水抗剪强度随深度的变化，试验点竖向间距应取为 1 m，或根据静力触探等资料布置试验点。

### （二）十字板剪切试验成果的应用

十字板剪切试验成果可按地区经验来确定地基承载力、单桩承载力，验算边坡稳定，并判别软黏土的固结历史。

对饱和软黏土地基施工期的稳定问题，采用 $\varphi = 0$ 分析方法，其抗剪强度应选天然强度，可选十字板强度、无侧限抗压强度或三轴不固结不排水强度。

根据软土中滑动带强度显著降低的特点，用十字板能较准确地确定滑动面的位置，并根据测得的抗剪强度来反算滑动面上土的强度参数，为地基与边坡稳定性分析和确定合理的安全系数提供依据。南京水利科学研究院、浙江水科院等单位根据多年的经验积累表明十字板抗剪强度一般偏大，建议在设计计算中安全系数在 1.3~1.5 之间为宜。

## 五、旁压试验

旁压试验（PMT）是将圆柱形旁压器竖直地放入土中，通过旁压器在竖直的孔内加压，使旁压膜膨胀，并由旁压膜（或护套）将压力传给周围土体（或岩层），使土体或岩层产生变形直至破坏，通过量测施加的压力和土变形之间的关系，即可得到地基土在水平方向上的应力应变关系。图 13-4 为旁压测试示意图。

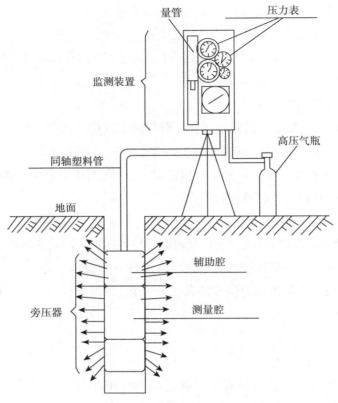

图 13-4  旁压测试示意图

根据将旁压器设置于土中的方法,可以将旁压仪分为预钻式旁压仪、自钻式旁压仪和压入式旁压仪。预钻式旁压仪一般需要有竖向钻孔;自钻式旁压仪利用自钻的方式钻到预定试验位置后进行试验;压入式旁压仪以静压方式压到预定试验位置后进行旁压试验。旁压试验适用于测定黏性土、粉土、砂土、碎石土、软质岩石和风化岩的承载力、旁压模量和应力应变关系等。

旁压试验的基本技术要求:旁压试验应在有代表性的位置和深度进行,量测腔应在同一土层内,试验点的垂直间距不宜小于 1 m,且每层土测点不应少于 1 个,厚度大于 3 m 的土层测点不应少于 2 个。

加荷等级可采用预计极限压力的 1/8~1/12。

每级压力应持续 1 min 或 3 min 再施加下一级压力,读数时间为 15 s、30 s、60 s、120 s 和180 s。加荷接近或达到极限压力,或者量测腔的扩张体积相当于量测腔的固有体积时,应停止旁压试验。需对旁压试验进行率定,率定包括弹性膜约束力的率定、仪器综合变形率定和旁压仪精度率定。

# 第五节　工程地质长期观测

## 一、长期观测的主要任务和内容

长期观测的主要任务是检验测绘勘探对工程地质条件评价的正确性,查明动力地质作用及其影响因素随时间的变化规律,准确预测工程地质问题,为防止不良地质作用所采取的措施提供可靠的工程地质依据,检查为防治不良地质作用而采取的处理措施的效果。

工程地质勘察中常进行的长期观测,有与工程有关的地下水动态观测、物理地质现象的长期观测、建筑物建成后与周围地质环境相互作用及动态变化的长期观测等。

地下水动态观测的方法与水文地质工作中的并无区别,但两者的目的与观测重点有所不同。地下水位动态变化对评价地基土体的容许承载力、预测道路冻害的严重性、基坑排水量和坑壁稳定性等都很重要。物理地质现象的长期观测,主要是了解其动态、所处的发展阶段、活动速度。通过长期观测还可找出促使这些现象发生的原因和主要影响因素,为制定防治措施提供依据。已进行的处理措施的效果如何,也需经长期观测才能验证。工程兴建后出现的工程地质问题,常需通过长期观测加以研究。房屋建筑的地基沉降观测,主要观测沉降速度的变化及各部分沉降差异。对水库坍岸进行长期观测,主要观测岸坡的破坏速度及水下、水上的稳定坡角等。

## 二、长期观测的布置原则

长期观测由观测点、观测线及观测网组成,以控制观测对象在空间和时间上的变化规律。观测点的布置,应能有效地将变化的不均匀性和方向性表现出来,一般按观测线或观测网布置的观测点,其疏密程度视观测线上观测对象的变化差异性大小和重要性而定,不宜平均对待。观测线的方向,应与变化程度差异性最大的方向一致。例如,滑坡的发展变化,在其滑动方向上表现得最明显,主要观测线应沿滑动方向布置(图13-5);地基沉降观测点的布置应考虑建筑物轮廓特点,在墙脚、柱脚等处布置。为检查防止坝基渗透而设置的坝下游排水减压的效果,应当在垂直坝轴线的方向上布置水文地质观测孔。

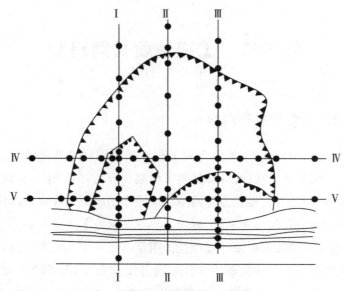

图 13-5 滑坡观测点布置示意图

对地形变化随时间而异的动力地质现象的长期观测,一般要设立标桩。

### 三、长期观测的时间

为正确了解观测对象的变化与时间关系,长期观测的时间间距应选得合适,应按观测对象变化强烈程度考虑。时强时缓,按缓慢变化选定时距;强烈变化时期,则增加观测次数。

长期观测总体上要求:满足一个周期;变化规律明显、较大的时间段;观测到最多的结果;滑坡在防治前和变形中进行观测;孔隙水压力在工程建筑中后期进行观测;地基变形在建筑中和建筑后进行观测。

# 第六节  勘察资料的整理

勘察资料的整理是工程地质勘察成果质量的最终体现。其任务是将测绘、勘探、试验和长期观测的各种资料认真系统地整理和全面地综合分析,找出各种自然地质因素之间的内在联系和规律,对建筑场区的工程地质条件和工程地质问题做出正确评价,为工程规划、设计及施工提供可靠的地质依据。内业整理要反复检查核对各种原始资料的正确性并及时整理、分析,查对清绘各种原始图件,整理分析岩土的各种试验成果,进行工程地质分析计算,编制工程地质图件,编写工程地质勘察报告。

## 一、工程地质图

### (一)工程地质图的特征与类型

从工程的规划、设计、施工要求出发,反映建筑场区工程地质条件并给予综合评价的图件,称为工程地质图。它综合了测绘、勘探、试验和长期观测所获得的成果,结合建筑需要编制而成。工程地质图除了平面图以外,还有各种剖面图、表格和一系列附件。例如,岩层综合柱状图、工程地质剖面图、立体投影图、水平切面图、分区特征说明表等。

1.按图的内容分类

(1)工程地质分析图。

这种图多是对建筑物具有决定意义的工程地质条件的某一因素或岩土的某一指标的变化规律,如,基岩顶板埋深、某一风化带底的埋深、地下水埋深、岩石渗透系数变化、某一土层压缩系数变化等的表示。

(2)综合工程地质图。

图中主要表示与设计和兴建工程有关的各种工程地质条件,并对建筑场区进行综合评价,但不分区。这种图实际生产中编制较多。

(3)工程地质分区图。

图上没有任何工程地质条件,只有分区界线和代号,并对各区做出评价。

(4)工程地质综合分区图。

图上有说明工程地质条件的综合资料,又有分区,并对各区的建筑适宜性做出评价。

2.按图的用途分类

(1)通用工程地质图。

这种图对各种工程都适用,内容上主要反映工程地质条件,也可进行一般性评价。它多为规划应用的小比例尺图。

(2)专用工程地质图。

这种图专为某一项工程使用,所反映的工程地质条件和做出的评价都与该种工程的要求紧密结合。道路建筑只需了解地表以下 10～15 m 深度内的工程地质条件;设计渠道,工程地质图上不需反映岩土承载力,而必须反映岩土渗透性能;设计一般工业与民用建筑则与此不同。为使工程地质图不致因反映过多条件而过分复杂,根据具体建筑物的需要有选择地反映工程地质条件是适宜的。这种图多为大比例尺,但采用中、小比例尺也适宜。专用工程地质图按其表示的内容和比例尺分三种:

①小比例尺专用工程地质图,适用于城市建筑区域规划,大、中河流流域规划,铁路线路方案比较等。这种图是按小比例尺工程地质测绘成果编制的,勘探、试验工作很少。

②中等比例尺专用工程地质图,初步设计阶段所提交的成果均属这种图。这种图充分利用了勘探和试验资料。这对论述工程地质问题和提出正确的评价具有很大的价值。

③大比例尺专用工程地质图,依据勘探、试验和长期观测成果编制。图上反映的内容应精确而细致,据此可以进行工程地质分区,并作出具有定量性质的工程地质评价。

(二)工程地质图的附件

工程地质图由一套图组成,平面图是主要图件,但还必须有剖面图等附件,才能充分反映场区的工程地质条件,使平面图的内容更易了解,更加明晰。

岩层综合柱状图与地层柱状图基本相同,但应在柱状图侧边列表说明各岩层的物理力学性质指标,对软弱夹层、透水性强烈的岩层,应当特别表示,并专门说明。

工程地质剖面图能够反映沿勘探线方向的地下地质结构,与平面图配合可获得对场地工程地质条件的深入了解。编制方法与地质剖面图基本相同,但还应加进一些其他内容,如,地下水位、地貌界线、工程地质分区界线及编号等,一些大比例尺的工程地质剖面图上常用数字符号,注明岩层的物理力学性质指标。有的剖面图是按岩土某一性质指标(渗透系数、稠度等)等值线划分的。

立体投影图能很好地表示建筑场地的地质结构,对选择建筑场地和预测地基稳定性有很重要的作用。地面比较平坦、坑孔布置比较规则(方格网状)的条件下适宜绘制这种图。工业与民用建筑在初步设计或施工设计阶段常绘制这种图件,有些水工建筑物在坝址地段也绘制这种图。制图方法是先在图上画一水平"基线",两水平轴与水平基线的夹角可采用:$30°$、$30°$、$5°$、$40°$、$0°$、$45°$,视具体情况而定。

图的比例尺,可与平面图相同或稍大;两水平轴比例尺应一致,垂直比例尺可大些,视钻孔深度及岩层厚薄而定。水平轴最好是各勘探坑孔的连线。图中还应画出地下水位线、分区界线等。立体投影图,结合地形素描绘制,更为醒目。

平面图中往往有分区特征说明表,用以对各区工程地质条件加以说明,并表示各区段的特征,做出工程地质评价。

## 二、工程地质报告书

工程地质报告书是在工程地质勘察的基础上,按勘察任务书的要求,考虑工程特点及勘察阶段,综合反映勘察区域工程地质条件及分析工程地质问题的重要文件,是工程规划、设计和施工的重要资料和依据。工程地质报告书由正文和附件两部分组成。报告书在内容结构上一般分为绪论、通论、专论和结论几个部分。

绪论主要说明勘察工作的任务和采用的方法及取得的成果。

通论阐述工作地区的工程地质条件,这一部分应包括地区的自然地理概况、地层岩性、地质构造、地貌及新构造运动特征、水文地质条件、自然地质作用及工程地质作用,以及天然建筑材料等章节,同时对地区的地质背景、影响工程地质条件的各种自然因素,如,大地构造、地势、气候及水文等,也应做一般的介绍。

专论部分是结合具体工程项目对各种可能遇到的工程地质问题进行论证,对所选择建筑场区各可能方案的工程地质条件进行对比评价,给出适宜的建筑物形式和规模的建议,深入分析不利条件及存在的工程地质问题,提出解决这些问题所应采取的合理措施。在定性评价的基础上做出一定的定量评价。

结论是在专论的基础上对任务书所提出的及实际工作所发现的问题,给出简要明确的答案。此外,在结论中还应提出施工过程中应注意的事项和长期观测的内容和布置意见,指出尚未解决的工程地质问题和进一步勘察的方向。

工程地质报告书的附件包括:①野外记录本、露头素描、照相;②钻孔柱状图、坑道展视图及剖面图;③试验图表、长期观测资料;④文献档案的摘录等。

# 参考文献

[1]朱贝,栗瑞强,杨定国.浅析水利水电工程测绘项目管理[J].建筑工程技术与设计,2018(17):3617.

[2]刘怀林.浅析水利水电工程测绘项目管理[J].资源节约与环保,2015(1):22.

[3]王林星,刘志慧.加强水利水电工程建设中测绘成果的保密管理[J].建筑工程技术与设计,2017(27):1438.

[4]徐川.简述水利水电工程测绘项目管理[J].建筑工程技术与设计,2015(26).

[5]蔡其成.浅析水利水电工程测绘项目管理[J].建筑工程技术与设计,2015(11).

[6]张保雷.论述水利水电工程测绘项目管理[J].建筑工程技术与设计,2015(21).

[7]王杰.浅析水利水电工程测绘项目管理[J].城市建设理论研究(电子版),2015(22).

[8]刘基峰.水利水电工程测绘项目管理浅谈[J].城市建设理论研究(电子版),2013(21).

[9]刘基峰.水利水电工程测绘项目管理浅谈[J].城市建设理论研究,2013(47).

[10]陈建华.加强水利水电工程建设中测绘成果的保密管理[J].西部探矿工程.2005,17(A1):468-469.

[11]黄坤,许召,李俊芳.GPS技术在水利水电工程测绘中的应用[J].建筑工程技术与设计,2018(4):1774.

[12]黄雪娇,陈仇望.GPS技术在水利水电工程测绘中的应用[J].水能经济,2017(10):326.

[13]薛金中,高登山.加强水利水电工程测量管理提高工程测量技术[J].建筑工程技术与设计,2018(25):2831.

[14]王占君.浅谈现代测绘技术在水利工程管理中的运用[J].科技信息,2016(10):187.

[15]何芮仙.GPS技术在水利水电工程测绘中的应用[J].城市建设理论研究(电子版),2016(22):106-107.

[16]唐能宝.关于水利水电工程测绘中GPS技术的应用分析[J].水能经济,2018(7).

[17]戴鹏.浅谈水利水电工程测绘自动化技术[J].建筑·建材·装饰,2017(18).

[18]孟锁兰.涉密测绘成果的使用与管理[J].河北水利,2018(6):37.

[19]李丹.刍议现代水利水电工程施工技术[J].中国科技投资,2018(13):45.

[20]赵烨锋.浅谈水利水电工程测绘自动化技术[J].建材与装饰,2017(44):253-254.

[21]薛经国.现代测绘技术在水利工程管理中的应用探讨[J].名城绘,2018(3):226.

[22]李森华.现代测绘技术在水利水电工程中的应用[J].地球,2015(6).

[23]李晓通.GPS-RTK在水利水电测绘方面的运用研究[J].建筑工程技术与设计,2016(21):1893.

[24]范学振,钱亮亮,李文俊.苗尾水电站测绘项目技术管理工作[J].云南水力发电,2017,33(C1):154-155.

[25]杨飞,邹敏.测绘新技术在水利工程中的应用[J].军民两用技术与产品,2016(2):194.

[26]胡义锁.水利水电测绘中的GPS分析应用[J].中华民居(下旬刊),2012(10):183-184.

[27]王芹芹.探究水利水电工程测量的施工方法[J].中外企业家,2018(2):92.

[28]潘霞芬,何群强,钟盛华.刍议水利工程中现代测绘技术的应用[J].城市建设理论研究(电子版),2014(16).

[29]吕宁.水利水电测绘产品质量分析与检验方法[J].大科技,2015(34).

[30]奎海明.浅谈测绘新技术在水利工程建设中的应用[J].建筑工程技术与设计,2017(23):5515.

[31]《水利水电工程施工放线快学快用》编写组编.水利水电工程施工放线快学快用[M].北京:中国建材工业出版社,2012.

[32]沈长松,顾圣平.注册土木工程师(水利水电工程)执业资格专业考试培训教材下专业知识第2分册水利水电工程地质、水土保持、征地移民[M].北京:中国水利水电出版社.2007.

[33]全国水利水电测绘信息网等.水利水电测绘科技论文集[M].北京:长江出版社.2007.

[34]张显书.水利水电测绘科技论文集2005年贵阳[M].贵阳:贵州科技出版社.2006.

[35]中国水利水电勘测设计协会,北京中水源禹国环认证中心.水利水电行业《质量管理体系要求》实施指南[M].北京:中国水利水电出版社,2010.

[36]《水利工程施工测量》课程建设团队.水利工程施工测量[M].北京:中国水利水电出版社,2010.

[37]邓晖.工程测量实验[M].广州:华南理工大学出版社,2016.

[38]李国轩主编.水利水电工程勘察设计施工新技术实用手册[M].长春:吉林摄影出版社.2002.

[39]本书编委会编.科学发展与水利水电水务管理中[M].北京:中国大地出版社.2008.

[40]本书编委会编.科学发展与水利水电水务管理上[M].北京:中国大地出版社.2008.